高等学校教材

Access 数据库教程

——讲练同步+案例驱动

第二版

主　编　冯烟利

副主编　王丽娜　赵燕丽

葛诗煜　杜玫芳

中国石油大学出版社

图书在版编目（CIP）数据

Access 数据库教程：讲练同步+案例驱动/冯烟利
主编. —2 版. —东营：中国石油大学出版社，2016.2
ISBN 978-7-5636-5177-1

Ⅰ. ①A… Ⅱ. ①冯… Ⅲ. ①关系数据库系统－教材
Ⅳ. ①TP311.138

中国版本图书馆 CIP 数据核字（2016）第 035615 号

Access 数据库教程——讲练同步+案例驱动（第二版）

主　　编：冯烟利
副 主 编：王丽娜　赵燕丽　葛诗煜　杜玫芳
责任编辑：刘　璇

出 版 者：中国石油大学出版社（山东 东营，邮编 257061）
印 刷 者：青岛炜瑞印务有限公司
电子邮箱：ivyliu85126@hotmail.com
发 行 者：中国石油大学出版社（电话 0532-86983565）
开　　本：185 mm×260 mm　印张：18.25　字数：467 千字
版　　次：2016 年 2 月第 2 版第 1 次印刷
定　　价：41.80 元

前　言

近年来，大多数高校都将数据库应用技术课程列为必修课或选修课，学习和掌握数据库的基本知识，利用数据库系统进行数据处理已经成为高等院校学生必须具备的应用能力之一。

经过几轮 Access 课程的教学实践和改革，我们确定了"计算机基础课程与学科专业相结合，培养学生应用能力"的教学理念，积累了大量的教学经验，建设了成熟的教学案例和丰富的实验习题，在此基础上，我们组织一线教师编写了这本教材的第一版。经过两轮教学的实践使用，在广泛征集任课教师及学生的意见和建议的基础上，历时一年，我们编写了教材的第二版。第二版修订了第一版教材中的错误和不妥之处，力求做到规范、准确；并增加了许多内容，如数据库的安全管理、综合性的切换窗体等；统一了同步实验的对象命名格式，使全书更严谨、更系统；增加了"挑战题"项目，满足不同层次读者的个性化需求。

全书以 Microsoft Access 2010 为平台，以案例"教学管理"系统贯穿全书，循序渐进地介绍了 Access 数据库的基本知识和功能特点，并配有同步实验和习题，使读者能够边学边练，在学习过程中掌握数据库管理系统的操作能力和应用能力。

本教材具有如下特点：

1．每章的开始设有"导读"，给出本章的教学内容和重点，引导读者进行学习；结束部分设有"小结"，对本章内容进行归纳总结，帮助读者把知识点"串"起来。

2．打破了以往"教材+实验书"的模式，二者合为一体，每一个完整的知识模块后面都配有"同步实验"（全书共有 26 个同步实验），真正的做到理论和实践结合，讲练同步。

3．全书以任务为驱动，以一个典型案例"教学管理"系统贯穿，贴近学生的实际应用，操作性强。

4．数据库中的表数据采集量大、翔实逼真，表间关系复杂但清晰、层次分明、结构严谨，易于理解，实用性强。

5．面向基础、强调应用。书中每章配有大量的例题和实验，例题设计新颖，实验内容丰富，练习重点明确。每个例题都经过精心设计，包含相关的知识技能，并且为重点例题设置了【例题分析】、【注意】和【归纳总结】等模块，使读者不仅会做这一道例题，而且能够弄明白所有相关知识点及操作技巧，深度挖掘，侧重应用。

6．为提高教学实效，促进应用能力培养，提供了丰富的教学资源，以供学生进行"自主学习"。

7. 全书覆盖了最新的全国计算机等级考试（Access 二级）考试大纲的内容，可作为二级 Access 考试的参考用书。

本书的第 1 章和第 2 章由赵燕丽、冯烟利编写，第 3 章由杜玫芳编写，第 4 章和第 5 章由王丽娜编写，第 6 章和第 7 章由葛诗煜编写，全书由冯烟利、杜玫芳统稿。山东工商学院 Access 数据库课程组的刘欣荣、冯泽涛、贾颖、李博老师参与了教材的改编工作，潍坊学院的冯伟昌老师对教材的改编提出了很多宝贵的指导意见，在此对所有为本教材付出辛勤劳动的朋友表示衷心的感谢！

本书的出版得到了"普通本科高校应用型人才培养专业发展支持计划"项目的资助，在此一并感谢。

由于编者水平有限，书中难免有不妥之处，恳请广大读者和专家不吝赐教，我们共同促进教材建设，提高教学质量。联系方式：access_sdibt@sina.com。

编　者

2016 年 1 月

目　录

第 1 章　Access 2010 数据库基础

本章导读

　　数据库是一门专门研究数据管理的技术，始于 20 世纪 60 年代末，经过近 50 年的发展，已形成较成熟的理论体系，成为计算机软件的一个重要分支。数据库技术主要研究如何存储、使用和管理数据，是计算机数据管理技术发展的最新阶段。现有的数据库系统均是基于某种数据模型的，可以说数据模型是定义数据库的依据。而采用关系模型作为数据的组织方式的关系数据库是目前各类数据库中最重要、最流行的数据库，也是目前使用最广泛的数据库系统。Access 2010 就是一种具有代表意义的，用于创建和管理关系数据库的关系数据库管理系统（DBMS）。Access 2010 不仅具有友好的用户界面，同时也为用户提供了许多方便快捷的工具和向导，利用这些工具和向导，用户可以简单快速地创建和使用数据库以及数据库中所有的对象。

1.1　数据库技术基础

　　早期的计算机主要用于科学计算，到了 20 世纪 60 年代后期，当计算机应用于生产管理、商业财贸、情报检索等领域时，它面对的是数量惊人的各种类型的数据。为了有效地管理和利用这些数据，就产生了数据库技术。

1.1.1　数据库的基本概念

1. 数据、信息和数据处理

　　（1）数据（Data）是指存储在某一种介质上的能够被识别的物理信号，用来表示各种信息，可以描述事物的特征和属性，本质上讲是描述事物的符号记录。数据用类型和值来表示。在现实生活中，数据类型不仅包含数字、文字和其他字符组成的文本形式的数据，还包含图形、图像、动画和声音等多媒体数据。例如，学生的信息可以用学号、姓名、性别、出生日期、学制、专业、入学成绩、照片等属性来描述，其中学号、姓名、性别、专业用字符表示，学制、入学成绩用数值表示，照片用图像表示，可见，不同的信息需要用不同类型的数据来表示。

　　（2）信息（Information）是经过加工处理的有用的数据，也就是说数据经过提炼、处理和抽象变成有用的数据才成为信息。所有的信息都以数据的形式表示，此时的数据是信息的载体，是人们认识信息的一种媒体。

　　（3）数据处理也称为信息处理，实际上就是利用计算机对各种类型的数据进行加工处理。它包括对数据的采集、整理、存储、分类、排序、维护、加工、统计和传播等一系列操作过程。数据处理的目的是从人们收集的大量原始数据中获得人们所需要的资料，并提取有用的数据作为行为和决策的依据。

2. 数据库、数据库管理系统、数据库应用系统和数据库系统

（1）数据库（DataBase，DB）作为数据库应用系统的核心和管理对象，是以一定的组织方式将相关的数据组织在一起并存放在计算机存储器上形成的，能为多个用户共享的，同时与应用程序彼此独立的一组相关数据的集合。

通俗地讲，数据库是指数据存放的地方。比如可以将一所学校所有学生的情况有组织地存入计算机中，以减少数据的冗余，使人们能快速方便地对数据进行查询、修改，并按照一定的格式输出，从而达到管理和使用这些数据的目的。

（2）数据库管理系统（DataBase Management System，DBMS）是数据库系统的一个重要组成部分，是操纵和管理数据库的软件系统。在计算机软件系统的体系结构中，数据库管理系统位于用户和操作系统之间，如 Access、SQL Server、Oracle、Visual FoxPro 等都是常用的数据库管理系统，它们负责数据库在建立、使用、维护时的统一管理和统一控制，同时使用户能够方便地定义数据和操纵数据，以保证数据的安全性、完整性，也能够保证多用户对数据的并发使用以及发生错误后的系统恢复。

（3）数据库应用系统是指系统开发人员利用数据库系统资源开发出来的，面向某一类实际应用的应用软件系统。例如教学管理系统、图书管理系统、人事管理系统、财务管理系统等。

（4）数据库系统（DataBase System，DBS）是指安装和使用了数据库技术的计算机系统。数据库系统由 5 部分组成即计算机硬件系统、数据库、数据库管理系统、应用系统、数据库管理员和数据库的终端用户，可以说数据库系统是一个综合体。通常把数据库系统简称为数据库，其主要组成部分之间的关系如图 1-1 所示。

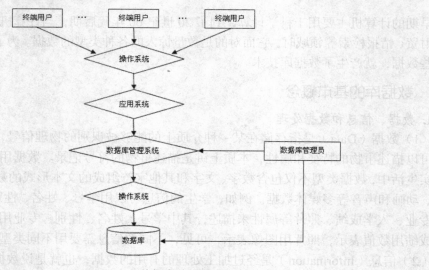

图 1-1　数据库系统组成示意图

1.1.2　数据模型

模型是对现实世界特征的模拟和抽象，例如要盖一栋大楼，设计者通常会先使用模型来表达自己的设计理念。数据模型也是一种模型，它是对现实世界数据特征的抽象。由于计算机不可能直接处理现实世界中的具体事物，所以人们必须事先把具体事物转换成计算机能够处理的数据。在数据库系统中，就是应用数据模型这个工具来抽象、描述以及处理现实世界中的数据和信息的。

　　数据模型是数据库系统设计中用于提供信息表示和操作手段的形式架构，是数据库系统实现的基础。图 1-2 所示的是对现实世界客观对象的抽象过程：首先将现实世界的问题用概念模型来表示，然后将概念模型转换为 DBMS 支持的数据模型，从而实现计算机对数据的处理。

图 1-2　对现实世界客观对象的抽象过程

　　在数据库系统中，针对不同的使用对象和应用目的，采用不同的数据模型。可以将这些模型划分为两类：一类是概念模型，也称信息模型，它是按用户的观点来对数据和信息建模，并不依赖于具体的计算机系统，主要用于数据库设计；另一类模型是数据模型，它是按计算机系统的观点对数据建模，主要用于数据库管理系统的实现。

1. 概念模型

　　概念模型不涉及信息在计算机内的表示和处理等问题，纯粹用来描述信息的结构。这类模型要求表达的意思清晰，能正确地反映出数据之间存在的整体逻辑关系，即使不是计算机专业人员也很容易理解。在实际的数据库系统开发过程中，概念模型是数据库设计人员进行数据库设计的有力工具，也是数据库设计人员和用户之间进行交流的语言。

　　1）几个概念

　　（1）实体（Entity），指客观存在并相互区别的事物。实体可以是实际的事物，例如一个学生、一台计算机，也可以是抽象的事件，例如一次考试、一场比赛等。

　　（2）属性（Attribute），用来描述实体的特性，不同实体是由不同的属性区别的。例如，学生实体用学号、姓名、性别、出生日期、专业等若干个属性来描述；图书实体用书号、分类号、书名、作者、出版社等属性来描述。

　　（3）码（Key），也称关键字，用于区别实体中不同个体的一个或几个属性的组合。例如，学号是学生实体的码，书号是图书实体的码。

　　（4）域（Domain），是指属性的取值范围。例如，性别的取值范围是"男"或者"女"，成绩的取值范围是 0～100。

　　（5）实体型（Entity Type），是用实体名及其属性名集合来抽象和刻画同类实体，因为具有相同属性的实体必然具有共同的特征和性质。例如，学生（学号，姓名，性别，出生日期，专业，籍贯）就是一个实体型。

　　（6）实体集（Entity Set），指同类型实体的集合。例如，全体学生就是一个实体集。在 Access 中，用"表"来存放同一类实体，即实体集，如学生表、图书表等。Access 的一个表包含若干个字段，这些字段就是实体的属性。字段值的集合组成表中的一条记录，代表一个具体的实体，即每一条记录表示一个实体。

　　2）实体间的联系

　　在现实世界中，事物内部以及事物之间是有联系的，这些联系在信息世界中反映为实体内部的联系和实体之间的联系。实体内部的联系通常是指组成实体的各属性之间的联系，实体之间的联系通常是指不同实体集之间的联系。

　　两个实体集之间的联系可以分为以下三类，联系示意图如图 1-3 所示。

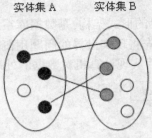 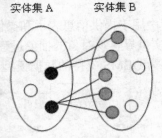 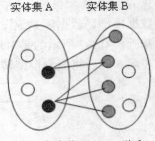

（a）两个实体间 1：1 联系　　　（b）两个实体间 1：n 联系　　　（c）两个实体间 m：n 联系

图 1-3　实体间联系示意图

（1）一对一联系（简记为 1:1）：如果对于实体集 A 中的每一个实体，实体集 B 中至多有一个（也可以没有）实体与之联系，反之亦然，则称实体集 A 与实体集 B 具有 1:1 联系。例如，一个班级只有一个班长，一个班长也只能在一个班级中任职，则班级与班长之间具有一对一联系。

（2）一对多联系（简记为 1:n）：如果对于实体集 A 中的每一个实体，实体集 B 中有 n 个实体（n≥0）与之联系；反之，对于实体集 B 中的每一个实体，实体集 A 中至多只有一个实体与之联系，则称实体集 A 与实集体 B 有 1:n 联系。例如，一个班级中有若干名学生，而每个学生只属于一个班级，则班级与学生之间具有一对多联系。

（3）多对多联系（简记为 m:n）：如果对于实体集 A 中的每一个实体，实体集 B 中有 n 个实体（n≥0）与之联系；反之，对于实体集 B 中的每一个实体，实体集 A 中也有 m 个实体（m≥0）与之联系，则称实体集 A 与实集体 B 有 m:n 联系。例如，一门课程同时有若干个学生选修，而一个学生可以同时选修多门课程，则课程与学生之间具有多对多联系。

3）概念模型的表示方法

概念模型中最常使用的方法就是实体–联系方法，简称为 E-R 模型或 E-R 图。该方法直接从现实世界中抽象出实体和实体间的联系，然后用 E-R 图来表示。在 E-R 图中实体用矩形框表示，属性用椭圆形表示，联系用菱形表示，并且用边将其与有关的实体连接起来。学生和课程两个实体之间的联系如图 1-4 所示。

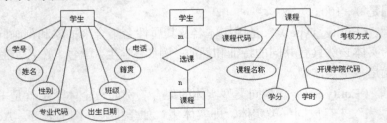

图 1-4　E-R 图示例

2. 数据模型

数据模型是能够在计算机中实现的模型。数据库有类型之分，是根据数据模型划分的，而任何一个 DBMS 也是根据数据模型有针对性地设计出来的。这意味着必须把数据库组织成符合 DBMS 规定的数据模型。目前成熟应用在数据库系统中的数据模型有层次模型、网状模型和关系模型。它们之间的根本区别在于数据之间联系的表示方式不同。层次模型是用"树结构"来表示数据之间的联系。网状模型是用"图结构"来表示数据之间的联系。关系模型是用"二维表"（或称为关系）来表示数据之间的联系。

1）层次模型

层次模型是数据库系统最早使用的一种模型，用于表示数据间的从属关系结构。层次模型像一颗倒置的树，根节点在上，层次最高；子节点在下，逐层排列。其主要特征如下：

（1）有且仅有一个根节点；

（2）其他节点有且仅有一个父节点；

（3）同层次的节点之间没有联系。

层次模型的优点是结构简单、层次清晰并且易于操作，可利用树状数据结构来完成。缺点是对于一个较大的数据库将会消耗很多搜索时间，且难以实现对复杂数据关系的描述。因此只适合于描述类似于目录结构、行政编制、家族关系及书目章节等信息载体的数据结构。层次模型的示例如图 1-5 所示。

图 1-5　层次模型的示例

2）网状模型

网状模型是层次模型的扩展，表示多个从属关系的层次结构，呈现一种交叉关系的网络结构。其主要特征如下：

（1）一个节点可以有多个父节点；

（2）可以有一个以上的节点无父节点；

（3）两个节点之间可以有多个联系。

网状模型的优点是比层次模型更能直观地描述客观世界，更适于管理数据之间具有复杂联系的数据库。缺点是路径太多，当加入或删除数据时，涉及相关数据太多，不易维护与重建。网状模型的示例如图 1-6 所示。

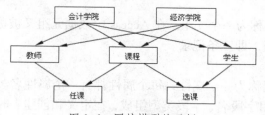

图 1-6　网状模型的示例

3）关系模型

层次模型描述数据之间的从属关系，网状模型描述数据之间的多种从属关系，而关系模型中的"关系"通常特指那种具有相关性而非从属性的平行数据之间按照某种序列排列的集合关系。关系模型一般用二维表结构来表示实体和实体之间的联系。二维表由行和列组成：一个关系对应于一张表，表中的一列表示实体的一项属性，称为一个字段；表中的一行包含了一个实体的全部属性值，称为一个记录。表 1-1 所示的学生基本情况表就是一个典型的关系模型数据集合的例子。

表 1-1　学生基本情况表

学号	姓名	性别	籍贯	入学成绩
09013101	陈洁	女	山东省泰安市	531
09013102	从亚迪	女	浙江省衢州市	584
09013103	范长青	男	辽宁省铁岭市	578

关系模型有以下主要特征：

（1）关系中的每一数据项不可再分，是最基本的单位；

（2）每一列的数据项（即字段）是同属性的，列数根据需要而设，且各列的顺序是任意的；

（3）每一行数据项（即记录）由一个个体事物的诸多属性构成，且记录的顺序可以是任意的；

（4）一个关系是一张二维表，不允许有相同的字段名，也不允许有相同的记录行。

关系模型的优点是具有较强的数学理论根据，数据结构简单、清晰，用关系不仅能描述实体，而且可描述实体间的联系。关系模型具有更高的数据独立性和更好的安全性。

1.1.3　关系数据库系统

关系数据库采用关系模型作为数据的组织方式，它以其完备的理论基础、简单的模型和使用的便捷性等优点获得了广泛的应用，被认为是具有很大发展前景的一类数据库。在关系数据库中，数据被分散到不同的二维表中，每个表中的数据只记录一次，从而避免数据的重复输入，减少数据冗余。

1. 关系模型中常用的术语

1）关系

一个关系就是一个二维表，每个关系都有一个关系名。在 Access 中，一个关系存储在一个数据表中，每个表在数据库中有唯一的表名，即数据表名。例如"教学管理.accdb"数据库中的"学生""教师""课程"分别表示三个二维表的表名。

2）元组

在二维表中，每一行称为一个元组。在 Access 中数据元组又被称为"记录"。如表 1-1 学生基本情况表有三个元组，即三条记录。

3）属性

在二维表中，每一列称为一个属性，每个属性都有一个属性名。在 Access 数据库中，属性也称为"字段"。字段由字段名、字段类型组成，在定义和创建表时对其进行定义。如表 1-1 学生基本情况表有五个属性，即五个字段。

4）域

各个属性的取值范围称为域，如表 1-1 中属性"性别"的域是"男"或者"女"，而属性"入学成绩"的域是 0~750。

5）关键字和主键

关键字是属性或属性的集合，其值能够唯一标识一个元组。在 Access 中表示为字段或字段的组合。如，表 1-1 学生基本情况表中"学号"字段可以作为标识一条记录的关键字，而"性别"字段则不能唯一标识一条记录，因此，不能作为关键字。

当一个表中存在多个关键字时,可以指定其中一个作为主关键字,而其他关键字作为候选关键字。主关键字简称为主键。

6)外部关键字

如果表中的一个字段不是本表的主关键字,而是另外一个表的主关键字,这个字段(属性)就称为外部关键字。

2. 关系运算

在关系数据库中,经常需要对表中的数据进行整理,如查找满足条件的记录,或选取某些列,或从多个表中获取数据等,这就需要用到专门的关系运算。常用的关系运算包括选择、投影、连接等。对于比较复杂的查询操作可由几个基本运算组合实现。关系运算的操作对象是关系,运算的结果仍为关系。

1)选择

选择(Select)运算是从指定关系中找出满足给定条件的元组的操作。选择是从行的角度对二维表内容进行筛选,即从水平方向抽取记录。经过选择运算得到的结果可以形成新的关系,但其中的元组是原关系的一个子集。例如,从表 1-1 所示学生基本情况表中找出满足女同学的元组,组成新的关系"女生基本情况表",结果如表 1-2 所示。

表 1-2　女生基本情况表

学号	姓名	性别	籍贯	入学成绩
09013101	陈洁	女	山东省泰安市	531
09013102	从亚迪	女	浙江省衢州市	584

2)投影

投影(Project)运算是从关系中指定若干个属性组成新的关系。投影是从列的角度对二维表内容进行的筛选或重组,经过投影运算得到的结果也可以形成新的关系,其关系模式所包含的属性个数往往比原关系少,或者属性的排列顺序不同。例如,从表 1-1 所示"学生基本情况表"中筛选出学号、姓名、性别,组成新的关系"学生名单",结果如表 1-3 所示。

表 1-3　学生名单

学号	姓名	性别
09013101	陈洁	女
09013102	从亚迪	女
09013103	范长青	男

3)连接

连接是将两个或多个关系通过公共的属性名连接成一个新的关系,生成的新关系包含满足连接条件的元组。简单地说,就是在水平方向上合并两个关系,并产生一个新关系。最常用的连接运算有两种:等值连接(Equijoin)和自然连接(Natural Join)。

等值连接:以连接条件中的关系运算符"="表示,即两个属性等值连接。

自然连接:是去掉重复属性的等值连接。它属于等值连接的一个特例。

例如有两个关系,分别为表 1-1 学生基本情况表和表 1-4 学生成绩表,两个关系中均含有字段"学号",因此设定连接条件为"学生基本情况表.学号=学生成绩表.学号",则两个关系分别进行等值连接和自然连接运算后，结果如表 1-5 和 1-6 所示。

表 1-4　学生成绩表

学号	计算机	英语
09013101	78	86
09013102	69	76
09013103	92	90

表 1-5　"等值连接"运算结果

学生基本情况.学号	姓名	学生成绩.学号	计算机	英语
09013101	陈洁	09013101	78	86
09013102	从亚迪	09013102	69	76
09013103	范长青	09013103	92	90

表 1-6　"自然连接"运算结果

学号	姓名	计算机	英语
09013101	陈洁	78	86
09013102	从亚迪	69	76
09013103	范长青	92	90

1.2　Access 2010 系统概述

Access 2010 是 Microsoft 公司于 2010 年推出的 Microsoft Office 2010 系列办公软件包中的 Access 版本，也是目前应用最普及的关系型数据库管理软件之一。Access 2010 不仅提供了友好的用户界面和方便快捷的运行环境，而且为用户提供了大量的工具和向导，即使没有编程经验的用户也可以通过其可视化的操作来完成绝大部分的数据库管理和开发工作。

1.2.1　Access 2010 的功能和特性

1. Access 2010 的功能

Access 2010 属于小型桌面数据库管理系统，是管理和开发小型数据库系统常用的工具。它通过一个数据库文件中的 6 大对象对数据进行管理，从而实现高度的信息管理和数据共享。

（1）表：存储和管理数据的基本对象，用于存储数据，也是其他对象的基础。

（2）查询：用于查找和检索所需要的数据。

（3）窗体：用于以更直观可视化的形式查看、添加和更新数据库中的数据。

（4）报表：以特定的版式分析或打印数据。

（5）宏：用于执行各种操作和控制程序流程。

（6）VBA 模块：用于处理、应用复杂的数据信息的处理工具。

这 6 个相互联系的数据库对象就构成了一个完整的数据库系统。只要在一个表中保存一次数据，就可以从表、查询、窗体、报表等多个角度查看到数据。由于数据之间的关联性，在修改或删除某一处的数据时，系统会根据事先设定的有关规则，确定用户能否进行该操作。如果不能，则系统给出提示信息，以保证数据不被误操作；如果能，则所有出现此数据的地方均会自动更新，以保证数据的统一性和完整性。

2．Access 2010 的新特性

1）全新的用户界面

Access 2010 中用一个称为"功能区"的标准区域来代替早期版本中的多层菜单和工具栏，使用户操作更为方便。

2）更强大的对象创建工具

Access 2010 为创建数据库对象提供了直观的环境。使用功能区中的"创建"选项卡可快速创建各种数据库对象。

3）新的数据类型和控件

Access 2010 中引入的新增或增强的数据类型和控件有：多值字段、附件数据类型、计算字段、增强的"备注"字段、日期/时间字段的内置日历控件等。

4）强大的网络数据库功能

Access 2010 提供了网络数据库功能，支持 Access 与 SharePoint 网站的数据库共享，使用 Access 2010 可以很容易地将数据发布到 Web 上，为网络用户提供数据库共享带来方便。

5）增强的安全性

利用增强的安全功能以及与 Windows SharePoint Services 的高度集成，可以更有效地管理，并使用户能够让自己的信息跟踪应用程序比以往更安全。

1.2.2　Access 2010 的启动与退出

1．Access 2010 的启动

启动 Access 2010 的方式和启动一般应用程序的方式相同，常用的方式有以下几种：

（1）从"开始"菜单启动。

（2）通过桌面图标快速启动。

（3）通过打开已有数据库文件启动。

2．Access 2010 的退出

执行下列任意一种操作都可以退出 Access 2010：

（1）在功能区中选择"文件"→"退出"。

（2）单击标题栏右端 Access 窗口的"关闭"按钮 ⊠。

（3）单击标题栏左端的 Access 控制菜单图标 🅰，再单击下拉菜单中的"关闭"命令。

（4）右键单击标题栏，在打开的快捷菜单中选择"关闭"命令。

（5）按快捷键 Alt+F4。

1.2.3　Access 2010 的集成环境

1．Access 2010 的工作首界面和主界面

成功启动 Access 2010 后，屏幕上就会出现 Access 2010 的工作首界面，如图 1-7 所示。Access 首界面给用户提供了创建和打开数据库的导航，当用户选择了利用某种模板创建新数据库或者通过单击左侧的"打开"按钮打开某个已存在的数据库文件后，就可以进入正式的工作主窗口，图 1-8 所示即为"教学管理.accdb"数据库的主窗口。

图 1-7　工作首界面

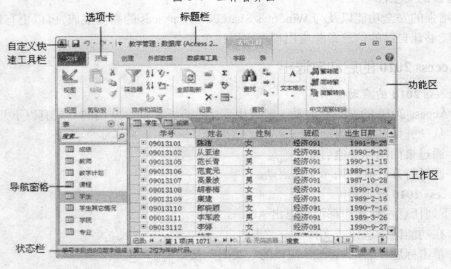

图 1-8　Access 2010 主窗口

Access 2010 主窗口从上到下大体由 4 部分组成，分别是标题栏、功能区、工作区、状态栏。

2. 标题栏

标题栏位于 Access 2010 主窗口的最上端，由自定义快速访问工具栏、标题、"最小化""最大化"（还原）和"关闭"按钮组成。其中自定义快速访问工具栏提供了常用文件操作命令，默认显示"保存""撤销""恢复"三个命令按钮，用户可以通过 ▾ 下拉按钮进行定制。标题部分用于显示当前打开的数据库文件名，图 1-8 中标题栏上显示已打开数据库的名称为"教学管理"。"最小化""最大化"（还原）和"关闭"按钮是标准的 Windows 应用程序的组成部分。

3. 功能区

Access 2010 的功能区位于标题栏的下方，由"文件""开始""创建""外部数据"和"数据库工具"五个标准选项卡组成，每个选项卡被分成若干个组，每组包含相关功能的命令按钮。在功能区的大多数组区域中都有下拉箭头 ▼，单击下拉箭头可以打开一个下级子菜单。在部分组区域中有一种 ▣ 按钮，单击该按钮可以打开一个设置对话框。

1）"开始"选项卡

"开始"选项卡包括"视图"等 7 个组，如图 1-8 所示。主窗口默认打开的是"开始"选项卡。该选项卡是用来对数据库对象进行各种常用操作的，如可以实现视图切换，数据库对象或记录的复制与移动，记录的创建、保存、删除以及排序与筛选，设置字体，数据查找与替换等。当打开不同的数据库对象时，这些组的显示略有不同。

2）"创建"选项卡

"创建"选项卡包括"模板"等 6 个组，如图 1-9 所示。使用该选项卡可以利用模板或自行创建数据库的表、查询、窗体、报表、宏等对象，也可以创建应用程序。

图 1-9　"创建"选项卡

3）"外部数据"选项卡

"外部数据"选项卡包括"导入并链接""导出"和"收集数据"3 个组，如图 1-10 所示。用户可通过该选项卡对内部与外部数据交换进行管理和操作。

图 1-10　"外部数据"选项卡

4）"数据库工具"选项卡

"数据库工具"选项卡包括"宏"等 6 个组，如图 1-11 所示。这是 Access 提供的一个管理数据库后台的工具，用户使用该选项组可以创建和查看表间的关系，启动 VB 程序编辑器，运行宏，在 Access 和 SQL Server 之间移动数据以及压缩和修复数据库等。

图 1-11　"数据库工具"选项卡

5）"文件"选项卡

"文件"选项卡是 Access 2010 新增加的一个选项卡。这是一个特殊的选项卡，与其他选项卡的结构、布局和功能完全不同。利用"文件"选项卡可以进行的操作有：保存、对象另存为、数据库另存为、打开和关闭数据库、新建、打印、保存并发布、Access 的选项设置等，另外还可以对数据库进行压缩并修复，或是用密码加密数据库以达到保护数据的目的。

除了前面所述的标准命令选项卡之外，Access 2010 还采用了"上下文命令选项卡"，这是一种新的 Office 用户界面元素。所谓"上下文命令选项卡"就是指 Access 可以根据上下文（即进行操作的数据库对象）在常规命令选项卡旁边显示一个或多个上下文命令选项。例如，当打开任意表对象时，功能区中会出现与"表格工具"相关的"字段""表"选项卡，如图 1-12 所示；当打开任意窗体对象时，功能区中会出现与"窗体设计工具"相关的"设计""排列""格式"选项卡，如图 1-13 所示。

图 1-12　打开表对象时的上下文命令选项卡

图 1-13　打开窗体对象时的上下文命令选项卡

为了扩大数据库的显示区域，Access 2010 允许将功能区隐藏起来。关闭和打开功能区的方法是：若要关闭功能区，只需双击任意一个命令选项卡。若要再次打开功能区，只需单击任意一个命令选项卡。也可以通过"最大化"按钮下方的功能区最小化按钮 ∧ 来隐藏和展开功能区。

4. 工作区

工作区分为左右两个区域，左边区域是数据库导航窗格，显示 Access 数据库中的所有对象，用户使用该窗口选择或切换数据库对象，也可通过 ⌄ 按钮按照浏览类别将这些对象分组。右边区域是对象操作窗口，用户通过该窗口实现对数据库对象的操作。为了扩大对象操作窗口的显示范围，可以通过单击数据库导航窗格内的 « 按钮，将导航窗格隐藏起来，如需取消隐藏，只需单击 » 按钮即可。

5. 状态栏

状态栏位于窗口最底部，用于显示数据库管理系统的工作状态，如属性提示、进度指示以及操作指示等。Access 2010 的状态栏右下角有几个视图命令按钮，包括数据表视图、数据透视表视图、数据透视图视图、SQL 视图、布局视图、设计视图等。一般只显示其中的 3～5 个，并且随着数据库导航窗格中显示对象的不同这组命令按钮的个数也略有不同,单击其中一个按钮，即可切换到该对象相应的视图。

同步实验之 1-1　认识 Access 2010

一、实验目的

1. 掌握 Access 2010 的启动和关闭方法。

2. 熟悉 Access 2010 的集成开发环境。

二、实验内容

1. 分别使用前面介绍的几种常用方法来启动 Access 2010。

2. 打开"教学管理.accdb"数据库文件，观察 Access 2010 主界面的构成情况。

1.2.4　Access 2010 数据库的基本操作

1. 创建数据库

Access 2010 提供了两种创建数据库的方法：一种方法是使用模板创建数据库，另一种方法是直接创建空数据库。

1）利用模板创建数据库

模板是 Access 系统为了方便用户建立数据库而设计的一系列模板类型的软件程序。使用模板是创建数据库的最快捷方式。Access 2010 提供了 12 个数据库样本模板，使用这些模板，用户只需要进行一些简单操作就可以创建一个包含表、查询等数据库对象的数据库系统。除了这 12 个模板，用户还可以在 Office.com 网站搜索所需的模板，然后将模板下载到本地计算机中使用。

【例 1.1】利用 Access 2010 模板创建一个"联系人 Web 数据库"。

操作步骤如下：

（1）启动 Access。

（2）双击"可用模板"窗格中的"样本模板"，可以看到 Access 提供的 12 个示例模板。这 12 个模板分为两组：一组是传统数据库模板，另一组是 Web 数据库模板。Web 数据库模板是 Access 2010 新增的功能之一，通过这组 Web 模板可以让新老用户较快地掌握 Web 数据库的创建。

（3）选中"联系人 Web 数据库"，则自动生成一个文件名"联系人 Web 数据库.Accdb"，保存在默认 Windows 系统安装时确定的"我的文档"中，显示在右侧的窗格中，如图 1-14 所示。

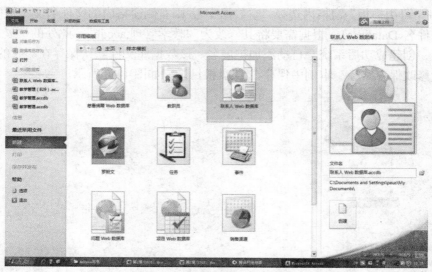

图 1-14　联系人 Web 数据库

用户也可以根据需要自行指定文件名和文件保存的位置。如果要更改文件名，直接在"文件名"文本框中输入新的文件名即可。如要更改数据库的保存位置，则单击"浏览"按钮，在打开的"文件新建数据库"对话框中，选择数据库的保存位置即可。

（4）单击"创建"按钮，开始创建数据库。

（5）数据库创建完成后，自动打开"联系人 Web 数据库"，并在标题栏中显示"联系人"，如图 1-15 所示。需要注意的是，在这个窗口中还提供了配置数据库和使用数据库教程的链接，在计算机联网的状态下，单击 ▶ 按钮，即可播放相关教程。

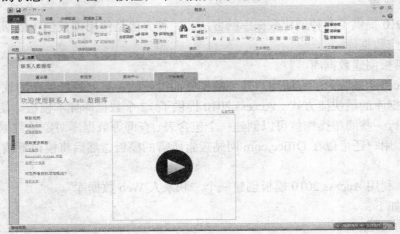

图 1-15　创建完成后的联系人 Web 数据库

2）创建空数据库

【说明】如果没有满足需要的模板或用户想根据自己的需要创建和管理数据，可以创建一个空数据库，然后再创建数据库中的其他对象。

【例 1.2】创建一个名为"教学管理"的空数据库。

操作步骤如下：

（1）启动 Access，或者在已打开的数据库中单击"文件"选项卡，选择"新建"命令。

（2）在"可用模板"窗格内选择"空数据库"，则右侧窗格内的文件名文本框中给出了一个默认的文件名 Database1，根据需要将其修改为"教学管理.accdb"，此处的扩展名.accdb 可以省略不写，创建成功后系统会自动添加扩展名。该数据库文件默认保存在"我的文档"中，用户可自行修改保存路径。本例中保存在 D 盘根目录，如图 1-16 所示。

图 1-16　创建空数据库

14

（3）单击"创建"按钮，系统将自动完成数据库的创建。可以看到，数据库中自动创建了一个名为"表 1"的表，并以数据表视图方式打开"表 1"，如图 1-17 所示。此时就可以直接对"表 1"进行编辑操作了，具体方法见下一章介绍。

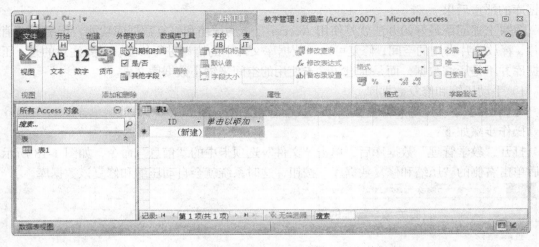

图 1-17 创建成功的"教学管理"空数据库

2. 打开与关闭数据库

在数据库管理过程中，经常需要对数据库进行访问。使用时需要打开数据库，使用后要关闭数据库。

1）打开数据库

以打开"联系人 Web 数据库"为例。操作步骤如下：

（1）启动 Access，选择"文件"选项卡中的"打开"命令。

（2）在"打开"对话框中，选择数据库文件所在的文件夹，再选择数据库文件名，然后单击"打开"按钮，即可打开选中的数据库。

2）关闭数据库

关闭数据库是指将数据库从内存中清除，关闭数据库后数据库窗口将关闭。通常关闭数据库可以用以下几种方法：

（1）单击"文件"选项卡下的"关闭数据库"命令。此种方法只关闭当前打开的数据库文件，并不关闭 Access 2010。

（2）单击"文件"选项卡下的"退出"命令。

（3）单击数据库窗口标题栏中的"关闭"按钮。

后两种方法在关闭数据库文件的同时也将退出 Access 2010。

1.2.5 Access 2010 数据库的安全管理

随着数据库的网络化发展，为了保证数据库安全可靠地运行，在创建数据库后必须对数据库进行安全管理和保护。常用的安全管理包括以下几种操作。

1. 压缩和修复数据库

随着不断添加、删除数据对象以及更改数据库设计，数据库文件会变得越来越大。导致增大的因素不仅包括新数据，还包括其他一些方面：Access 会创建临时的隐藏对象来完成各种任务。有时，Access 在不再需要这些临时对象后仍将它们保留在数据库中。删除数据库中的表、查询、窗体或报表等对象时，Access 并不会将其占用的磁盘空间释放，产生了所谓的碎片。这样将会造成计算机硬盘空间的使用效率降低，使数据库的性能下降，甚至会出现打不开数据库的严重后果。

解决上述问题最好的办法就是使用 Access 自带的压缩和修复数据库功能。压缩可以消除碎片，释放碎片占用的空间；修复可以将数据库文件中的错误进行修正。需要注意的是，压缩数据库并不是压缩数据，而是通过清除未使用的空间来缩小数据库文件。

1）手动压缩和修复数据库

【例 1.3】手动压缩和修复数据库"教学管理"。

操作步骤如下：

打开"教学管理"数据库后，单击"文件"选项卡中的"信息"命令，如图 1-18 所示，然后单击右侧的"压缩和修复数据库"按钮，这时系统就会自动压缩和修复该数据库。

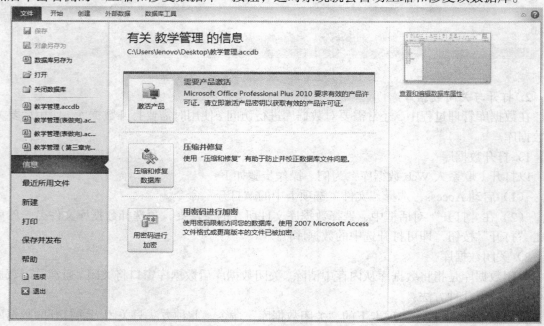

图 1-18　"压缩和修复数据库"界面

2）关闭数据库时自动压缩

Access 2010 提供了关闭数据库时自动压缩数据库的方法。如果需要在关闭数据库时自动执行压缩，可以设置"关闭时压缩"选项。

操作步骤如下：

单击"文件"选项卡的"选项"命令，在弹出的"Access 选项"对话框中，选择左侧的"当前数据库"，然后勾选右侧的"关闭时压缩"复选框。如图 1-19 所示。

图 1-19　设置"关闭时自动压缩数据库"界面

【注意】设置该选项只会影响当前打开的数据库。

2. 备份数据库

在使用数据库的过程中，经常会出现一些突发状况导致数据库的数据损坏，如硬件故障、系统出错、人为误操作、病毒等。为了保护数据库，降低损失，有必要对数据库进行备份。这样一旦发生意外，可以利用备份还原数据库。

【例 1.4】备份数据库"教学管理"。

操作步骤如下：

（1）打开"教学管理"数据库后，单击"文件"选项卡，选择左侧的"保存并发布"命令，出现图 1-20 所示的界面。

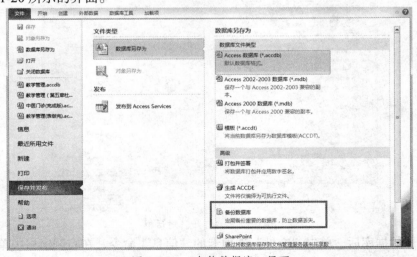

图 1-20　"备份数据库"界面

（2）在右侧窗格中，双击"备份数据库"，弹出"另存为"对话框，在"文件名"文本框

17

中显示出默认的备份文件名，后缀默认为系统当前日期，如图 1-21 所示。

图 1-21　"另存为"对话框

（3）单击"保存"按钮，备份完成。

3. 设置数据库密码

保护数据库安全最简单有效的方法就是为数据库设置打开密码，即在打开数据库时系统会首先弹出一个输入密码的对话框，只有输入正确的密码，用户才能打开数据库。

【注意】设置 Access 数据库密码的前提条件是，数据库必须以独占方式打开。所谓独占方式，就是指同一时刻只允许一个用户打开数据库。

【例 1.5】为数据库"教学管理"设置打开密码。

操作步骤如下：

（1）启动 Access，然后单击"文件"选项卡，选择其中的"打开"命令。

（2）在弹出的"打开"对话框中，找到想打开的数据库，然后单击右下角"打开"按钮右侧下拉箭头，选择"以独占方式打开"选项，如图 1-22 所示，这时就以独占方式打开了数据库。

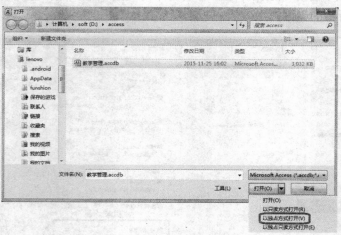

图 1-22　"打开"对话框

（3）打开数据库后，单击"文件"选项卡的"信息"命令，在右侧窗格中单击"用密码进行加密"按钮，如图 1-18 中所示。

（4）此时弹出"设置数据库密码"对话框，在"密码"文本框中输入密码，再次验证，如图 1-23 所示。

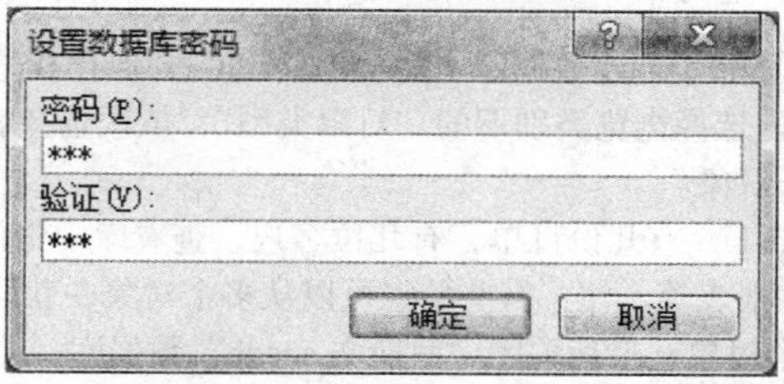

图 1-23　"设置数据库密码"对话框

（5）单击确定按钮，完成数据库的加密码操作。

　　设置数据库密码后，再次打开该数据库时，系统将自动弹出"要求输入密码"对话框，如图 1-24 所示，用户只有输入了正确密码，才能打开该数据库。

图 1-24　"要求输入密码"对话框

　　【说明】若要撤销数据库密码，首先需要以独占方式打开数据库。单击"文件"选项卡中的"信息"命令，单击右侧的"解密数据库"按钮即可，如图 1-25 所示。

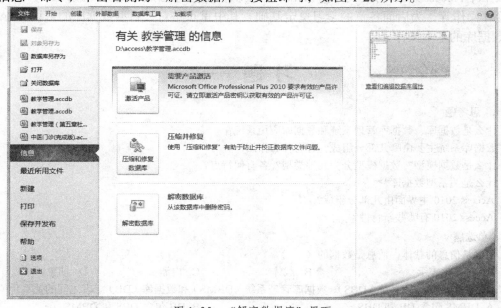

图 1-25　"解密数据库"界面

同步实验之 1-2　Access 2010 数据库的创建

一、实验目的

1. 掌握数据库的两种创建方法。
2. 熟悉 Access 2010 中各对象的打开、关闭和使用方法。

3. 掌握 Access 2010 数据库的压缩、备份和加密等安全操作。

二、实验内容

1. 利用 Access 2010 的样本模板，创建数据库"罗斯文.accdb"并保存在"D:\我的数据库"文件夹内（注：该文件夹需自建）。在导航窗格内选择浏览类别下的"对象类型"，依次选择表、查询、窗体、报表、宏和模块对象，观察各对象所包含的子对象。

2. 查看该数据库中有几位员工，有几份订单，有几位客户，查看库中销量居前 3 位的订单，查看各员工的电子邮件地址，查看年度销售报表等。注：有些信息可以从多个对象中获取。

3. 分别关闭刚才打开的各个对象，最后关闭"罗斯文.accdb"数据库，但不关闭 Access。

4. 利用 Access 2010 创建一个名为"图书.accdb"的空数据库，保存在"D:\我的数据库"中。

5. 手动压缩和修复数据库"教学管理.accdb"，注意观察数据库文件压缩前后的大小变化，然后为该数据库设置"关闭时压缩"，观察效果。

6. 备份数据库"教学管理.accdb"，存储在 D 盘。

7. 为数据库"教学管理.accdb"设置打开密码，然后撤销密码。

本章小结

数据库这个术语对不同的系统来说，含义是不一样的。在 Access 中，数据库就是指那些用来组成一个完整系统的所有的表、查询、窗体、报表、宏和模块的集合体。本章首先介绍了通用数据库和关系型数据库的相关概念，对数据库有了基本的认识之后，又详细介绍了典型关系型数据库 Access 2010 的集成环境和几种基本操作，包括数据库的组成、创建、打开和关闭、安全管理操作等，为后面各章的学习奠定基础。其中重点是对关系型数据库的认识和 Access 2010 数据库的基本操作。

习 题 一

一、 思考题

1. 什么是数据库、数据库管理系统和数据库应用系统？
2. 数据库系统主要由哪几部分组成？各有什么作用？
3. 什么是数据模型？数据模型分为几种类型？各有何特点？
4. 什么是关系型数据库？
5. Access 2010 主界面由几部分组成？
6. Access 2010 有哪些新特性？

二、单选题

1. 数据是信息的载体，信息是数据的（　　）。
   A. 符号化表示　　　　　　B. 载体　　　　　　C. 内涵　　　　　　D. 抽象
2. 通常所说的数据库系统（DBS）、数据库管理系统（DBMS）和数据库（DB）三者之间的关系是（　　）。
   A. DBMS 包含 DB 和 DBS　　　　　　B. DB 包含 DBS 和 DBMS
   C. DBS 包含 DB 和 DBMS　　　　　　D. 三者无关
3. DBMS 是（　　）。
   A. 操作系统的一部分　　　　　　B. 在操作系统支持下的系统软件
   C. 一种编译程序　　　　　　D. 应用程序系统
4. 不同实体是根据（　　）区分的。
   A. 代表的对象　　　　B. 名字　　　　C. 属性多少　　　　D. 属性的不同
5. 关系数据库管理系统中的"关系"是指（　　）。

    A. 各条记录中的数据之间存在一定的关系

    B. 一个数据库文件与另一个数据库文件之间存在一定的关系

    C. 数据模型是满足一定条件的二维表

    D. 数据库中的各字段之间存在一定的关系

6. E-R 模型是数据库设计的工具之一，它一般适用于建立数据库的（　　）。

    A. 概念模型　　　　　　　　B. 结构模型　　　　　　C. 物理模型　　　　　D. 逻辑模型

7. 在 E-R 模型中，通常实体、属性、联系分别用（　　）表示。

    A. 矩形、椭圆形、菱形　　　　　　　　　　B. 椭圆形、矩形、菱形

    C. 矩形、菱形、椭圆形　　　　　　　　　　D. 菱形、椭圆、矩形

8. Access 2010 数据库系统是（　　）。

    A. 网状数据库　　　　　　　B. 层次数据库　　　　　C. 关系数据库　　　　D. 链状数据库

9. 关系模型是（　　）。

    A. 用关系表示实体　　　　　　　　　　　　B. 用关系表示联系

    C. 用关系表示实体及其联系　　　　　　　　D. 用关系表示属性

10. 不属于专门的关系运算的是（　　）。

    A. 选择　　　　　　　　　　B. 投影　　　　　　　　C. 连接　　　　　　　D. 并

三、判断题

1. 信息是经过加工处理的有用的数据。　　　　　　　　　　　　　　　　　　　（　　）

2. 数据库（DB）与数据库管理系统（DBMS）是包含关系。　　　　　　　　　（　　）

3. 实体必须是客观存在的事物。　　　　　　　　　　　　　　　　　　　　　　（　　）

4. 两个实体间的关系有 3 种：一对一、一对多和多对多。　　　　　　　　　　（　　）

5. 数据模型有 3 种：层次模型、网状模型、关系模型。　　　　　　　　　　　（　　）

6. 网状模型的特点是一个节点可以有多个父节点。　　　　　　　　　　　　　（　　）

7. 层次模型描述数据之间的从属关系，网状模型描述数据之间的多种从属关系，而关系模型描述数据之间的平行关系。　　　　　　　　　　　　　　　　　　　　　　　　（　　）

8. 利用 Access 2010 可以创建和管理 7 种对象。　　　　　　　　　　　　　　（　　）

9. 投影运算是从指定关系中找出满足给定条件的元组的操作。　　　　　　　　（　　）

10. 连接运算包括等值连接和自然连接。　　　　　　　　　　　　　　　　　　（　　）

第2章 表

本章导读

数据表是 Access 数据库的基础，也是存储和管理数据的基本对象。Access 数据库的其他对象，如查询、窗体、报表等都是在表对象的基础上建立并使用的，因此，在创建了一个空数据库之后，首先要做的就是在其中的表对象中创建或添加若干个数据表。本章详细介绍了表的组成、表的创建方法、表的维护和使用以及如何建立表之间的关系。

2.1 表的创建

表是一个满足关系数据模型的二维表，也是特定主题的数据集合。表将具有相同性质或相关联的数据存储在一起，以行和列的形式来记录数据。

表由表结构和表内容两部分组成。表结构主要包含组成表的所有字段的信息，包括字段名称、字段数据类型、字段说明以及字段属性。表内容就是表中的数据。在 Access 2010 中表具有四种视图：一是设计视图，也称表设计器，用于创建和修改表结构，图 2-1 所示为教学管理数据库中"学生"表的设计视图；二是数据表视图，用于浏览、编辑和修改表的内容，图 2-2 所示为"学生"表的数据表视图；三是数据透视图视图，用于以图形的形式显示数据；四是数据透视表视图，用于按照不同的方式组织和分析数据。视图之间通过"开始"选项卡"视图"组中的"视图"按钮 ✎ 进行切换。

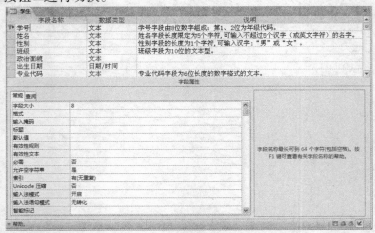

图 2-1 "学生"表的设计视图

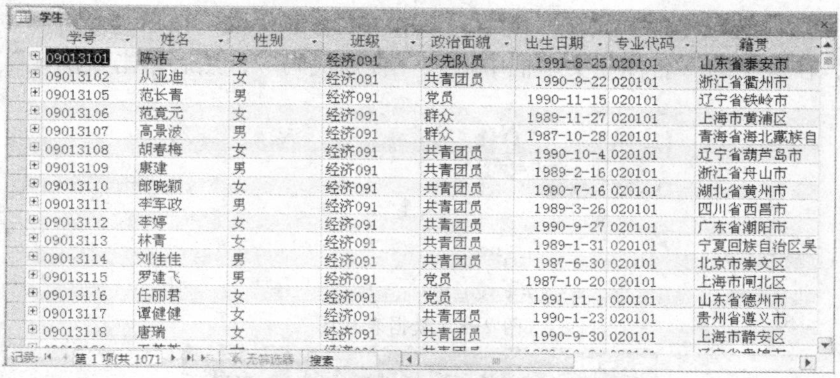

学号	姓名	性别	班级	政治面貌	出生日期	专业代码	籍贯
09013101	陈洁	女	经济091	少先队员	1991-8-25	020101	山东省泰安市
09013102	从亚迪	女	经济091	共青团员	1990-9-22	020101	浙江省衢州市
09013105	范长青	男	经济091	党员	1990-11-15	020101	辽宁省铁岭市
09013106	范竟元	女	经济091	群众	1989-11-27	020101	上海市黄浦区
09013107	高景波	男	经济091	群众	1987-10-28	020101	青海省海北藏族自
09013108	胡春梅	女	经济091	共青团员	1990-10-4	020101	辽宁省葫芦岛市
09013109	康建	男	经济091	共青团员	1989-2-16	020101	浙江省舟山市
09013110	郎晓颖	女	经济091	共青团员	1990-7-16	020101	湖北省黄州市
09013111	李军政	男	经济091	共青团员	1989-3-26	020101	四川省西昌市
09013112	李婷	女	经济091	共青团员	1990-9-27	020101	广东省潮阳市
09013113	林青	女	经济091	共青团员	1989-1-31	020101	宁夏回族自治区吴
09013114	刘佳佳	男	经济091	共青团员	1987-6-30	020101	北京市崇文区
09013115	罗建飞	男	经济091	党员	1987-10-20	020101	上海市闸北区
09013116	任丽君	女	经济091	党员	1991-11-1	020101	山东省德州市
09013117	谭健健	女	经济091	共青团员	1990-1-23	020101	贵州省遵义市
09013118	唐瑞	女	经济091	共青团员	1990-9-30	020101	上海市静安区

图 2-2　“学生”表的数据表视图

字段名称是指表中某一列的名称，它描述了主题的某类特征。例如学生表中的“学号”“姓名”“性别”等分别描述了学生的不同特征。字段的命名必须符合以下规则：

（1）可以包含字母、汉字、数字、空格和其他字符，但不能以空格开头；

（2）长度为 1～64 个字符（包括空格）；

（3）不能包含句号（.）、惊叹号（!）、方括号（[ ]）和单引号（'）；

（4）不能使用 ASCII 为 0～32 的字符；

（5）字段名应避免过长，最好使用便于理解的名字；

（6）同一表中不允许有相同的字段名，字段名也不要与 Access 内置函数或者属性名称相同，以免引用时出现错误。

字段说明列的信息不是必需的，但它能够增加数据的可读性。输入该字段的说明信息后，预览表时该说明信息会显示在数据表的状态栏中。

2.1.1　表的建立

Access 2010 提供了 3 种创建表的方法：使用数据表视图创建表、使用设计器创建表、通过数据导入创建表。

1. 使用数据表视图创建表

使用数据表视图创建表，用户可以在输入数据的同时对表的结构进行定义。

【例 2.1】利用数据表视图在“教学管理”数据库中创建“教师”表，表结构如表 2-1 所示。

表 2-1　“教师”表结构图

字段名称	数据类型	字段大小	字段名称	数据类型	字段大小
教师代码	文本	5	职称	文本	4
教师姓名	文本	4	出生日期	日期/时间	
性别	文本	1	学院代码	文本	2

操作步骤如下：

（1）打开“教学管理”数据库。

（2）选择功能区“创建”选项卡的“表格”组，单击“表”按钮，系统将自动创建名为“表 1”的新表，并以数据表视图打开，如图 2-3 所示。

（3）在表格中，第 1 行用于定义字段，第 2 行起为输入数据区域。选中 ID 字段列，在

"表格工具\字段"选项卡的"属性"组中,单击"名称和标题"按钮,可打开"输入字段属性"对话框,在其中的"名称"文本框中输入"教师代码",然后单击"确定"按钮,如图2-4 所示。

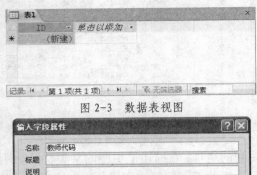

图 2-3　数据表视图

图 2-4　"输入字段属性"对话框

（4）选中"教师代码"字段列,选择"表格工具/字段"选项卡中的"格式"组,在"数据类型"下拉列表框中选择数据类型"文本",在"属性"组中,设置"字段大小"的值为5,在"教师代码"下方的单元格中输入数据"01001"。至此,完成了"教师代码"字段的定义和一个数据的输入。

（5）单击"单击以添加"单元格,在弹出的下拉列表中选择字段类型为"文本",文本框中的字段名自动改为"字段1",与前面的操作方法类似,将"字段1"更名为"教师姓名",字段大小设置为4,并输入数据。

（6）参照表2-1所列"教师"表的结构,重复步骤（5）直至将其余字段和数据全部添加进来,如图2-5所示。

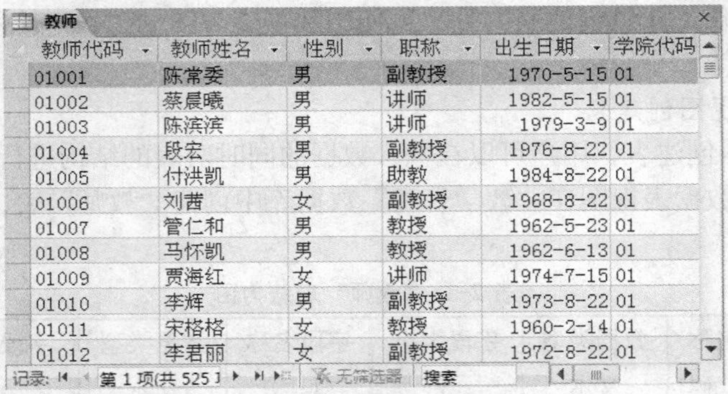

教师代码	教师姓名	性别	职称	出生日期	学院代码
01001	陈常委	男	副教授	1970-5-15	01
01002	蔡晨曦	男	讲师	1982-5-15	01
01003	陈滨滨	男	讲师	1979-3-9	01
01004	段宏	男	副教授	1976-8-22	01
01005	付洪凯	男	助教	1984-8-22	01
01006	刘茜	女	副教授	1968-8-22	01
01007	管仁和	男	教授	1962-5-23	01
01008	马怀凯	男	教授	1962-6-13	01
01009	贾海红	女	讲师	1974-7-15	01
01010	李辉	男	副教授	1973-8-22	01
01011	宋格格	女	教授	1960-2-14	01
01012	李君丽	女	副教授	1972-8-22	01

图 2-5　"教师"表的数据表视图

（7）在快速访问工具栏中,单击"保存"按钮,输入表的名称"教师",然后单击"确定"按钮,完成表的创建。

如果需要修改表的结构,例如修改字段名称、数据类型、字段属性等,可使用后面介绍的表设计视图进行修改。

2. 使用设计器创建表

对于较为复杂的表,通常都是在设计视图中创建的。使用设计视图创建表,用户可以根据自己的需求创建表并定义各字段的属性。

【例 2.2】利用设计表视图在教学管理数据库中创建"学生"表，表结构如表 2-2 所示。

表 2-2　"学生"表结构图

字段名称	数据类型	字段大小	字段说明
学号	文本	8	学号字段由 8 位数字组成：第 1、2 位为年级代码
姓名	文本	4	姓名字段长度限定为 4 个字符，可输入不超过 4 个汉字（或英文字符）的名字
性别	文本	1	性别字段的长度为 1 个字符，可输入汉字："男"或"女"
班级	文本	10	班级字段为 10 位的文本型
出生日期	日期/时间		
专业代码	文本	6	专业代码字段为 6 位长度的数字格式的文本
籍贯	文本	50	
电话	文本	13	预留长度为 13 位，可输入手机或座机号码
备注	备注		备注字段采用备注型数据存储，可存储较长内容

操作步骤如下：

（1）打开"教学管理"数据库。

（2）在功能区"创建"选项卡的"表格"组中，单击"表设计"按钮，打开表设计器窗口。

（3）按照表 2-2 的内容，在表设计器中定义每个字段的名称、数据类型、说明、字段长度等信息。

（4）在设计视图中，第一列（即字段名称左边的一列）称为字段选定器，呈灰色标记。若要将"学号"字段设置为"学生"表的主键，只需把光标放在"学号"字段左侧的字段选定器内，单击鼠标右键，在快捷菜单中选择"主键"，或者在"设计"选项卡的"工具"组中单击"主键"按钮。设置完成后，在"学号"字段选定器上出现钥匙图形，结果如图 2-6 所示。

（5）单击"保存"按钮，以"学生"为表名保存创建的表。

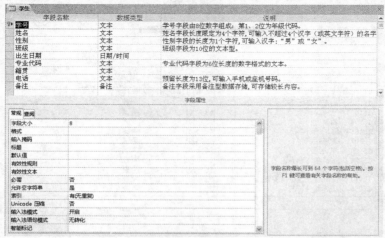

图 2-6　设置完成后的"学生"表设计器视图

3. 通过数据导入创建表

通过数据导入创建表是指利用已有的数据文件创建新表，这些数据文件可以是电子表格、文本文件或其他数据库系统创建的数据文件。利用 Access 系统的数据导入功能不仅可以创建表结构，而且同时也为表中添加了数据。

【例 2.3】将 Excel 电子表格文件"课程.xlsx"中的数据导入到"教学管理"数据库中，表的名称为"课程"。

操作步骤如下：

（1）打开"教学管理"数据库。

（2）在功能区"外部数据"选项卡的"导入并链接"组中，单击"Excel"命令按钮，打开"获取外部数据"对话框，如图 2-7 所示。

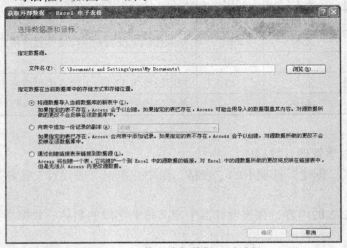

图 2-7　"获取外部数据"对话框

（3）单击"浏览"按钮选择要导入的 Excel 文件"课程.xlsx"，还可以指定数据在当前数据库中的存储方式和存储位置，默认选项是将源数据导入当前数据库的新表中，然后单击"确定"按钮，打开"导入数据表向导"对话框，系统会自动显示表中的数据，如图 2-8 所示。

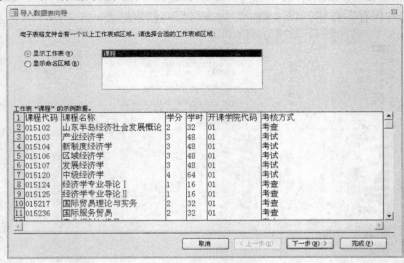

图 2-8　"导入数据表向导"对话框

26

（4）单击"下一步"按钮，选中"第一行包含列标题"复选框，系统将第一行数据作为新表的结构，第二行以后的数据作为表中的记录，如图 2-9 所示。

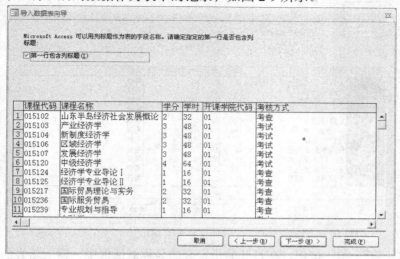

图 2-9 指定表第一行是否包含列标题

（5）单击"下一步"按钮，打开选择和修改字段对话框，指定"课程代码"的数据类型为"文本"，索引项为"有（无重复）"，如图 2-10 所示。然后依次选择其他字段，设置"学分"字段的字段类型和大小分别为"数字"和"单精度型"，"学时"的字段类型和大小分别为"数字"和"整型"，其他默认。

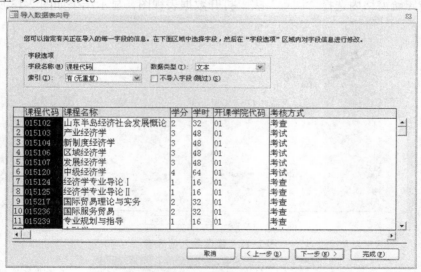

图 2-10 选择和修改字段

（6）单击"下一步"按钮，选中"我自己选择主键"，Access 自动选定表中第一个字段"课程代码"，如图 2-11 所示。也可以选择"不要主键"，然后在表设计器中自行添加。

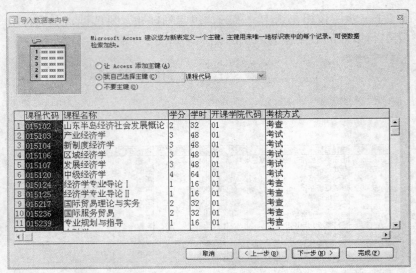

图 2-11　选择定义主键方式

（7）单击"下一步"按钮，在打开的指定表的名称对话框中，输入新表的名称"课程"，如图 2-12 所示。至此，导入表的操作完成。

（8）单击"完成"按钮，返回"获取外部数据"对话框，取消选定"保存导入步骤"复选框。对于经常进行同样数据导入操作的用户，可以把导入步骤保存下来，方便以后快速完成同样的导入。然后单击"关闭"按钮。

（9）在导航窗格内选择"课程"表，打开数据表视图，显示结果如图 2-13 所示。

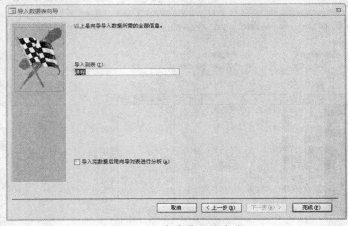

图 2-12　修改导入的表名

图 2-13　"课程"表数据表视图

28

同步实验之 2–1　使用多种方法创建表

一、实验目的

1. 掌握利用数据表视图、表设计器和数据导入创建表的方法。
2. 掌握利用数据表视图创建表时设置字段常规属性的方法。
3. 掌握在表设计器中设置字段属性的方法。
4. 掌握在数据导入过程中字段属性的设置方法。

二、实验内容

按照下列要求创建"教学管理"数据库中的各数据表，并参照第 2 章后面的附录，为每张表录入部分数据。

1. 使用数据表视图创建"教学管理"数据库中的"学院"表，其表结构如表 2-3 所示。

表 2-3　"学院"表的结构

字段名称	数据类型	字段大小	字段说明
学院代码	文本	2	该字段为主键，由 2 位数字组成
学院名称	文本	10	

2. 使用数据表视图创建"教学管理"数据库中的"专业"表，其结构如表 2-4 所示。

表 2-4　"专业"表的结构

字段名称	数据类型	字段大小	字段说明
专业代码	文本	6	该字段为主键，由 6 位数字组成
专业名称	文本	20	
所属学院代码	文本	2	该字段由 2 位数字组成
学制	文本	2	
培养模式	文本	2	

3. 使用表设计器创建"教学管理"数据库中的"教学计划"表，其表结构如表 2-5 所示。

表 2-5　"教学计划"表的结构

字段名称	数据类型	字段大小	字段说明
专业代码	文本	6	该字段由 6 位数字组成
课程代码	文本	6	该字段由 6 位数字组成
开课学期	文本	1	
学分	数字	单精度型	
周学时	数字	整型	

4. 使用表设计器创建"教学管理"数据库中的"学生其他情况"表，其结构如表 2-6 所示。

表 2-6　"学生其他情况"表的结构

字段名称	数据类型	字段大小	字段说明
学号	文本	8	该字段由 8 位数字组成
身份证号	文本	18	该字段由 18 位数字或字母组成
Email	超链接		该字段为超链接型，可输入 Email 地址
入学成绩	数值	单精度	该字段为单精度型，可带 1 位小数

续表 2-6

字段名称	数据类型	字段大小	字段说明
贷款否	是/否		该字段为是/否型，选中状态为贷款
照片	OLE 对象		该字段为 OLE 对象型，可存储照片文件
特长	文本	50	
家庭住址	文本	50	
家庭电话	文本	13	预留长度为 13 位，可输入手机或座机号
奖惩情况	文本	50	
健康状况	文本	20	
简历	备注		

5. 将电子表格"成绩.xlsx"中的数据导入到"教学管理"数据库中，表的名称为"成绩"。要求"成绩"表的结构如表 2-7 所示

表 2-7   "成绩"表的结构

字段名称	数据类型	字段大小	字段说明
学号	文本	8	该字段由 8 位数字组成
课程代码	文本	6	该字段由 6 位数字组成
学期	文本	1	该字段表示该门课程在第几学期开设
成绩	数字	单精度型	该字段为单精度型，一律输入百分制成绩

2.1.2　字段的数据类型

表中同一列数据必须具有相同的数据特征，称为字段的数据类型。从前面的例题中可以看出，无论使用哪种方法创建表，都需要定义表中每个字段的数据类型。不同数据类型的字段用来表达不同的信息。Access 2010 支持文本、数字、日期/时间、货币、备注、自动编号、是/否、OLE 对象、超链接、附件、计算、查阅向导等 12 种数据类型。

1. 文本

文本型字段是最常用的字段类型，可以保存文本或文本与数字的组合，也可以是不需要计算的数字，如，姓名、学号、电话号码等。默认文本型字段大小是 255 个字符，但一般输入数据时，系统只保存输入到字段中的字符。文本型字段的取值最多可达到 255 个字符，如果取值的字符个数超过了 255，需要使用备注型或附件型。

设置"字段大小"属性可控制允许输入的最大字符个数，若实际输入数据时，输入的字符个数超过了设定的字段大小，系统会自动截去超出的字符。例如，设定字段大小为 5，实际输入数据"student"，则系统只保留"stude"。

【注意】在 Access 中，一个汉字和一个英文字母都是一个字符。

2. 数字

数字型可以用来存储进行数学计算的数值数据，如年龄、成绩等。根据数字型数据的表示形式和存储形式的不同，数字型可分为字节型、整型、长整型、单精度型、双精度型等。具体的数字类型及其取值范围如表 2-8 所示。

表 2-8　数字型的种类及其取值范围

数字型	值的范围	精度	字段长度
字节型	$0\sim255$	无	1 字节
整型	$-32\ 768\sim32\ 767$	无	2 字节
长整型	$-2\ 147\ 483\ 648\sim2\ 147\ 483\ 647$	无	4 字节
单精度型	$-3.4\times10^{38}\sim3.4\times10^{38}$	7	4 字节
双精度型	$-1.797\ 34\times10^{308}\sim1.797\ 34\times10^{308}$	15	8 字节

3. 日期/时间

日期/时间型字段用于存放日期、时间或日期时间的组合，如出生日期、入学时间等字段。日期/时间型数据分为常规日期、长日期、中日期、短日期、中时间、短时间等类型。字段大小为 8 个字节。

直接在数据表的单元格中输入日期/时间型数据时，要满足输入格式：yyyy-mm-dd 或 mm-dd-yyyy，其中 yyyy 表示年，mm 表示月，dd 表示日。也可以使用单元格右侧的日期选取器控件▦进行输入。

4. 货币

货币类型用于存放具有双精度属性的货币数据。向货币字段输入数据时，不必键入人民币符号和千位处的逗号，Access 会自动显示这些符号，并添加两位小数到货币字段中。一般货币类型也需要进行算术运算，但是货币类型与数字类型不同，它可以提供更高的精度，以避免四舍五入带来的计算误差。精确度为小数点左边 15 位数及右边 4 位数。

向货币型字段中输入数据时，系统会自动给数据添加 2 位小数，并显示人民币符号与千分位分隔符。

5. 备注

备注类型能够解决文本数据类型无法解决的问题，它可以保存较长的文本和数字，如简历、附注、说明等。与文本类型一样，备注类型也是字符或字符和数字的组合，它允许存储长达 63 999 个字符的内容。在备注型字段中可以搜索文本，但搜索速度比在有索引的文本字段中慢。文本型与备注型的另一个区别就是不能对备注型字段进行排序，但文本型可以。

6. 自动编号

自动编号型字段用于存放系统为记录绑定的顺序号，字段大小为 4 个字节。当添加新记录时，系统为该记录自动编号，不能人工指定或更改自动编号型字段中的值。

一个表只能有一个自动编号型字段，自动编号类型一旦被指定，就会永久地与记录连接。如果删除了表中含有自动编号字段的一个记录，Access 并不会对表中自动编号型字段重新编号。当添加某一记录时，Access 不再使用已被删除的自动编号型字段的数值，而按递增的规律重新赋值。

7. 是/否

是/否类型又称为布尔型或逻辑型，字段大小为 1 个字节，用来表示"是/否""True/False"或"Yes/No"等只有两种不同取值的逻辑数据。例如婚否、贷款否。

输入是/否型数据只需用鼠标单击是否型字段中的复选框，☑表示"True"或"Yes"，□表示"False"或"No"。

8. OLE 对象

OLE（Object Linking and Embedding）的中文含义是"对象的链接与嵌入"，用来存储其他程序创建的数据对象（如 Word 文档、图像、声音、表格等）的字段。由于 OLE 存储的数据都较大，所以不能排序、索引和分组。OLE 对象字段最大可为 1 GB。表中的照片字段应设为 OLE 对象类型。

OLE 对象型字段和前面几种类型不同，不能在数据表的单元格中直接输入，输入方法如下：右键单击 OLE 对象字段的单元格，在快捷菜单中选择"插入对象"，打开"Microsoft Office Access"对话框，然后按照提示进行操作。

9. 超链接

超链接型字段是用来保存超级链接地址的，如网址、电子邮件等，包含文本或以文本形式存储的字符与数字的组合。当单击一个超级链接时，Web 浏览器或 Access 将根据超级链接地址到达指定的目标。超级链接字段允许存储最长为 2 048 个字符内容。

10. 附件

附件型字段是 Access 2010 具有的一种新类型，它可以将图像、电子表格文件、文档、图表等各种文件附件添加到数据库记录中。附件字段可以在一个字段中存多个文件，甚至文件类型可以不同。附件信息不在表的视图中显示，而在窗体视图中显示，可删除。

11. 计算

计算型字段是 Access 2010 新增加的数据类型，是指根据表中的一个或多个字段使用表达式建立的新字段。计算时必须引用同一张表中的其他字段。

12. 查阅向导

查阅向导是一种比较特殊的数据类型，字段中显示为文本型。在进行记录输入的时候，如果希望通过一个列表或组合框选择所需要的数据以便将其输入到字段中，而不必靠手工输入，此时就可以使用查阅向导。在使用查阅向导类型字段时，列出的选项可以来自其他的表或查询，或者是事先输入好的一组固定的值。查阅向导的使用方法见 2.1.3 节。

2.1.3　字段属性的设置

在创建表的过程中，除了定义字段名称、字段的数据类型外，还要定义字段的属性。字段属性是一组特征，使用它可以控制数据在字段中的保存、处理或显示。例如，通过设置文本字段的字段大小属性来控制允许输入的最多字符数；通过定义字段的有效性规则属性来限制在该字段中输入数据的规则，如果输入的数据违反了规则，Access 将显示提示信息，告知合法的数据是什么。

字段属性分为常规属性和查阅属性。常规属性用于设置字段大小、格式、输入掩码、标题、默认值、有效性规则等，该属性随字段的类型不同而有所不同。

1. 字段大小

字段大小属性用于限制输入到该字段的最大长度，当输入的数据超过该字段设置的字段大小时，系统将拒绝接收超出的部分。该属性只适用于文本、数字或自动编号类型的字段。

1）文本型

文本型字段的字段大小属性取值范围是 0～255，直接将合适的数字填入文本框即可，默认值是 255。

2）数字型

数字型字段的字段大小属性可以设置的种类最多，包括字节型、整型、长整型、单精度型、双精度型等，各类型具体的取值范围和字节长度如表 2-8 所示。设定数字型字段的类型时仅需单击字段大小属性框右侧的向下箭头，并从弹出的下拉列表中选择一种类型。原则上应该使数字型字段大小尽可能小，因为字段越小，对存储空间的要求越低，操作处理速度就越快。

3）自动编号型

自动编号型字段的字段大小属性可设置为"长整型"和"同步复制 ID"两种。

2. 格式

格式属性决定数据的显示和打印方式，可以使数据的显示统一美观。通过格式属性可设置"数字""日期时间""文本"等数据类型的显示格式，但只影响数据的显示格式，不影响数据在表中的存储。Access 提供了 7 种日期时间格式和 7 种数字格式，分别如图 2-14 和图 2-15 所示。用户可以从系统提供的预定义格式中进行选择，若不能满足需要，也可以使用自己创建的自定义格式。例如"yyyy/mm/dd"，表示使用 4 位数字的年，年月日之间的分隔符为"/"。

常规日期	2007-6-19 17:34:23
长日期	2007年6月19日
中日期	07-06-19
短日期	2007-6-19
长时间	17:34:23
中时间	下午 5:34
短时间	17:34

图 2-14　日期时间格式

常规数字	3456.789
货币	￥3,456.79
欧元	€3,456.79
固定	3456.79
标准	3,456.79
百分比	123.00%
科学记数	3.46E+03

图 2-15　数字格式

【例 2.4】将"学生"表中的"出生日期"字段的"格式"属性由默认的"短日期"修改为"中日期"。

操作步骤如下：

（1）打开"教学管理"数据库中的"学生"表，单击"开始"选项卡的"视图"组中的"视图"按钮，切换到"设计视图"窗口。

（2）在设计视图中，选中"出生日期"字段，然后单击"格式"属性框右侧的下拉箭头，打开图 2-16 所示的下拉列表。

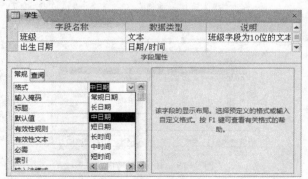

图 2-16　将"学生"表的"出生日期"字段设置为"中日期"

（3）从列表框中选择"中日期"。通过格式属性设置可以使数据的显示美观一致。

（4）将"学生"表保存后切换到数据表视图进行查看。"出生日期"字段修改前后的效果如图 2-17 和图 2-18 所示。

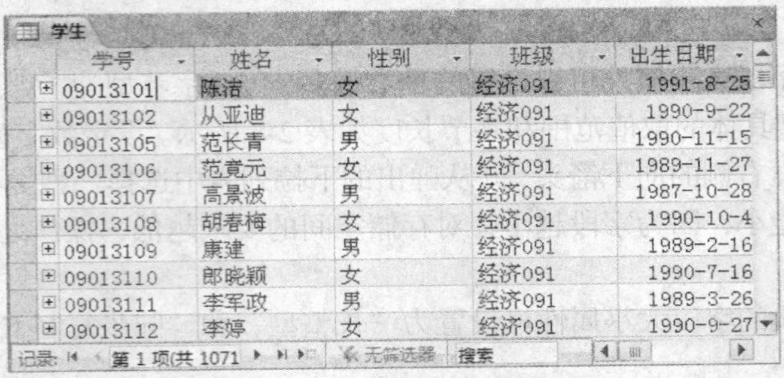

学生

学号	姓名	性别	班级	出生日期
09013101	陈洁	女	经济091	1991-8-25
09013102	从亚迪	女	经济091	1990-9-22
09013105	范长青	男	经济091	1990-11-15
09013106	范竟元	女	经济091	1989-11-27
09013107	高景波	男	经济091	1987-10-28
09013108	胡春梅	女	经济091	1990-10-4
09013109	康建	男	经济091	1989-2-16
09013110	郎晓颖	女	经济091	1990-7-16
09013111	李军政	男	经济091	1989-3-26
09013112	李婷	女	经济091	1990-9-27

记录: 第 1 项(共 1071 无筛选器 搜索

图 2-17 日期格式修改前的“学生”表的数据视图

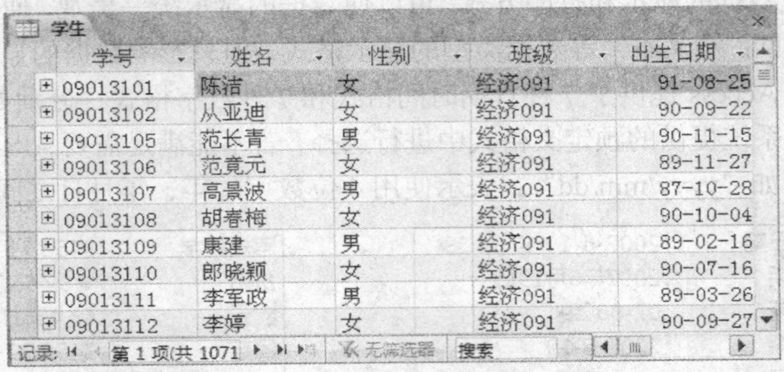

学生

学号	姓名	性别	班级	出生日期
09013101	陈洁	女	经济091	91-08-25
09013102	从亚迪	女	经济091	90-09-22
09013105	范长青	男	经济091	90-11-15
09013106	范竟元	女	经济091	89-11-27
09013107	高景波	男	经济091	87-10-28
09013108	胡春梅	女	经济091	90-10-04
09013109	康建	男	经济091	89-02-16
09013110	郎晓颖	女	经济091	90-07-16
09013111	李军政	男	经济091	89-03-26
09013112	李婷	女	经济091	90-09-27

记录: 第 1 项(共 1071 无筛选器 搜索

图 2-18 日期格式修改后的“学生”表的数据视图

3. 输入掩码

输入掩码用于设置字段中的数据格式，可以控制用户按指定格式在文本框中输入数据。一般用于文本型和日期/时间型字段，也可以用于数字型和货币型字段。与前面讲过的“格式”属性相比，“格式”属性控制数据的显示格式，而输入掩码属性用来控制数据的输入格式。

例如，某公司的员工编号为 6 位 0～9 的数字，其中前 3 位表示部门号，后 3 位表示个人编号，要求按“xxx-xxx”格式输入。可将输入掩码设置为“000-000”，当在数据表视图中输入数据“201312”时，数据会自动显示为“201-312”。

设置输入掩码最简便的方法是单击“输入掩码”属性框右侧的…按钮，打开 Access 提供的“输入掩码向导”，如图 2-19 所示。

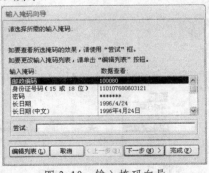

图 2-19 输入掩码向导

向导法只提供了邮政编码、身份证号码、密码和日期等几种预定义的格式。如果预定义格式不能满足用户需要，那么用户可以利用向导自定义输入掩码，或者直接使用字符定义输入掩码。自定义输入掩码由字面字符（如空格、点、括号等）和决定输入数据的类型的特殊字符组成。

自定义输入掩码格式为：<输入掩码的格式符> [;<0 | 1 或空白>] [;<占位符>]

其中：

（1）<输入掩码的格式符>用于定义字段的输入数据的格式，如表 2-9 所示。

（2）<0 | 1 或空白>用来确定是否把原样的显示字符存储到表中，如果该项填写为 0，则将原样的显示字符和输入值一起保存到数据表中；如果该项填写为 1 或空着不写，则只将输入值保存到数据表中。例如：某数据库中有"北京市供应商"表，其中"联系电话"字段数据类型为文本型，要求：前 4 位格式为"010-"，后 8 位必须输入数字。假设某供应商联系电话为"69012345"，如将该字段的掩码写为"010-"00000000;0，则在数据表中，该供应商的"联系电话"字段存储的值为"010-69012345"，字段大小至少得设为 12；如将该字段的掩码写为"010-"00000000;1 或"010-"00000000，则该供应商的"联系电话"字段存储的值为"69012345"，字段大小设为 8 即可。尽管输入掩码写法不同，但在数据表中，该字段都显示为"010-69012345"。

（3）在输入掩码中还未输入内容时，<占位符>是用来确定占位而显示的字符。占位符可以使用任何字符，如空着不写默认为下划线。如果使用空格作为占位符，应使用双引号将空格括起来，例如：某个以空格为占位符的输入掩码可写为 0000;; ""。

表 2-9 常用掩码符号及含义

字符	功能	设置形式	范例
0	必须输入数字（0～9）	(000)-00000000	(010)-12345678
9	可以选择输入数字（0～9）或空格，不是每位必须输入	(999)9999-9999	(208)5544-3322 ( )5544-3322
#	可以选择输入数字（0～9）、空格、加号和减号，不是每位必须输入	#9#	-6+
L	每位必须输入大小写字母	LLL	ABC
?	可以选择输入大小写字母、空格	???	A B
A	每位必须输入字母或数字	AAA	12C
a	可以选择输入字母或数字	(aa)aaa	()123
&	必须输入任意的字符或一个空格	&&&&	BC*13
C	可以选择输入任意的字符或一个空格	&&CCC	AA-1
\	使接下来的字符以原义字符显示	\A	A
密码 (Password)	创建密码项文本	密码	文本框中键入的任何字符都将显示为星号(*)
" "	使引号内的字符原样显示	"010-"00000000	010-69012345

【例2.5】将"学生"表的"电话"字段设置为 11 位手机号码，要求只能输入 0～9 的数字。

操作步骤如下：

（1）在"教学管理"数据库窗口中，打开"学生"表的设计视图。

（2）选中"电话"字段，然后单击"输入掩码"属性框右侧的 按钮，打开"输入掩码向导"对话框，如图 2-20 所示。

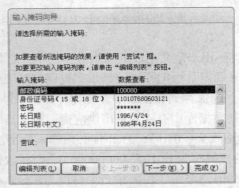

图 2-20 "输入掩码向导"对话框

（3）如果输入掩码列表中有需要设置的输入掩码类型，则可直接单击相应选项。本例中的"电话"输入格式不在列表中，因此单击"编辑列表"按钮，进行自定义设置。

（4）在打开的"自定义'输入掩码向导'"对话框的下部导航条中单击 ▶ 按钮（新记录），以便在掩码列表中添加一条自定义掩码，如图 2-21 所示。

图 2-21 确定是否添加输入掩码的对话框

（5）在对话框的"说明"文本框中，输入"电话"，在"输入掩码"文本框中，输入"00000000000"。在"示例数据"文本框中，输入"13812345678"，其他默认，如图 2-22 所示，然后单击"关闭"按钮。

图 2-22 设置"电话"字段的自定义输入掩码

【注意】如果"示例数据"文本框中输入的数据不是 0～9 的数字，或者少于或多于 11 位，在单击"关闭"按钮时，均会出现图 2-23 所示的错误提示。

图 2-23 示例数据不符合要求时的错误提示信息

（6）这时返回到"输入掩码向导"对话框，在该对话框中，所添加的"电话"输入掩码已经出现在列表框中。选中"电话"，单击"完成"按钮，如图 2-24 所示。

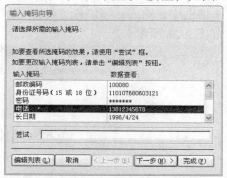

图 2-24 添加"电话"后的"输入掩码向导"对话框

（7）利用向导设置完输入掩码后，在属性窗口的"输入掩码"文本框中会显示标准的字符定义输入掩码格式，如图 2-25 所示。

图 2-25 设置完成的"电话"输入掩码

需要注意的是：如果为某字段定义了输入掩码，同时又设置了它的格式属性，那么格式属性将在数据显示时优先于输入掩码的设置。这意味着即使已经为某字段设置了输入掩码，但在显示数据时，也会忽略输入掩码。

4. 标题

标题是字段的别名，在数据表视图中，它是字段列标题显示的内容；在窗体和报表中，它是字段标签所显示的内容。当字段标题属性空白时，显示的标题与字段名相同。

5. 默认值

默认值是一个对提高输入数据效率很有用的属性。一个表中，经常会有一些字段的数据值相同。例如，"学生"表的"性别"字段只有"男"或"女"，而在某些情况下，如果男生的人数较多，就可以把默认值设置为"男"，这样输入学生信息时，系统自动填入"男"，避免了大量人工输入的操作，只需对少数女生进行修改即可。

6. 有效性规则和有效性文本

有效性规则属性可以限制非法数据输入到表中，对输入的数据起了限定的作用。有效性规则使用文本或 Access 表达式来描述。

有效性文本属性是出现错误数据时的提示信息，用来配合有效性规则使用的，只能包含文本。当输入的数据违反有效性规则时，用户会看到系统弹出在有效性文本属性中输入的信息。

【例 2.6】设置"学生"表中"性别"字段的有效性规则为"男"或"女"，并设置相应的有效性文本属性。

操作步骤如下：

（1）在"教学管理"数据库窗口，打开"学生"表的设计视图。

（2）在设计视图中，选中"性别"字段。

（3）在"有效性规则"属性框中，输入："男" Or "女"；在"有效性文本"属性框中输入"提示：只能输入男或女"，如图 2-26 所示。

图 2-26　设置学生表中的"有效性规则"和"有效性文本"

【注意】有效性规则中的标点符号和运算符必须是英文半角，字符则需用双引号括起来。复杂的有效性规则可以使用表达式生成器来设置。在 Access 中，设计查询、窗体和报表时经常会用到表达式生成器，有关它的详细使用将在后面的章节进行介绍。

（4）进入"学生"表的数据表视图，在"性别"字段中输入"王"，会弹出提示信息，如图 2-27 所示。

图 2-27　输入数据违反有效性规则时的错误提示

7. 索引

索引属性定义是否建立单一字段索引。索引可以加速对索引字段的查询，还能加速排序及分组操作。例如，在"姓名"字段中搜索某同学的名字，可以创建该字段的索引，以加快搜索姓名的速度。

8. 查阅

向数据库的表中某个字段输入数据时，经常出现输入的数据是一个数据集合中的某个值的情况，例如教师"职称"一定是"教授、副教授、讲师、助教"这个数据集合中的一个值，"政治面貌"一定是"党员、团员、民主党派、群众"这个数据集合中的一个值。对于这样的字段，Access 提供了"查阅"功能，即事先提供一系列值（该值可以来自数据库中的表或查询，也可以来自指定的固定值集合）供输入数据时从中选择，这样既加快了数据输入的速度，又保证了输入数据的正确性。

使用"查阅"功能有两种方法：一种是直接把该字段的数据类型设置为"查阅向导"；另一种方法是先设置该字段的数据类型为"文本"，然后在"查阅"属性窗口中进一步设置。

【例 2.7】在"教师"表中，将"职称"字段设置为"查阅向导"类型，并设置其数据集合为"教授、副教授、讲师、助教"。

操作步骤如下：

（1）在"教学管理"数据库窗口，打开"教师"表的设计视图。

（2）选中"职称"字段，在"数据类型"下拉列表中选择"查阅向导"，打开"查阅向导"

对话框，如图 2-28 所示。

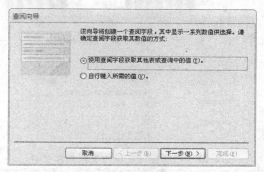

图 2-28　"查阅向导"对话框

（3）在"查阅向导"对话框中选择"自行键入所需的值"单选按钮，然后单击"下一步"。

（4）在"列数"文本框中输入"1"，然后在"第 1 列"下方的列表中依次输入"教授""副教授""讲师"和"助教"，如图 2-29 所示，然后单击"下一步"按钮。

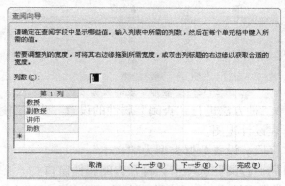

图 2-29　确定查阅字段显示值的对话框

（5）在打开的"请为查阅字段指定标签"对话框中，输入"职称"，如图 2-30 所示，然后单击"完成"按钮。

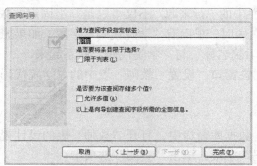

图 2-30　"请为查阅字段指定标签"对话框

通过"查阅向导"完成上述操作后，在"教师"表的设计视图中"职称"字段的数据类型会自动显示"文本"，而在"查阅"属性窗口中，系统会自动设置"显示控件""行来源类型""行来源"等一系列属性的值，如图 2-31 所示。在"教师"表的数据表视图中，单击"职称"字段右侧的箭头，则出现"职称"列表，如图 2-32 所示。

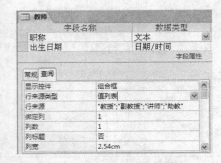

图 2-31　"职称"字段的查阅属性窗口

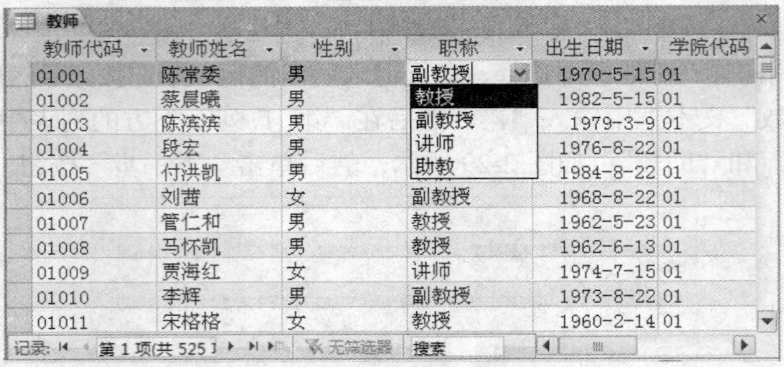

教师代码	教师姓名	性别	职称	出生日期	学院代码
01001	陈常委	男	副教授	1970-5-15	01
01002	蔡晨曦	男	教授	1982-5-15	01
01003	陈滨滨	男	副教授	1979-3-9	01
01004	段宏	男	讲师	1976-8-22	01
01005	付洪凯	男	助教	1984-8-22	01
01006	刘茜	女	副教授	1968-8-22	01
01007	管仁和	男	教授	1962-5-23	01
01008	马怀凯	男	教授	1962-6-13	01
01009	贾海红	女	讲师	1974-7-15	01
01010	李辉	男	副教授	1973-8-22	01
01011	宋格格	女	教授	1960-2-14	01

记录: ◄ 第 1 项(共 525) ► ►I ►* 无筛选器　搜索

图 2-32　"教师"表的数据表视图

本例题还可以采用第二种方法进行"查阅"属性的设置。步骤简述如下：

（1）打开"教师"表设计视图。

（2）选中"职称"字段，设置数据类型为"文本"。

（3）单击属性窗口的"查阅"选项卡，打开查阅属性窗口。

（4）选择"显示控件"属性为"组合框"，"行来源类型"属性为"值列表"，在"行来源"属性后的文本框中输入 ""教授";"副教授";"讲师";"助教""，如图 2-31 所示。

（5）保存所做的设置，并切换到数据表视图，可见如图 2-32 所示的效果。

【拓展知识】查阅属性中的"行来源"不仅可以是一组固定的数据，也可以是数据库中的表或查询。当查看"教师"表时，里面有"学院代码"字段，如果想进一步知道某代码具体代表哪个学院，则可以将"学院名称"与"学院代码"联系起来。

【例 2.8】通过查阅属性窗口，设置"教师"表中的"学院代码"字段的数据来源为"学院"表中的"学院名称"。

操作步骤如下：

（1）在"教学管理"数据库窗口中，打开"教师"表的设计视图。

（2）选中"学院代码"字段，单击"查阅"选项卡。

（3）在"显示控件"中，选择控件类型为"组合框"，在"行来源类型"框中，选择行来源类型为"表/查询"，在"行来源"中，单击右侧的按钮，打开"查询生成器"对话框，同时打开"显示表"对话框，如图 2-33 所示。

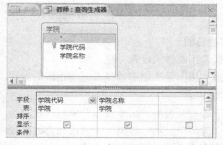

图 2-33　"显示表"对话框　　　　　图 2-34　"教师"表"查询设计器"对话框

（4）在"显示表"对话框中选择"学院"表，单击"添加"按钮，然后单击"关闭"按钮返回"查询生成器"对话框，如图 2-34 所示。该对话框分为上下两部分，上半部分是"表/查询显示区"，下半部分是"网格设计区"，关于查询生成器的详细用法将在后面章节中介绍。

（5）在"学院"表中将字段"学院代码"和"学院名称"分别拖放到网格设计区中的"字段"行，如图 2-34 所示。

（6）关闭查询设计窗口，返回表的设计视图，如图 2-35 所示。可以看到，在"行来源"后面的列表中添加了一行语句"SELECT 学院.学院代码, 学院.学院名称 FROM 学院"，这是一条 SQL 查询语句，是利用"教师"表和"学院"表的关联产生的查询（参见第 3 章）。"绑定列"设置为"1"，"列数"设置为"2"。

图 2-35　选择查阅列所使用的字段

【注意】在"绑定列"属性中，输入要绑定的列，这些列与要绑定的基础字段绑定在一起。该数字是有所偏移的：第 1 列为 0，第 2 列为 1，依此类推。

（7）切换到"教师"表的数据表视图，显示信息如图 2-36 所示。

图 2-36　"教师"表数据视图

同步实验之 2-2　字段属性的设置

一、实验目的

1. 掌握常用属性的设置方法。
2. 掌握利用向导法创建选择查阅型字段的方法。

二、实验内容

1. 将"教师"表的"出生日期"字段格式改为"长日期",观察更改前后日期显示的变化。

2. 为"教师"表的"性别"字段添加有效性规则和有效性文本。

3. 按下列要求写出相应的输入掩码:

(1) 设置"雇员编号"字段的输入掩码为只能输入 10 位数字或空格形式。

(2) 设置"联系电话"字段的输入掩码,要求前 4 位为"010-",后 8 位为数字。

(3) 设置"编号"字段只能输入 5 位,规定前 2 位为数字或字母,后 3 位为数字。

(4) 设置"规格"字段,输入掩码的格式为"220v- w",其中-与 w 之间为两位,且只能输入 0~9 之间的数字。

(5) 设置"产品型号"字段的输入掩码为:9 位字母、数字和字符的组合。其中,前三位只能是数字,第 4 位为大写字母 V,第五位为字符-,最后一位为大写字母 W,其他为数字或字母。

(6) 设置"ID"字段的相关属性,使其接受的数据只能为第 1 个字符为"A",从第 2 个字符开始三位只能是 0~9 之间的数字。

4. 在"学生"表的"备注"字段前添加"政治面貌"字段,字段类型为"查阅向导",并设置其数据集合为"团员、党员、民主党派、群众"。

三、挑战题

在数据库中新建一个"后勤人员"表,表的结构要求如下:

字段名称	数据类型	字段大小	字段名称	数据类型	字段大小
工号	文本	3	绩效工资	数字	整型
姓名	文本	4	基本工资	数字	整型
性别	文本	1	电话号码	文本	11
职称	文本	2	所属学院名称	文本	10
政治面貌	文本	2	入职日期	日期/时间	
出生日期	日期/时间				

各字段属性要求如下:

(1) "工号"字段由 3 位组成,要求第一个字符为"A",后两位为 0~9 中的数字组成,且为主键。

(2) "性别"字段只能输入"男"或者"女",如果输入错误,则显示"输入的性别不符合规则,请重新输入!"。

(3) "职称"字段的默认值是"高工"。

(4) 设置"政治面貌"字段的标题属性,使其在数据表视图中显示为"身份"。

(5) 修改"政治面貌"字段的字段类型为查阅向导,其值分别为"党员""团员""群众",手动输入值。

(6) "入职日期"字段显示为"**月**日****年"格式。

(7) 将"出生日期"字段,要求输入时为"长日期(中文)"格式(形如 ![出生日期 ___年_月_日]),最终显示为"短日期"格式(形如 ![出生日期 2015/10/22])。

(8) 将"绩效工资"字段的字段大小改为单精度型。

(9) "基本工资"字段非空且大于等于 0。

(10) "电话号码"字段格式为:(**)-******(两位区号-六位号码)。

（11）通过查阅属性窗口，设置"所属学院名称"字段的数据来源为"学院"表中的"学院名称"。

2.1.4　设置主关键字

在表中能够唯一标识记录的字段或字段组合称为主关键字，简称主键。表只有定义了主键，才能与数据库中的其他表建立联系，从而能够利用查询、窗体和报表迅速、准确地查找和组合不同表中的信息，这也正是数据库的主要作用之一。主键字段的取值不能重复，也不能为空。

1.　主键的分类

在 Access 中主要有三种主键：自动编号主键、单字段主键和多字段主键。

（1）自动编号主键：在用户没有设置主键的情况下，系统创建的一个自动编号的主键。

（2）单字段主键：如果一个字段包含的值能够将不同的记录区分开，就可以将该字段设置为主键。例如，"学生"表中的"学号"字段能够唯一标识每一条记录，因此可将"学号"字段设置为"学生"表的主键。

（3）多字段主键：如果表中任意单字段都不能唯一标识每一条记录，则可以将两个或多个字段的组合定义为主键。例如，"教学计划"表中所有单字段都有重复值，都不能单独定义主键，但"专业代码"+"课程代码"的字段组合满足要求，可以定义为多字段主键。

2.　主键的创建

打开表的设计视图，选中要创建主键的字段，选择"表格工具/设计"中的"工具"组，单击"主键"按钮，或者右键单击要创建主键的字段，在快捷菜单中选择"主键"。

【注意】如果主键是多个字段的组合，直接用鼠标拖动或者按下 Shift 键可以选中多个连续的字段，按下 Ctrl 键则可以选中多个不连续的字段。

【例 2.9】为"教学管理"数据库中的"学生"表和"教学计划"表设置主关键字。

分析：由于学生表中的"学号"字段即可唯一区别表中每一条记录，因此"学生"表的主键属于单字段主键，而"教学计划"表的所有字段都可能出现重复值，不能单独将某字段设置为主键。通过进一步分析可知，"专业代码"和"课程代码"的组合可以唯一区别表中每一条记录，因此"教师"表的主键属于多字段组合主键。

操作步骤如下：

（1）在"教学管理"数据库窗口，打开"学生"表的设计视图窗口。

（2）右键单击"学号"字段，选择"主键"按钮，即可将"学号"字段设置为主键。

（3）打开"教学计划"表的设计视图窗口。

（4）在"专业代码"和"课程代码"字段左侧的字段选定器上拖动鼠标，选中这两个字段，然后单击"表格工具/设计"选项卡的"主键"按钮，即可将"专业代码"和"课程代码"组合字段设置为主键，如图 2-37 所示。

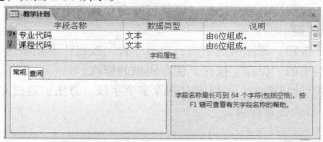

图 2-37　"教学计划"表的主键设置

同步实验之 2-3　主键的设置

一、实验目的
1. 理解主键的含义。
2. 掌握单字段主键和多字段主键的设置方法。

二、实验内容
分析"教学管理"数据库中"学生""成绩""教师""课程""教学计划""学生其他情况""学院"和"专业"表的数据特征,并为这些表分别设置主键。

【提示】以上表中,除了"成绩"和"教学计划"表之外,其余表均可设置单字段主键。

2.2　表的编辑与维护

创建表结构之后,就可以向表中输入数据了。输入数据时要使用规范的数据格式,这是数据管理规范化的关键。对不同类型的数据,数据的表示形式不同,数据的输入方法也有所不同,前面介绍过各种常用类型的数据输入方法,不再赘述。

随着数据库的不断使用,还经常需要增加新数据或删除一些无用数据,或者需要对表的结构进行修改,这就要求经常对表进行编辑和维护。表的编辑和维护主要包括表结构和表的数据两部分。

2.2.1　修改表的结构

修改表的结构通常在表的"设计视图"中完成。修改表结构的操作主要包括添加字段、修改字段、删除字段、重新设置主关键字、设置字段属性等。

1. 修改字段
修改字段包括修改字段名称、数据类型、属性等。操作步骤如下:
(1) 打开要修改字段的表的"设计视图"。
(2) 如果要修改某字段的名称,则在该字段的"字段名称"列中单击,修改字段名;如果要修改某字段的数据类型,单击该字段"数据类型"列右侧的下拉按钮,然后从弹出的下拉列表中选择需要的数据类型。
(3) 单击标题栏中的"保存"按钮,保存所做的修改。

2. 删除字段
删除字段的操作步骤如下:
(1) 打开要删除字段的表的"设计"视图。
(2) 将光标移到要删除的字段上。
(3) 单击右键,在快捷菜单中选择"删除行"命令或者单击功能区"工具"组中的"删除行"按钮,这时弹出提示框。
(4) 单击"是"按钮,删除所选字段;单击"否"按钮,不删除这个字段。
(5) 单击标题栏中的"保存"按钮,保存所做的修改。

【说明】在表的设计视图中,可以同时删除多个字段。方法:通过 Ctrl 键或者 Shift 键选择多个字段后,单击 Delete 键即可。

3. 重新设置主关键字

如果原定义的主关键字不合适,可以重新定义。重新定义主关键字需要先删除原主关键字,然后再定义新的主关键字。

【例 2.10】在"学生"表中,按照以下要求修改表结构:

(1) 将"学号"字段的字段大小改为 10;

(2) 将"出生日期"字段的格式改为"短日期";

(3) 将"电话"字段的名称改为"手机号码";

(4) 在"专业代码"字段前添加"是否党员"字段,数据类型为"是/否"型;

(5) 删除"是否党员"字段。

操作步骤如下:

(1) 在"教学管理"数据库窗口,打开"学生"表的设计视图。

(2) 选中"学号"字段,将"常规"属性窗口中的"字段大小"修改为 10。

(3) 选中"出生日期"字段,将"常规"属性窗口中的"格式"修改为"短日期"。

(4) 选中"电话"字段,将"字段名称"中的"电话"修改为"手机号码"。

(5) 右键单击"专业代码"字段,在弹出的快捷菜单中选择"插入行"命令,在上方出现的空白行中输入字段名称"是否党员",在"数据类型"中选择"是/否"。

(6) 右键单击"是否党员"字段,在弹出的快捷菜单中选择"删除行"命令,即可删除该字段。

(7) 保存并关闭表。

表结构修改完成后,要及时保存表。另外需要注意的是,在修改表结构之后,可能会造成某些数据丢失,例如,将文本型字段的"字段大小"属性由大改小时,系统会自动截去超出部分的数据,将数字类型字段的"字段大小"属性由单精度型改为整型时,会丢失数据中的小数部分。

2.2.2　编辑表中的数据

编辑表中的数据主要包括添加记录、修改记录、删除记录以及复制字段中的数据等。一般在编辑前先要进行记录定位操作。编辑表内容的操作在数据表视图中完成。

1. 记录的定位

可以通过数据表视图底部的记录定位器记录: |◀ ◀ ⎸ 1 ▶ ▶| ▶⁕ 中的"上一条"◀、"下一条"▶、"第一条记录"|◀、"尾记录"▶|和"新(空白)记录"▶⁕来定位,也可以通过"开始"选项卡"查找"组的"转至"按钮➡下拉列表中的相关命令来定位。

2. 修改数据记录

将光标定位到要修改的记录的相应字段上,直接修改其中的内容,如果该字段定义了有效性规则,修改的内容要符合该规则的约束。

3. 删除数据记录

在数据表视图中,选中某条记录,然后通过右键选择"删除记录"或者单击键盘上的 Delete 键,即可删除该条记录。

【说明】

(1) 通过 Shift 键选择连续多条记录后,单击 Delete 键即可同时删除多条记录。

（2）删除的记录不能通过撤销命令来撤销。

4. 复制数据记录

单击要复制记录的行选定器，选中该行数据，然后执行"开始"选项卡"剪贴板"组中的"复制"命令，在所需要的位置粘贴记录即可。

5. 记录的选择

选择一条记录：单击记录最左端的记录选定器。

选择多条连续记录：单击第一条记录的记录选定器，按住鼠标左键，拖动鼠标到最后一条记录的记录选定器；或者，单击第一条记录的记录选定器，按住 Shift 键的同时，单击最后一条记录的记录选定器。

【例 2.11】在"学生"表中，按照下列要求修改表中的记录：

（1）将姓名为"杨帆"的学生的"出生日期"改为 1990-11-12。

（2）在表的末尾插入一条新记录，内容自拟。

（3）删除最后一条记录。

操作步骤如下：

（1）在"教学管理"数据库窗口，打开"学生"表的数据表视图窗口。

（2）在记录定位器后的搜索栏输入"杨帆"，快速定位到要修改的记录，将"出生日期"改为 1990-11-12。也可以通过"查找"功能定位，选择"开始"选项卡的"查找"组，单击"查找"按钮🔍，打开"查找和替换"对话框，如图 2-38 所示，输入查找内容"杨帆"，查找范围可选择"当前文档"，然后单击"查找下一个"按钮，即可将光标定位于指定记录。

（3）选择"开始"选项卡中的"记录"组，单击"新建"按钮🗐，则表的末尾插入一行新记录，将光标定位于空白记录，自行输入数据。

（4）单击记录定位器的最后一条记录按钮▶️，将光标定位在最后一行。在最左端的记录选定器上单击右键，在弹出的快捷菜单中选择"删除记录"命令🗙，在出现的提示对话框中选择"是"，如图 2-39 所示，即可删除该记录。

图 2-38　"查找和替换"对话框

图 2-39　删除记录对话框

2.3　创建索引和表间关系

数据库中的多个表创建完成之后，还要对表间的关系进行设计。建立表的关系，可以将不同表中的相关数据联系起来，减少数据的冗余，为进一步管理和使用表中的数据打好基础。

所谓表间的关系，指的是两个表中有一个相同的数据类型、大小的字段，利用这个字段来建立两个表之间的联系。通过这种表之间的关联性，可以将数据库中的多个表联结成一个有机的整体。关系的主要作用是使多个表中的字段协调一致，以便快速地提取信息。

索引是按照某个字段或字段集合的值进行记录排序的一种技术，其目的是提高检索速度。

通常情况下，数据表中的记录是按照输入数据的顺序排列的。当用户需要对数据表中的信息进行快速检索和查询时，可以对数据表中的记录重新调整顺序。索引是一种逻辑排序，它不改变数据表中记录的排列顺序，而是按照排序关键字的顺序提取记录指针生成索引文件。当打开表和相关的索引文件时，记录就按照索引关键字的顺序显示。通常可以为一个表建立多个索引，每个索引可以确定表中记录的一种逻辑顺序。

索引除了能提高检索速度之外，还对建立表的关系，验证数据的唯一性起着重要作用。

2.3.1　创建索引

在一个表中可以用单个字段创建一个索引，也可以用多个字段（字段集合）创建一个索引。使用多个字段创建的索引进行排序时，一般按照索引第一个字段进行排序，当第一个字段有重复值时，再按第二个字段进行排序，依此类推。创建索引后，向表中添加记录或更新记录时，索引自动更新。

在表中创建索引的原则是确定经常依据哪些字段查找信息和排序。根据这个原则对相应的字段设置索引。在 Access 2010 中，除了 OLE 对象型、计算型和附件型不能建立索引外，其他类型的字段都可以建立索引，其中最常用的类型是文本型、数字型、货币型和日期/时间型。

1. 索引的类型

按照功能可以将索引分为三种类型：唯一索引、主索引和普通索引。

（1）唯一索引：索引字段的值不能重复。若某字段已设置为唯一索引，为该字段输入重复的值时，系统会提示操作错误。若某个字段的值有重复，则不能创建唯一索引。一个表可以创建多个唯一索引。

（2）主索引：主索引与唯一索引类似，要求索引字段的值不能重复。当把字段设置为主键后，该字段就是主索引。主索引与唯一索引的区别是一个表只能创建一个主索引，但可以创建多个唯一索引。

（3）普通索引：普通索引字段的值可以重复，主要作用就是加快查找和排序的速度。一个表可以创建多个普通索引。

2. 创建索引

1）利用索引属性创建索引

索引属性是字段的常规属性之一，通过表设计器进行设置。索引属性可以取三个值："无""有（有重复）"和"有（无重复）"。

（1）无：表示该字段无索引。

（2）有（有重复）：表示该字段有索引，且索引字段的值可以重复，创建的索引是普通索引。

（3）有（无重复）：表示该字段有索引，且索引字段的值不可以重复，创建的字段是唯一索引。

【例 2.12】在"教学管理"数据库的"学生"表中，为"电话"字段创建唯一索引。

操作步骤如下：

（1）在"教学管理"数据库窗口，打开"学生"表的设计视图。

（2）选中"电话"字段，在"常规"选项卡中，单击"索引"属性框旁的下拉箭头，在列表中选择"有（无重复）"选项，如图 2-40 所示。

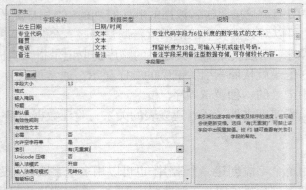

图 2-40 设计视图中的索引属性

2）利用索引对话框创建索引

选择选项卡"表格工具/设计"上下文中的"显示/隐藏"组，单击"索引"按钮，即可打开"索引"对话框，如图 2-41 所示。用户可以根据需要确定索引名称、字段名称、排序次序和索引属性等。

图 2-41 创建"学生"表单字段索引

设置索引属性与使用"索引"对话框都可以创建索引，不同之处在于：

（1）索引属性只能创建单字段索引，若要设置多字段索引，则需要使用"索引"对话框。

（2）索引属性只能创建唯一索引和普通索引，不能设置主索引。但如果将某字段设置为主键，则该字段的唯一索引即为主索引。使用"索引"对话框可以设置任意一种索引。

（3）索引属性只能按升序索引，使用"索引"对话框可以按升序、降序索引。

【例 2.13】在"教学管理"数据库的"教学计划"表中，主键为联合字段"专业代码"+"课程代码"，建立主键后，该联合字段自动就是主索引，查看"教学计划"表的多字段主索引。

操作步骤如下：

（1）在"教学管理"数据库窗口，打开"教学计划"表的设计视图。

（2）在"表格工具/设计"选项卡的"显示/隐藏"组中，单击"索引"命令。

（3）打开的"索引：教学计划"对话框如图 2-42 所示。

图 2-42 "教学计划"表多字段主索引界面

同步实验之 2–4　索引的建立

一、实验目的

1. 理解创建索引的重要意义。
2. 掌握单字段索引和多字段索引的创建方法。

二、实验内容

为"教学管理"数据库中所有的表创建索引，要求：

1. 查看所有八个表的主索引。
2. 为"专业"表的"所属学院代码"字段创建普通索引。
3. 为"课程"表的"开课学院代码"字段创建普通索引。
4. 为"学生其他情况"表的"身份证号"字段创建唯一索引。

2.3.2　创建表间关系

通常，一个数据库系统包括多个表，为了把不同表的数据组合在一起使用，必须建立表间的关系。

所谓表间的关系，指的是两个表中有一个相同的数据类型、大小的字段，利用这个字段来建立两个表之间的联系。通过这种表之间的关联性，可以将数据库中的多个表联结成一个有机的整体。关系的主要作用是使多个表中的字段协调一致，以便快速地提取信息。

1. 表间关系的类型

表之间的关系实际上是实体之间关系的一种反映。实体间的联系通常有三种，即"一对一联系""一对多联系"和"多对多联系"，因此表之间的关系通常也分为这三种，如表 2-10 所示。

表 2-10　表间关系的类型

关系的类型	描　述
一对一	表 A 中的每条记录在表 B 中都有一条与之匹配的记录，并且表 B 的每条记录在 A 表中也都有一条匹配的记录，表 A 和表 B 的关系为一对一 两表之间要建立一对一关系，需要先定义关联字段为两个表的主键或建立唯一索引
一对多	如果 A 表的某一记录能与 B 表的多条记录匹配，但是 B 表中的任意记录仅能与 A 表的一条记录匹配，A 表和 B 表的关系为一对多，A 表称为主表，B 表称为相关表或子表 两表之间要建立一对多关系，需要先定义关联字段为主表的主键或建立唯一索引，然后在子表中按照关联字段创建普通索引
多对多	如果 A 表中的某一记录能与 B 表中的多条记录匹配，并且 B 表中的某一记录也能与 A 表中的多条记录匹配，A 表和 B 表的关系为多对多 Access 在处理多对多关系时，需要借助新创建的连接表将其转换为两个或多个一对多关系

2. 创建表间关系

创建表间的关系需要在"关系"窗口中操作，以下几种方法都可打开"关系"窗口：

（1）选择"数据库工具"选项卡中的"关系"组，单击"关系"按钮 🖼。

（2）选择"表格工具/表"选项卡中的"关系"组，单击"关系"按钮 🖼。

（3）选择"表格工具/设计"选项卡中的"关系"组，单击"关系"按钮 🖼。

在创建表间关系时，可以编辑关联规则。建立了表间关系后可以设置参照完整性、设置在相关联的表中的插入记录、删除记录和修改记录的规则。

【例 2.14】为"教学管理"数据库中的"学生"表、"学生其他情况"表和"成绩"表创建关系，关联字段为"学号"。

操作步骤如下：

（1）打开"教学管理"数据库，假设创建关系所需的表已经按照关联字段创建了索引。

（2）打开"关系"窗口，选择"关系工具/设计"选项卡，单击"显示表"按钮，打开"显示表"对话框，如图 2-43 所示。

（3）在"显示表"对话框中，将"学生"表、"学生其他情况"表和"成绩"表添加到关系窗口中。

（4）用鼠标左键将"学生"表的关联字段"学号"拖动到"学生其他情况"表的"学号"字段上，此时会出现"编辑关系"对话框，在对话框中选中"实施参照完整性"复选框，如图 2-44 所示，然后单击"创建"按钮。

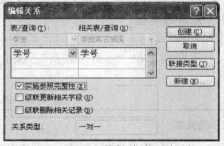

图 2-43　"显示表"对话框　　　　　　　　　　图 2-44　"编辑关系"对话框

（5）此时，在两表的关联字段"学号"之间，已经连接了一条线段，线段两端出现的"1"，表明在"学生"表和"学生其他情况"表之间已经创建了"一对一"关系，如图 2-45 所示。

（6）再以同样的方法建立"学生"表与"成绩"表之间的关系，由图 2-45 可见，两表之间的线段两端分别出现了"1"和"∞"，表明在"学生"表和"成绩"表之间已经创建了"一对多"关系。

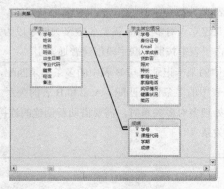

图 2-45　"学生"表、"学生其他情况"表和"成绩"表之间的关系

3. 实施参照完整性

参照完整性就是在对相关表进行更新、输入或删除记录时，为维护表与表之间已定义的关系而必须遵循的规则。参照完整性规则包括级联更新相关字段和级联删除相关记录两个规则，如图 2-44 所示。如果实施了参照完整性，则当添加或删除数据时，Access 会按所建立的关系来检查数据。若违反了这种关系，就会显示出错信息且拒绝这种数据操作。在建立关系的两个表中，如果建立关系的关联字段是单字段主键或者是建立了唯一索引，则称该表为主表，否则称为相关表。例如，"学生"表和"成绩"表通过关联字段"学号"建立了一对多关系，"学生"表为主表，"成绩"表为相关表。

1）实施参照完整性后主表、相关表操作应遵循的规则

（1）不能将主表中没有的键值添加到相关表中。

（2）不能在相关表存在匹配记录时删除主表中的记录。

（3）不能在相关表存在匹配记录时更改主表中的主键字段值。

也就是说，实施了参照完整性后，如果对主键字段的修改违背了参照完整性的要求，系统就会显示出错信息且拒绝这种数据操作。

2）"级联更新相关字段"选项

在"编辑关系"对话框中，只有选中"实施参照完整性"复选框后，"级联更新相关字段"和"级联删除相关记录"两个复选框才可以使用，如图 2-44 所示。

（1）如果不选中"级联更新相关字段"，就不能在相关表中存在匹配记录时修改主表中的主键字段的值。

（2）如果选中"级联更新相关字段"，则无论何时修改主表中主键字段的值，Access 都会自动在所有相关的记录中将主键字段值更新为新值。

3）"级联删除相关记录"选项

（1）如果不选中"级联删除相关记录"，则不能在相关表中存在匹配记录时删除主表中的记录。

（2）如果选中"级联删除相关记录"，则在删除主表中的记录时，Access 会自动删除相关表中相关的记录。

4. 编辑表间关系

表之间的关系建立后并不是一成不变的，可以根据需要对关系进行更改，如更改关联字段或删除关系等。

1）更改关联字段

打开"关系"窗口，右键单击表之间的关系连接线，选择"编辑关系"或者直接双击关系连线，打开图 2-44 所示的"编辑关系"对话框，重新选择关联的表和关联字段即可完成对关系的更改。

2）删除关系

如果要删除已经建立的关系，需要先关闭所有已打开的表，然后再打开"关系"对话框，单击关系连线，按 Delete 键，或右键单击关系连线，在快捷菜单中选择"删除"即可完成对关系的删除。

同步实验之 2-5　表间关系的创建

一、实验目的

1. 理解表间的三种关系。
2. 掌握表间关系的建立方法。
3. 理解实施参照完整性的意义与重要性。
4. 掌握实施参照完整性和表间关系的编辑。

二、实验内容

观察"教学管理"数据库的所有表的索引情况，并为相关表之间建立关系，要求所有关系都必须实施参照完整性。要求：

1. 建立"学院"表与"专业""课程""教师"表之间的关系。
2. 建立"专业"表与"学生""教学计划"表之间的关系。
3. 建立"学生"表与"学生其他情况""成绩"表之间的关系。
4. 建立"学生其他情况"表和"成绩"表之间的关系。
5. 编辑"学生"表与"学生其他情况"表之间的关系，要求满足"级联更新"和"级联删除"。修改后，打开"学生"表，删除或修改某条记录，观察"学生其他情况"表的变化。
6. 删除第 5 题中所建的"学生其他情况"表和"成绩"表之间的关系，因为此关系无实际用处，请自行分析原因。

做完本实验，"教学管理"数据库中的关系网如下图 2-46 所示。

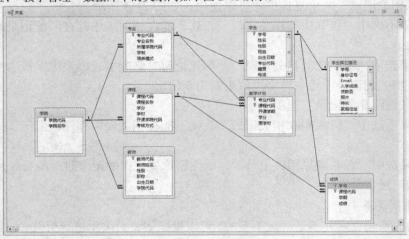

图 2-46　"教学管理"数据库的关系网图

2.4　数据表的操作

数据表建好后，常常需要根据实际需求，对表中数据进行排序、筛选、替换或调整数据表视图中数据的显示格式等操作。

2.4.1　记录排序

一般情况下，表中数据的排列是按照最初输入数据的顺序或者是按主键值升序排列的顺序来显示的。但在使用过程中，通常会希望表中记录是按照某种指定顺序排列，以便于查看浏览，这就需要使用记录排序功能。排序需要设定排序关键字。排序关键字可由一个或多个字段组成。排序后的结果可以保存在表中，再次打开时，数据表会自动按照已经排好的顺序显示记录。

对于不同字段类型，排序顺序有所不同，具体如下：

（1）数值型、货币型数据：按数据的大小顺序排序。

（2）日期/时间型数据：按时间的先后顺序排序，即后面的日期比前面的日期大。

（3）文本型数据：按照首字母或汉字拼音的首字母的顺序来排序。但如果它的内容有数字，那么 Access 将数字视为字符串，排序时按照 ASCII 码值的大小排列，而不是按照数值本身的大小排列。如希望按数值大小排序，应在较短的数字前加零。如"10"和"3"按 ASCII 码值升序排列"10"＜"3"，但"10"＞"03"。

（4）是否型数据：False 比 True 大。

（5）备注、超链接和 OLE 对象的字段类型不能进行排序。

1. 按照一个字段重新排序

在表的数据表视图下，要按照一个字段重新排序，有以下三种操作方法。

（1）选中该列或将光标定位于该列之内，单击"开始"选项卡中"排序和筛选"组中的升序排列按钮或降序排列按钮。

（2）右键单击该列，在弹出的快捷菜单中选择"升序排列"或"降序排列"命令。

（3）左键单击字段右侧的下拉箭头选择"升序"或"降序"进行排序。

2. 按照多个字段的组合重新排序

在 Access 中不仅可以按照一个字段排序，也可以按照多个字段的组合重新排序。按照多字段组合排序的规则是：首先根据第一个字段指定的顺序进行排序，当记录中出现第一个字段具有相同的值时，再按第二个字段排序，依此类推，直到表中记录按照全部指定的字段排好顺序为止。

按多个字段的组合重新排序的操作步骤通过下面的例题进行说明。

【例 2.15】对"教学管理"数据库中"学生"表进行排序，要求依次按照字段"籍贯"降序、"专业代码"升序和"姓名"升序的顺序排列。

操作步骤如下：

（1）打开"教学管理"数据库，进入"学生"表的数据表视图。

（2）选择"开始"选项卡的"排序和筛选"组，单击"高级"按钮，打开"高级"菜单，如图 2-47 所示。

（3）单击"高级筛选/排序"命令，打开筛选窗口，如图 2-48 所示。窗口由两部分组成，上半区显示被打开的数据表及字段列表，下半区是数据表设计网格区域，用来指定排序字段、排序方式和所遵从的原则。

（4）单击设计网格区域的第一列"字段"行右侧的下拉箭头，从弹出的字段列表中选择第一排序字段为"籍贯"，再在"籍贯"字段的下一行相应的"排序"行中选择"降序"。以同样的方法再选择第二排序字段为"专业代码"，第三排序字段为"姓名"，排序方式均为"升序"，如图 2-48 所示。

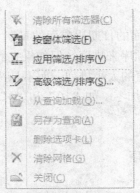

图 2-47　“高级”菜单

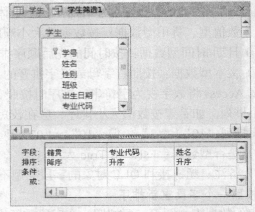

图 2-48　“学生”表的筛选窗口

（5）选择“排序和筛选”组中“高级”按钮下拉列表的“应用筛选/排序”命令，打开数据表视图并显示排序结果，如图 2-49 所示。由图中可见，重新排序后的“学生”表中“姓名”“专业代码”和“籍贯”字段的右侧出现了或者箭头，用以提示按照这些字段进行过升序还是降序排列。

学号	姓名	性别	班级	出生日期	专业代码	籍贯
12017233	熊飞飞	男	财政122	1993-11-4	020103	重庆市万州区
12182208	贺舒蕊	女	社会122	1994-10-1	030302	重庆市万州区
12184204	范美芳	女	编辑122	1991-12-25	050304	重庆市万州区
09127112	李如宸	女	劳动091	1989-8-20	110314	重庆市万州区
10033324	张艳华	女	日语103	1988-10-21	050207	重庆市市区
09014116	李文秀	女	国贸091	1991-12-3	020102	重庆市黔江地区
09017129	翟成颖	女	财政091	1992-1-4	020103	重庆市黔江地区
10071234	薛萌萌	女	工商102	1996-3-10	110201	重庆市黔江地区
10127224	张硕	男	劳动102	1992-10-12	110314	重庆市黔江地区
10811322	胥耀程	女	商贸103	1991-10-5	080102	重庆市江津市
11033104	褚明霞	女	日语111	1991-2-5	050207	重庆市涪陵区
11033110	李娜	女	日语111	1993-7-9	050207	重庆市涪陵区
09013109	康建	男	经济091	1989-2-16	020101	浙江省舟山市

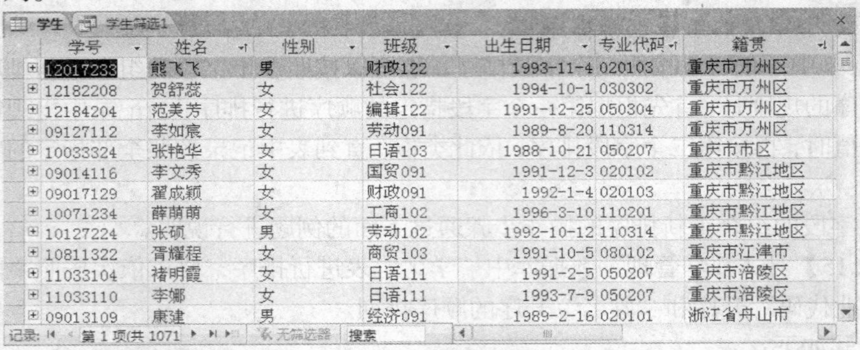

图 2-49　按“籍贯”“专业代码”“姓名”排序后的学生数据表视图

（6）保存排序结果。

3. 取消重新排序

如果要取消排序，使数据表恢复到排序前的状态，只需单击“排序和筛选”组中的“取消排序”按钮即可。

2.4.2　记录筛选

在日常数据库管理工作中，经常遇到查询满足某条件的记录的问题，这就是记录筛选。筛选指的是只显示满足条件的记录，将不满足条件的记录暂时隐藏起来。

在 Access 2010 中，提供了“选择筛选”“按窗体筛选”和“高级筛选/排序”三种方法用于记录筛选。

1. 选择筛选

选择筛选用于查找某一字段满足一定条件的数据记录，条件包括“等于”“不等于”“包含”“不包含”等，其作用是隐藏不满足选定内容的记录，显示所有满足条件的记录。

2. 按窗体筛选

按窗体筛选是在空白窗体中设置筛选条件，然后查找满足条件的所有记录并显示，可以在窗体中设置多个条件。按窗体筛选是使用最广泛的一种筛选方法。

3. 高级筛选/排序

使用"高级筛选/排序"不仅可以筛选满足条件的记录，还可以对筛选的结果进行排序。

【例 2.16】完成如下筛选操作，要求：

（1）在"学生"表中，显示籍贯为"山东省烟台市"的学生记录。

（2）在"教师"表中，显示性别为"男"，职称是"教授"的教师记录。

（3）在"教师"表中，显示性别为"男"，职称是"教授"，并按"出生日期"降序排列的教师记录。

操作步骤如下：

（1）打开"学生"表，进入数据表视图。

（2）将光标定位在"籍贯"字段中的任意一个取值为"山东省烟台市"的单元格中，选择"开始"选项卡中的"排序和筛选"组，单击"选择"按钮，并在下拉列表中选择"等于"山东省烟台市""，如图 2-50 所示，显示结果如图 2-51 所示。

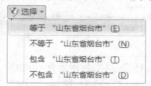

图 2-50　"选择"筛选下拉列表

姓名	性别	班级	出生日期	专业代	籍贯	电话
李娜	女	国贸091	1991-1-26	020102	山东省烟台市	135000050
徐晓晓	女	财政091	1989-1-13	020103	山东省烟台市	135000001
李凤玲	女	英语091	1990-5-16	050201	山东省烟台市	138000008
李佳	女	英语091	1989-9-18	050201	山东省烟台市	138000006
边亚娟	女	劳动091	1990-9-30	110314	山东省烟台市	138000000
杨月	女	英商102	1992-8-28	050249	山东省烟台市	135000001
梁新颖	女	社保102	1990-4-27	110303	山东省烟台市	138000002
苑婷婷	女	劳动102	1990-2-9	110314	山东省烟台市	138000008
胡欣	女	法学103	1988-7-30	030101	山东省烟台市	138000008

记录: 第 1 项(共 23 项) 已筛选 搜索

图 2-51　显示籍贯为"山东省烟台市"的学生记录

如果要取消筛选结果或更改筛选条件，使数据表恢复到排序前的状态，只需单击"切换筛选"按钮即可。

【思考】如果需要显示"籍贯"字段中所有"山东省"的学生记录，该怎么操作？如果需要显示"籍贯"字段中所有包含"自治区"的学生记录，该怎么操作？

（3）打开"教师"表，进入数据表视图。选择"开始"选项卡中"排序和筛选"组，单击"高级"按钮，并在打开的下拉列表中选择"按窗体筛选"命令，打开空白窗体，在"性别"列表框中选择"男"，在"职称"列表框中选择"教授"，如图 2-52 所示。

图 2-52　按窗体筛选的窗体

（4）单击"高级"按钮并选择"应用筛选排序"，将在数据表视图中显示筛选结果，如图 2-53 所示。

教师代码	教师姓名	性别	职称	出生日期	学院代码
01007	管仁和	男	教授	1962-5-23	01
01008	马怀凯	男	教授	1962-6-13	01
01017	刘浩文	男	教授	1956-5-29	01
01023	刘军涛	男	教授	1972-11-23	01
01024	张昌鑫	男	教授	1952-3-25	01
01025	刘奎	男	教授	1958-5-19	01
03020	向南平	男	教授	1961-12-3	03

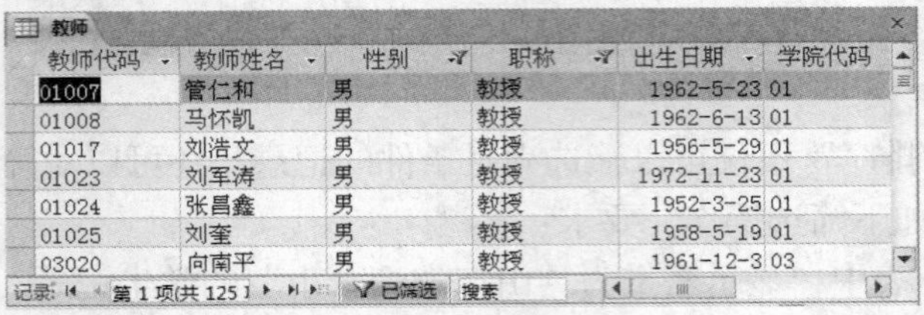

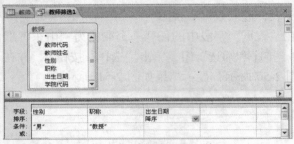

图 2-53 按窗体筛选的结果

（5）选择“开始”选项卡中“排序和筛选”组，单击“高级”按钮，并在打开的下拉列表中选择“高级筛选/排序”命令，打开筛选窗口。在字段列表中双击“出生日期”，将“出生日期”添加到数据表设计网格中，然后在“排序”列表框中选择“降序”，如图 2-54 所示。

图 2-54 数据表设计网格

（6）单击“高级”命令按钮，选择“应用筛选/排序”命令，在数据表视图中将显示筛选结果，如图 2-55 所示。

教师代码	教师姓名	性别	职称	出生日期	学院代码
16004	周赤舟	男	教授	1976-5-23	16
04024	曾聪	男	教授	1973-11-27	04
16005	林鸿钧	男	教授	1973-5-23	16
01023	刘军涛	男	教授	1972-11-23	01
17004	于健	男	教授	1972-5-23	17
17016	王福祥	男	教授	1972-5-23	17
70018	陈茂战	男	教授	1972-5-23	70
81002	张守德	男	教授	1972-5-23	81
12037	苗金春	男	教授	1972-5-3	12

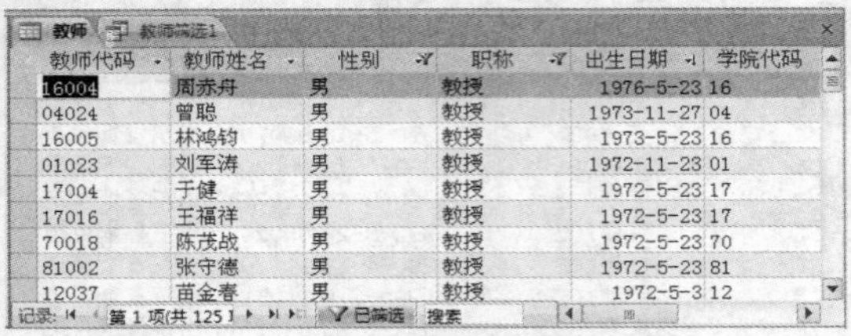

图 2-55 高级筛选/排序结果

应用“高级筛选/排序”功能既可以对记录进行筛选，又可以进行排序，也可以同时进行筛选和排序，而筛选不改变表中记录排列的顺序。通过“高级”命令中的“清除所有筛选器”可以取消筛选，恢复所有记录的显示。

2.4.3 记录的查找与替换

在数据管理中，有时需要快速查找某些数据，或者需要对这些数据进行有规律的替换，这就需要使用 Access 提供的“查找”和“替换”功能。

选择“开始”选项卡中的“查找”组，单击“查找”命令，即可打开“查找和替换对话框”，如图 2-56 所示。

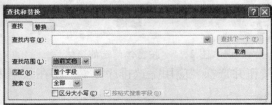

图 2-56 “查找”对话框

查找内容：用于输入要查找的数据，支持精确查找和模糊查找。使用模糊查找时，可配合使用表 2-11 所示的常用通配符。

表 2-11　常用通配符的用法

字符	用法	使用示例
*	代表任意数目的任意字符，包括空格	wh*可以找到 what、white 和 why
?	代表任何单个字母字符	b?ll 可以找到 ball、bell 和 bill
#	代表任何单个数字字符	1#3 可以找到 103、113、123
[ ]	与方括号内任何单个字符匹配	b[ae]ll 可以找到 ball 和 bell，但找不到 bill
!	匹配任何不在方括号之内的字符	b[!ae]ll 可以找到 bill 和 bull，但找不到 ball 或 bell
—	与范围内的任何一个字符匹配，必须以递增顺序来指定区域	b[a-c]d 可以找到 bad、bbd 和 bcd

查找范围：包括"当前文档"和"当前字段"两个选项。如果要在指定的字段中查找，用户最好在查找之前将光标移到所要查找的字段上，这样比对当前文档进行查找能节省更多时间。

匹配：包括"字段任何部分""整个字段"和"字段开头"三个选项，默认选项是"整个字段"。

搜索：包括"向上""向下"和"全部"三种搜索方式，通常使用默认选项"全部"。

替换与查找的操作方法类似，我们用下面的实例进行说明。

【例 2.17】在"学生"表中，将所有"政治面貌"字段取值为"党员"的值替换为"中共党员"。

操作步骤如下：

（1）打开"教学管理"数据库的"学生"表，进入数据表视图。

（2）为提高查找速度，将光标移到"政治面貌"字段中，然后选择"开始"选项卡中的"查找"组，单击"查找"命令，打开"查找和替换"对话框，切换到"替换"选项卡，或者直接单击"查找"组中的"替换"命令，打开"查找与替换"对话框，如图 2-57 所示。

（3）在"查找内容"组合框中输入要查找的"党员"，在"替换为"组合框中输入"中共党员"，"查找范围"选择"当前字段"，"匹配"和"搜索"都使用默认选项，如图 2-57 所示。

（4）单击"替换"命令，将逐个查找到的内容进行替换；单击"全部替换"，则系统会弹出如图 2-58 所示的提示对话框。

图 2-57　"查找和替换"对话框

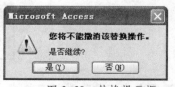

图 2-58　替换提示框

（5）选择"是"命令，即可完成替换操作。

同步实验之 2-6 记录的排序和筛选

一、实验目的

1. 掌握按照一个字段和多个字段进行排序的方法。
2. 掌握三种记录筛选：选择筛选、窗体筛选和高级筛选/排序。

二、实验内容

1. 将"专业"表分别按照"专业名称"字段升序、"所属学院代码"降序排列，并切换到数据表视图查看结果。
2. 将"成绩"表按照"课程代码"和"学期"两个字段升序排列，并切换到数据表视图查看运行结果。
3. 从"学生"表中筛选出所有班级名称为"商贸 103"的学生记录。
4. 从"课程"表中筛选出所有课程名称为"微观经济学"的课程情况。
5. 从"教师"表中筛选出所有职称不是"讲师"的教师记录。
6. 从"教学计划"表中筛选出第 1 学期开课且学分为 3 的所有课程。
7. 从"课程"表中筛选出满足以下条件的记录：学分为"4"，开课学院代码为"01"，考核方式为"考试"，并按课程名称降序排列。

2.4.4 调整表的外观

1. 调整列宽

将鼠标指针移到任意两个字段名称之间的分界线上，当它变成左右双箭头时，按住鼠标向左拖动可使该列变窄，向右拖动可使该列变宽。

要精确调整列宽，可以右键单击某列，然后在弹出的快捷菜单中选择"字段宽度"按钮▯▯，打开"列宽"对话框，如图 2-59 所示。在"列宽"文本框中直接输入需要设定的列宽值，然后单击"确定"按钮。标准宽度复选框是系统默认设置的列宽值，"最佳匹配"能根据字段名称或字段值的长度自动调整列宽使其正好容纳。

图 2-59 "列宽"对话框

2. 调整行高

将鼠标指针移到任意两个记录选定器的分界线上，当它变成上下双箭头时，若按住鼠标向上拖动，所有记录行均会变窄，而向下拖动，所有记录行均变宽。

与调整列宽一样，也可以对行高进行精确设定。右键单击记录选定器，从快捷菜单中选择"行高"命令▯▯，打开"行高"对话框进行数值设置，如图 2-60 所示。在"行高"文本框中直接输入需要设定的行高值，然后单击"确定"按钮即可。

图 2-60 "行高"对话框

3. 设置文本字体和数据表格式

选择"开始"选项卡，使用"文本格式"组中按钮可以设置字段的格式，如图 2-61 所示。可以设置显示数据的字体、字形、字号、对齐方式、颜色以及特殊效果，还可以设置网格线和数据表的格式等。

图 2-61　"开始"选项卡的"文本格式"组

4. 隐藏列/取消隐藏列

在"数据表视图"中，为了便于查看表中的主要数据。可以将某些字段信息暂时隐藏起来，需要时再将其显示出来。具体操作方法如下：

隐藏列：右键单击要隐藏列的字段名称，在弹出的快捷菜单中选择"隐藏字段"命令。

取消隐藏列：在任意字段名称上单击右键，在弹出的菜单中选择"取消隐藏字段"命令，弹出如图 2-62 所示的"取消隐藏列"对话框，在要恢复显示的字段名前的复选框打上"√"，重新显示该字段。如果去掉某字段前的"√"，则相当于将该字段隐藏。

图 2-62　"学生"表的"取消隐藏列"对话框

5. 冻结列/取消冻结列

如果表中字段较多，在浏览记录时，将有一些字段被隐藏。如果想在字段滚动时，使某些字段始终保持可见，可以使用冻结列操作。冻结一列或多列，就是将这些列自动地放在数据表视图的最左端，而且无论如何左右滚动数据表视图窗口，系统都会自动将冻结的字段列放在最左端保持它们随时可见，以方便用户浏览表中数据。具体操作方法如下：

冻结列：选定要冻结的一列或多列，然后在字段名称上单击右键，选择快捷菜单中的"冻结字段"命令。

取消冻结的列：在任意字段名称上单击右键，选择快捷菜单中的"取消冻结所有字段"命令，即可取消所有冻结的列。

2.4.5　表的复制、删除和重命名

1. 表的复制

表的复制包括复制表结构、复制表结构和数据以及把数据追加到另一个表中。操作方法通过下面的实例说明。

【例 2.17】对"教师"表进行如下复制操作：

（1）将"教师"表的结构复制到新表"js"中。

（2）将"教师"表的数据复制到新表"js"中。

（3）将"教师"表的结构和数据复制到新表"jsb"中。

操作步骤如下：

（1）打开"教学管理"数据库，在左侧导航窗格中选择"教师"表，单击右键，在弹出的快捷菜单中选择"复制"命令，也可以在"开始"选项卡的"剪贴板"组中，单击"复制"按钮。

（2）单击"粘贴"命令，打开"粘贴表方式"对话框，在"表名称"文本框中输入表名"js"，在"粘贴选项"中选择"仅结构"单选按钮，如图 2-63 所示。单击"确定"按钮，即可将"教师"表的结构复制到新表"js"中。此时数据库的"导航窗格"中已经出现了新表的名字"js"。

图 2-63　"粘贴表方式"对话框

（3）重复步骤（1），再次复制"教师"表，并打开"粘贴表方式"对话框，在"粘贴选项"中选择"将数据追加到已有的表"单选按钮，然后单击"确定"按钮，即可将"教师"表中的数据复制到新表"js"中。

（4）重复步骤（1），再次复制"教师"表，并打开"粘贴表方式"对话框，在"表名称"文本框中输入表名"jsb"，在"粘贴选项"中选择"结构和数据"单选按钮，然后单击"确定"按钮，即可将"教师"表中的结构和数据复制到新表"jsb"中。此时数据库的"导航窗格"中已经出现了新表的名字"jsb"。

2. 表的删除

在数据库的使用过程中，可以将一些无用的表删除，以释放所占用的磁盘空间。删除表有以下几种方法：

（1）打开数据库窗口，在"导航窗格"内选中要删除的表，直接按下 Delete 键。

（2）右键单击要删除的表，选择快捷菜单中的"删除"命令。

（3）选中要删除的表，单击"开始"选项卡中"记录"组的"删除"按钮。

需要注意的是，删除表之前必须将要删除的表关闭，否则无法进行删除操作。用上面任意一种方法删除表，系统都会默认弹出"确认删除"对话框，单击"是"即可。

3. 表的重命名

重命名表的操作方法如下：

（1）打开数据库窗口，在"导航窗格"内选中要重命名的表。

（2）右键单击，在快捷菜单中选择"重命名"命令，直接输入新表的名字即可。

同步实验之 2-7　表的其他操作

一、实验目的

1. 掌握表外观的调整方法。

2. 掌握表的复制、删除和重命名操作。

二、实验内容

1. 为"学生"表修改表外观：

（1）设置行高为 15，"姓名""性别""专业代码"为最佳列宽，"籍贯"为标准宽度。

（2）将"电话"列移动到"出生日期"之前。

（3）隐藏"籍贯"和"备注"列，然后将"籍贯"列取消隐藏。

（4）冻结"姓名"和"性别"列。

（5）将表中的背景主题颜色设置为水绿色，网格线设置为横向。

（6）将表中的字体设置为楷体、字号为 12、红色。

2. 复制"学生"表的结构，命名为"学生 new"，然后将"学生"表的数据追加到"学生 new"中。

3. 复制"专业"表的结构和数据，命名为"专业备份"。

4. 将"学生 new"表重命名为"学生追加记录"。

5. 删除"专业备份"表。

本章小结

表是 Access 数据库中最重要的对象。一个没有任何表的数据库是一个空的数据库，不能做任何其他操作，所以表是数据库其他对象的操作依据。本章主要介绍了建立数据表的三种方法：使用数据表视图创建表、使用表设计器创建表、通过数据导入创建表。在使用设计视图创建表时，需要了解不同的字段类型的特点及属性。在数据库中，表与表之间存在一对一、一对多、多对多三种关系类型，在建立关系时关联字段的字段类型、字段大小必须相同。表创建好以后，在数据库的使用过程中经常需要对表的结构、数据进行维护。在数据表视图中能够查找及替换数据，还可以对记录进行排序和筛选。

习 题 二

一、思考题

1. 简述表的组成。

2. 列举 Access 2010 数据表的字段有哪些数据类型。

3. 列举数据表有哪几种视图以及它们各自的作用。

4. 字段属性中的格式和输入掩码有何区别？

5. 简述创建表间关系的前提条件以及创建关系的操作过程。

6. 简述查阅属性的设置方法以及使用该属性的优点。

二、单选题

1. Access 提供的数据类型不包括（ ）。

  A. 文本   B. 备注   C. 通用   D. 日期/时间

2. 下列不属于 Access 对象的是（ ）。

  A. 表   B. 文件夹   C. 窗体   D. 查询

3. 表的组成内容包括（ ）。

  A. 查询和字段   B. 字段和记录   C. 记录和窗体   D. 报表和字段

4. 在数据表的设计视图中，不能（ ）。

  A. 修改字段的名称   B. 删除一个字段

  C. 修改字段的类型   D. 删除记录

5. 如果表 A 中的一条记录与表 B 中的多条记录相匹配，且表 B 中的一条记录与表 A 中的多条记录相匹配，则表 A 与表 B 存在的关系是（ ）。

  A. 一对一   B. 一对多   C. 多对一   D. 多对多

6. 下列有关字段属性的叙述中，错误的是（　　　　）。

    A. 字段大小可用于设置文本、数字或自动编号等类型字段的最大容量

    B. 可对任意类型的字段设置默认值属性

    C. 有效性规则属性值是一个用于限制此字段输入值的条件

    D. 不同的字段类型，其字段属性有所不同

7. 下面关于 Access 表的叙述中，错误的是（　　　　）。

    A. 在 Access 表中，可以对 OLE 对象型字段进行格式属性的设置

    B. 若删除表中含有自动编号字段类型的一条记录后，Access 不会对表中自动编号字段重新编号

    C. 创建表间关系时，应关闭所有打开的表

    D. 可在 Access 表设计视图的说明列中，对字段进行具体的说明

8. 若要确保输入的电话号码只能是 8 位数字，应该在该字段的输入掩码属性中设置（　　　　）。

    A. 99999999   B. 00000000   C. ########   D. ????????

9. 使用"选择"筛选时，不允许用户（　　　　）。

    A. 查找等于选定值的记录

    B. 输入作为筛选条件的值

    C. 查找不包含选定值的记录

    D. 查找包含选定值的记录。

10. 下面有关索引的描述，正确的是（　　　　）。

    A. 建立索引以后，原来的数据表中记录的物理顺序将被改变

    B. 创建索引，对表的使用与维护没有影响

    C. 创建索引会降低表中记录维护的速度

    D. 使用索引并不能加快对表的查询操作

三、判断题

1. 字段名称可以使用字母、数字和空格。   （　　　）

2. 日期/时间型和货币型字段都能设置"输入掩码"属性。   （　　　）

3. Access 2010 中创建表有三种方法：使用表设计器法、通过数据导入法和向导法。 （　　　）

4. 创建关系时，主表与子表间的关联字段的字段名称和数据类型可以不同。 （　　　）

5. 可以为 OLE 对象设置索引。   （　　　）

6. 同一个数据表中可以设置一个主关键字，也可以设置多个主关键字。   （　　　）

7. 如果"学生"表和"成绩"表通过各自的"学号"字段建立了一对多关系，则主表为"成绩"表。

                                                            （　　　）

8. 进行表复制操作时，可以只复制表结构或表内容，也可以将两者同时复制。 （　　　）

9. 设置字段的"查阅"属性时，"行来源"中的数据既可以来源于某个表或查询，也可以是用户自行输入的值列表。   （　　　）

10. 输入掩码用于设置字段中的数据在文本框中的显示格式。   （　　　）

附　表

"教学管理"数据库中各表的数据表视图:

1. "学生"表

学号	姓名	性别	班级	出生日期	专业代码	籍贯	电话	备注
09013101	陈洁	女	经济091	1991/8/25	020101	山东省泰安市	13800002028	略
09013102	从亚迪	女	经济091	1990/9/22	020101	浙江省衢州市	13800002068	略
09013105	范长青	男	经济091	1990/11/15	020101	辽宁省铁岭市	13800002003	略
09013106	范宽元	女	经济091	1989/11/27	020101	上海市黄浦区	13800002050	略
09013107	高景波	男	经济091	1987/10/28	020101	青海省海北藏族自治州	13500003064	略
09013108	胡春梅	女	经济091	1990/10/4	020101	辽宁省葫芦岛市	13800002004	略
09013109	康建	男	经济091	1989/2/16	020101	浙江省舟山市	13800002012	略
09013110	郎晓颖	女	经济091	1990/7/16	020101	湖北省黄州市	13500003084	略
09013111	李军政	男	经济091	1989/3/26	020101	四川省西昌市	13500003089	略
09013112	李婷	女	经济091	1990/9/27	020101	广东省潮阳市	13500003086	略
09013113	林青	女	经济091	1989/1/31	020101	宁夏回族自治区吴忠市	13800002001	略
09013114	刘佳佳	男	经济091	1987/6/30	020101	北京市崇文区	13800002011	略
09013115	罗建飞	男	经济091	1987/10/20	020101	上海市闸北区	13800002031	略
09013116	任丽君	女	经济091	1991/11/1	020101	山东省德州市	13800002058	略
09013117	谭健健	女	经济091	1990/1/23	020101	贵州省遵义市	13500000117	略
09013118	唐瑞	女	经济091	1990/9/30	020101	上海市静安区	13500000152	略
09013119	王芳芳	女	经济091	1989/10/24	020101	辽宁省盘锦市	13500000263	略
09013121	王凌艺	女	经济091	1990/4/9	020101	浙江省金华市	13500000124	略
09013122	王以金	男	经济091	1990/12/17	020101	安徽省宣城市	13500000167	略
09013123	王玉洁	女	经济091	1993/2/28	020101	黑龙江省大庆市	13500000218	略
09013124	王源涛	男	经济091	1990/3/1	020101	山东省潍坊市	13800000560	略

记录: I◄ 第 1 项(共 1071 ► ►I ►※ 无筛选器　搜索

图 2-64　"学生"表的数据表视图

2. "学院"表

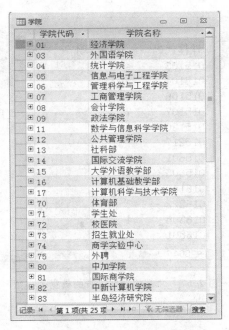

学院代码	学院名称
01	经济学院
03	外国语学院
04	统计学院
05	信息与电子工程学院
06	管理科学与工程学院
07	工商管理学院
08	会计学院
09	政法学院
11	数学与信息科学学院
12	公共管理学院
13	社科部
14	国际交流学院
15	大学外语教学部
16	计算机基础教学部
17	计算机科学与技术学院
70	体育部
71	学生处
72	校医院
73	招生就业处
74	商学实验中心
75	外聘
80	中加学院
81	国际商学院
82	中新计算机学院
83	半岛经济研究院

记录: I◄ 第 1 项(共 25 项 ► ►I ►※ 无筛选器　搜索

图 2-65　"学院"表的数据表视图

3. “专业”表

专业

专业代码	专业名称	所属学院代	学制	培养模式
020101	经济学	01	4年	本科
020102	国际经济与贸易	01	4年	本科
020103	财政学	01	4年	本科
020104	金融学	01	4年	本科
020107	保险学	01	4年	本科
030101	法学	09	4年	本科
030302	社会工作	09	4年	本科
030401	政治学与行政学	09	4年	本科
050101	汉语言文学	09	4年	本科
050201	英语	03	4年	本科
050207	日语	03	4年	本科
050208	翻译	03	4年	本科
050209	朝鲜语	03	4年	本科
050249	商务英语	03	3年	专科
050304	编辑出版学	09	4年	本科
070101	数学与应用数学	11	4年	本科
070102	信息与计算科学	11	4年	本科
071201	电子信息科学与技术	05	4年	本科

记录: 第 1 项(共 54 项　无筛选器　搜索

图 2-66　“专业”表的数据表视图

4. “教学计划”表

教学计划

专业代码	课程代码	开课学期	学分	周学时
020101	015103	4	3	3
020101	015104	6	3	3
020101	015106	5	3	3
020101	015107	7	3	3
020101	015120	5	4	4
020101	015217	7	3	3
020101	015601	2	3	3
020101	015605	1	3	3
020101	016146	3	2	2
020101	016222	3	3	3
020101	016305	4	2	2
020101	016501	4	2	2

记录: 第 1 项(共 804 项　无筛选器　搜索

图 2-67　“教学计划”表的数据表视图

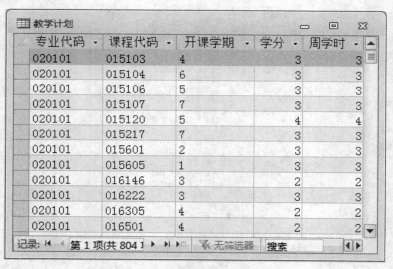

5. "学生其他情况"表

学号	身份证号	Email	入学成绩	贷款否	照片	特长	家庭住址	家庭电话	奖惩情况	健康状况	简历
09013101	000000000000000112	09013101@163.com	531			跳远	山东省泰安市	13900000940	略	健康	等待更新
09013102	000000000000000272	09013102@163.com	584				浙江省衢州市	13900000224	略	健康	等待更新
09013105	000000000000000297	09013105@163.com	578				辽宁省铁岭市	13900000319	略	健康	等待更新
09013106	000000000000000466	09013106@163.com	575			美术	上海市黄浦区	13900000369	略	健康	等待更新
09013107	000000000000000581	09013107@163.com	546			篮球	青海省海北藏族自治州	13900000768	略	健康	等待更新
09013108	000000000000000598	09013108@163.com	582				辽宁省葫芦岛市	13900000265	略	健康	等待更新
09013109	000000000000000738	09013109@163.com	555			音乐	浙江省舟山市	13900000630	略	健康	等待更新
09013110	000000000000001197	09013110@163.com	524				湖北省黄州市	13900001038	略	健康	等待更新
09013111	000000000000001205	09013111@163.com	553			中长跑	四川省西昌市	13900000657	略	健康	等待更新
09013112	000000000000001269	09013112@163.com	553				广东省潮阳市	13900000658	略	健康	等待更新
09013113	000000000000001294	09013113@163.com	545			跳远	宁夏回族自治区吴忠市	13900000779	略	健康	等待更新
09013114	000000000000001301	09013114@163.com	529				北京市西城区	13900000965	略	健康	等待更新
09013115	000000000000000137	09013115@163.com	549				上海市闸北区	13900000711	略	健康	等待更新
09013116	000000000000000178	09013116@163.com	521			美术	山东省德州市	13900001065	略	健康	等待更新
09013117	000000000000000215	09013117@163.com	512			篮球	贵州省遵义市	13900001200	略	健康	等待更新
09013118	000000000000000265	09013118@163.com	568				上海市静安区	13900000454	略	健康	等待更新
09013120	000000000000000314	09013120@163.com	519			音乐	辽宁省盘锦市	13900001089	略	健康	等待更新
09013121	000000000000000347	09013121@163.com	599				浙江省金华市	13900000013	略	健康	等待更新
09013122	000000000000000428	09013122@163.com	506			中长跑	安徽省宣城市	13900001277	略	健康	等待更新
09013123	000000000000000617	09013123@163.com	535				黑龙江省大庆市	13900000890	略	健康	等待更新
09013124	000000000000000645	09013124@163.com	591			跳远	山东省潍坊市	13900000136	略	健康	等待更新
09013125	000000000000000646	09013125@163.com	505				云南省楚雄市	13900001295	略	健康	等待更新
09013126	000000000000000735	09013126@163.com	521				河南省鹤壁市	13900001066	略	健康	等待更新
09013127	000000000000000830	09013127@163.com	559			美术	上海南市区	13900000575	略	健康	等待更新
09013128	000000000000000837	09013128@163.com	518			篮球	山东省临沂市	13900001108	略	健康	等待更新
09014101	000000000000000818	09014101@163.com	590				广东省梅州市	13900000146	略	健康	等待更新
09014102	000000000000000934	09014102@163.com	578			跳远	湖北省荆门市	13900000318	略	健康	等待更新

图 2-68　"学生其他情况"表的数据表视图

6. "成绩"表

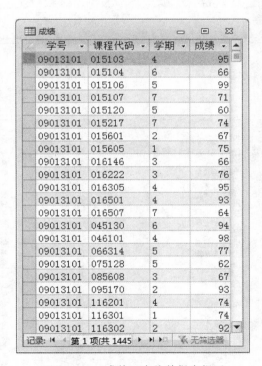

图 2-69　"成绩"表的数据表视图

7.“教师”表

教师代码	教师姓名	性别	职称	出生日期	学院代码
01001	陈常委	男	副教授	70-05-15	01
01002	蔡晨曦	男	讲师	82-05-15	01
01003	陈滨滨	男	讲师	79-03-09	01
01004	段宏	男	副教授	76-08-22	01
01005	付洪凯	男	助教	84-08-22	01
01006	刘茜	女	副教授	68-08-22	01
01007	管仁和	男	教授	62-05-23	01
01008	马怀凯	男	教授	62-06-13	01
01009	贾海红	女	讲师	74-07-15	01
01010	李辉	男	副教授	73-08-22	01
01011	宋格格	女	教授	60-02-14	01
01012	李君丽	女	副教授	72-08-22	01
01013	孙利康	男	副教授	71-08-22	01
01014	王凤	女	助教	85-08-22	01
01015	刘海蹇	男	副教授	76-08-21	01
01016	王祯	男	讲师	74-01-15	01
01017	刘浩文	男	教授	56-05-29	01
01018	徐祥	男	讲师	74-06-15	01
01019	许凌菘	男	讲师	74-09-15	01
01020	肖萌	女	教授	67-12-09	01
01021	叶碧青	男	讲师	74-08-15	01
01022	于磊	男	副教授	76-08-20	01
01023	刘军涛	男	教授	72-11-23	01

图 2-70　“教师”表的数据表视图

8.“课程”表

课程代码	课程名称	学分	学时	开课学院代码	考核方式
015102	山东半岛经济社会发展概论	2	32	01	考查
015103	产业经济学	3	48	01	考试
015104	新制度经济学	3	48	01	考试
015106	区域经济学	3	48	01	考试
015107	发展经济学	3	48	01	考试
015120	中级经济学	4	64	01	考试
015124	经济学专业导论 I	1	16	01	考查
015125	经济学专业导论 II	1	16	01	考查
015217	国际贸易理论与实务	2	32	01	考查
015236	国际服务贸易	2	32	01	考查
015239	专业规划与指导	1	16	01	考查
015302	金融学	2.5	40	01	考查
015303	金融学	2	32	01	选修课
015308	证券投资学	2	32	01	选修课
015310	投资学	3	48	01	考查
015410	网络营销（双语）	3	48	01	考试
015426	电子商务	3	48	01	考查
015501	财政学	2	32	01	选修课
015510	税收筹划	2	32	01	选修课
015511	国际税收学（双语）	3	48	01	考查
015601	微观经济学	3	48	01	考试
015602	宏观经济学	2	32	01	考试
015603	微观经济学	4	64	01	考试
015605	经济学基础	2	32	01	选修课
016101	政治经济学	3	48	01	考试
016102	山东半岛经济社会发展概论	2	32	01	选修课

图 2-71　“课程”表的数据表视图

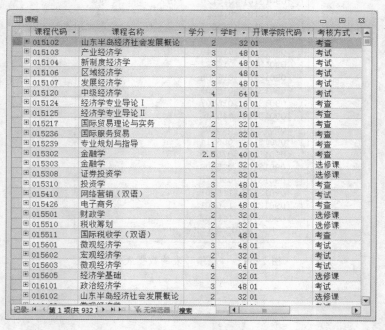

第3章 查 询

本章导读

通过数据库的"表"对象，可以存储数据库中的数据记录。但是建立数据库的最终目的并不仅仅是将数据完整、正确的保存在数据库中，而是为了对数据进行各种处理和分析，以便更好地使用它。查询即是通过设置某些条件，从表中获取所需的数据，并且方便地对这些数据进行更改和分析使用，从而增加了数据库设计的灵活性。

本章将详细介绍查询的基本概念、各种查询的创建和使用等内容。其中重点是选择查询和操作查询，难点是交叉表查询和 SQL 查询。

在学习查询这一章时，关键是掌握每种类型查询的功能及创建过程，明确查询的意义。

3.1　查询概述

在设计数据库时，为了减少数据冗余、节省存储空间，通常会将数据分类存储到多个数据表中。例如，在"学生"表中只能看到每位学生的专业代码，却不知道究竟是何专业、学制几年，具体的专业名称和学制内容存储在专业表中。这样做虽然保证了数据库中表数据的一致性，但对于用户而言，浏览起来非常不方便。在具体使用数据库时，用户根据自己的需求，通过设置相应条件，从单表或多表中获取所需要的数据，需要借助的手段就是查询技术。

3.1.1　查询的定义

在 Access 2010 数据库系统中，查询可以说是实用性最强的一个对象。

查询是数据处理和数据分析的工具，是在指定的一个或多个表中，根据给定的条件从中筛选所需要的信息，供用户查看、更改和分析。

查询的来源可以是单表或多表，也可以是已存在的查询；查询也可以作为窗体、报表的数据来源。

【思考】查询与之前学过的"筛选"有什么区别？

3.1.2　查询的工作原理

运行查询时，Access 会根据查询条件从数据源中查找出满足条件的数据记录，并将这些数据以数据表的形式显示出来。这些记录的集合通常称为记录集（Recordset）。记录集看起来与"表"非常类似。实际上，记录集是记录的一个动态集合。除非使用这些记录直接构建一个表，否则查询所返回的记录集并不会存储在数据库中。

关闭查询时，查询的动态记录集就自动消失了。也就是说，Access 并不保存查询结果的动态记录集，真正保存的是查询结构，即：查询用到的表、字段、条件、排序等过程信息。基于此，查询的结果总是与数据源中的数据保持同步，从而保证了结果永远是数据源的最新反映。

3.1.3 查询的功能

利用查询可实现以下多种功能。

1. 选择字段

在查询中，可以只选择表中的部分字段，或把多个表的字段组合显示。

例如建立一个查询，用于查看学生信息，显示"学生"表和"学生其他情况"表中的所有不重复字段。

2. 选择记录

根据指定的条件查找所需记录并显示。

例如建立一个查询，只显示"教师"表中职称为"副教授"的教师。

3. 编辑记录

通过查询，对符合条件的记录进行修改、删除等操作。

例如将所有同学的成绩提高 5 分；删除"已转学"的学生记录等。

4. 实现计算

在建立查询的过程中进行各种统计计算。

例如根据出生日期计算学生的年龄；统计男女生的人数等。

5. 建立新表

利用查询的结果建立一个新表。即把查询所得的"动态记录集"存储于表中。

例如：查找出所有不及格的学生记录，并保存为一个新表。

6. 基于查询创建窗体或报表

使用查询创建的记录集中可能正好有报表或窗体所需的字段和数据。基于查询创建窗体或报表就意味着每次打印报表或打开窗体，都可以看到表中的最新信息。

3.1.4 查询的类型

Access 支持五种查询方式：选择查询、参数查询、交叉表查询、操作查询和 SQL 查询。各种查询方式针对的目标不同，对数据的操作方式和结果也不同。

1. 选择查询

选择查询是最常用的、也是最基本的查询类型。所谓"选择"，顾名思义，是指根据一定的查询准则从一个或多个表，或者其他查询中获得数据，并按照所需的排列次序显示。选择查询也可以用来对记录进行分组，并且对记录作总计、计数、平均值以及其他类型的统计计算。

选择查询主要有简单选择查询、统计查询、重复项和不匹配项查询等。

2. 参数查询

参数查询是在执行时显示对话框以提示用户输入查询参数或准则。与其他查询不同，参数查询的查询准则是可以因用户的要求而改变的，而其他查询的准则是事先定义好的。

例如：设计一个参数查询，用来查看不同学期的教学计划，运行查询时，弹出对话框，提示输入学期，每次输入不同的数字，得到不同的结果。这样，参数查询更加灵活。若做成选择查询，在学期字段的"条件"行输入数字，则只能固定地查看某学期的教学计划，想看其他学期的，还得回到查询设计视图，修改查询条件。

3. 交叉表查询

交叉表查询可以计算并重新组织数据表的结构，主要用于对数据字段的内容进行汇总统计，结果显示在行与列交叉的单元格中。交叉表查询将源数据或查询中的数据分组，一组在数据表的左侧，一组在数据表的上部，数据表内行与列的交叉单元格中显示表中数据的某个统计值。这是一种可以将表中的数据看作字段的查询方法。

利用交叉表查询可以计算平均值、总计、计数、最大值和最小值等。

例如，统计学生表中每个专业的男女生的人数。此时，可以将"专业代码"作为交叉表的行标题，"性别"作为交叉表的列标题，统计的人数显示在交叉单元格中。

4. 操作查询

操作查询是指在查询中对源数据表进行操作，可以实现对表中的记录进行追加、修改、删除和批量更新。使用这种查询只需进行一次操作就可对多条记录进行更新或删除。根据操作的不同可以分为 4 种查询方式。

生成表查询：生成表查询利用一个或多个表的全部或部分数据创建新表。

删除查询：删除查询可以从一个或多个表中删除记录。

更新查询：更新查询可对一个或多个表中的一组记录进行批量更改。

追加查询：追加查询可将一个或多个表中的一组记录追加到一个或多个表的末尾。

5. SQL 查询

SQL（Structured Query Language）是一种结构化查询语言，自从 IBM 公司于 1981 年推出以来，SQL 语言得到了广泛应用。SQL 查询是指用户使用 SQL 语言来创建查询。上述的任何一种查询都可以通过 SQL 语言来实现。在"设计视图"中创建查询时，Access 在后台自动构造等价的 SQL 语句。可以在 SQL 视图中查看和编辑对应查询的 SQL 语句，有些 SQL 查询无法在"设计视图"中创建，必须在 SQL 视图中创建。

3.1.5　创建查询的方法

在 Access 中创建查询主要有两种方式，第一种是利用 Access 查询向导，这种方式可以帮助用户快速地创建查询。第二种是在查询设计视图中创建，不仅可以完成新建查询的设计，也可以修改已有的查询，还可以修改作为窗体、报表记录源的 SQL 语句。

对于创建查询来说，第一种方式创建查询比较方便、快捷，但是无法添加查询条件；第二种方式功能更为丰富。通常采用将两种结合的方法：使用向导创建查询，然后在设计视图中打开它，加以修改。

Access 创建查询的工作，都是利用"创建"选项卡下的"查询"组中的"查询向导"、"查询设计"来实现的，如图 3-1 所示。其中单击"查询向导"会进入向导界面，引导用户一步步创建查询；单击"查询设计"会打开查询设计视图。

图 3-1　创建查询界面

1. 用向导法创建查询

使用查询向导创建查询，就是利用 Access 系统提供的查询向导，按照系统的引导，逐步完成查询的创建。

在 Access 中，共提供了四种类型的查询向导，包括简单查询向导、交叉表查询向导、查找重复项查询向导和查找不匹配项查询向导。它们创建查询的过程基本相同，可以根据需要进行选择。

【例 3.1】在"教学管理"数据库中，利用查询向导创建查询"专业设置浏览"。用于查询数据库"教学管理"中表"专业"和"学院"的全部信息，即输出两个表中所有不重复字段的数据。

操作步骤如下：

（1）单击图 3-1 中的"查询向导"，会弹出"新建查询"对话框，如图 3-2 所示。

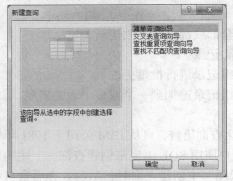

图 3-2　"新建查询"对话框　　　　　图 3-3　选定字段对话框

（2）选择其中的"简单查询向导"，单击确定按钮，打开"简单查询向导"第 1 个对话框，如图 3-3 所示。

（3）选择查询数据源。在上面的对话框中，单击"表/查询"下拉列表右侧的下拉箭头按钮，从弹出的下拉列表中选择"表：专业"，这时"可用字段"列表中显示出"专业"表中包含的所有字段，选择某个字段双击或通过 按钮，即可将其添加到右侧的"选定字段"列表中。使用相同的方法，把该表的其他字段和"学院"表的"学院名称"字段添加到右侧，所选字段顺序如图所示。单击"下一步"按钮，进入"简单查询向导"第 2 个对话框，如图 3-4 所示。

【注意】若使用 按钮一次性将"专业"表的所有字段添加到右侧，此时，想继续添加"学院"表的"学院名称"字段在"所属学院代码"之下，一定要先选中右侧"选定字段"列表中的"所属学院代码"字段，然后再去选择数据源"学院"表。否则，新选中的字段会添加在右侧列表的最下方。

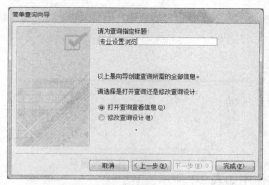

图 3-4　指定查询标题对话框

（4）指定查询名称。在图 3-4 所示的对话框中，输入名称即可。若选择"打开查询查看信息"，则会打开查询查看结果；若选择"修改查询设计"，则会进入查询设计界面。

（5）单击"完成"按钮，本题查询结果如图 3-5 所示。

专业代码	专业名称	所属学院代	学院名称	学制	培养模式
020101	经济学	01	经济学院	4年	本科
020102	国际经济与贸易	01	经济学院	4年	本科
020103	财政学	01	经济学院	4年	本科
020104	金融学	01	经济学院	4年	本科
020107	保险学	01	经济学院	4年	本科
110208	国际商务	01	经济学院	4年	本科
110209	电子商务	01	经济学院	4年	本科
050201	英语	03	外国语学院	4年	本科
050207	日语	03	外国语学院	4年	本科
050208	翻译	03	外国语学院	4年	本科
050209	朝鲜语	03	外国语学院	4年	本科
050249	商务英语	03	外国语学院	3年	专科
071601	统计学	04	统计学院	4年	本科
071201	电子信息科学与技术	05	信息与电子工程学院	4年	本科
080601	电气工程及其自动化	05	信息与电子工程学院	4年	本科

记录：Ⅰ◀　第 1 项(共 54 项)　▶ ▶Ⅰ ▶　　无筛选器　搜索

图 3-5　"专业设置浏览"查询结果

【归纳总结】

（1）使用向导法，数据源可以来自于一个表或多个表，也可以来自于已有查询；

（2）使用向导法创建查询，不能设置查询条件；

（3）查询结果的字段排列顺序，取决于最初添加字段时的顺序。

2. 使用"设计视图"创建查询

使用"查询向导"虽然可以快速、方便地创建查询，但它只能创建不带条件的查询，而对于有条件的查询需要通过使用查询的"设计视图"完成。

打开设计视图的方式主要有两种：一是创建一个新查询，只要单击图 3-1 中的"查询设计"按钮，即可进入查询设计视图；另一种方式是打开现有的某个查询的设计视图，只要在左侧导航窗格中右击该查询，在弹出的快捷菜单中选择"设计视图"即可。

在查询设计视图中，不仅可以创建各种类型的查询，也可以方便地对各种查询进行修改。查询设计视图由两部分构成：设计视图的上半部分显示查询的数据源，可以是数据表或查询；下半部分是"设计网格"区。查询设计视图窗口如图 3-6 所示。

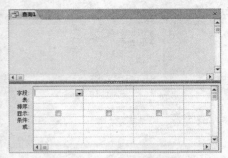

图 3-6　查询设计视图窗口

查询设计网格各行的作用如表 3-1 所示。

表 3-1　查询"设计网格"中各行的作用

行名称	作　用
字段	查询结果中所显示的字段
表	字段所在的表或查询
排序	查询结果中相应字段的排序方式（升序/降序/不排序）
显示	利用复选框来确定字段是否在查询结果中显示
条件	设置字段限制条件，同一行中的多个条件是"与"的关系
或	查询条件，表示多个条件之间的"或"关系
总计	用于分组、汇总数据（需要单击查询工具按钮"汇总"调出该行）
更新到	负责接收更新内容
删除	用于确定对应字段的删除条件
交叉表	用于设置交叉表查询中的行标题、列标题、值等

【注意】不同类型的查询，设计网格中包含的行项目会有所不同。

【例 3.2】在"教学管理"数据库中，利用查询设计视图创建查询"学生成绩浏览"，数据来源于三个表："学生""课程"和"成绩"。查询结果包括字段：学号、姓名、性别、专业代码、学期、课程代码、课程名称、学分、考核方式和成绩等 10 个字段。

操作步骤如下：

（1）单击功能区上"创建"选项卡的"查询"组里的"查询设计"按钮，进入查询设计视图，此时，会自动弹出"显示表"对话框，如图 3-7 所示。

（2）选择数据源。在"显示表"对话框里，依次选择并添加表"学生""课程"和"成绩"，然后单击"关闭"按钮以关闭该对话框。此时设计视图如图 3-8 所示。

图 3-7　查询设计视图中的"显示表"对话框

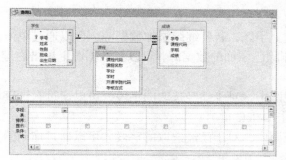

图 3-8 添加数据源之后的查询设计视图

（3）选择字段。选取字段有四种方法：

① 在上半区，选中表中某字段，按住鼠标左键不放，将其拖放到设计网格的"字段"行上；

② 在上半区，双击表中的某字段，则该字段就被添加到下半区的"字段"行了；

③ 单击下半区设计网格中"字段"行右侧的下拉箭头，从下拉列表中选取所需字段；

④ 若双击上半区表中的"*"，则该表的所有字段被添加到查询结果中。

本例中，根据题目要求，从上半区数据源中依次选择 10 个字段添加到下半区，此时，查询设计视图如图 3-9 所示。

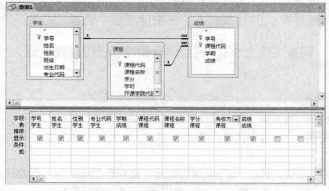

图 3-9 选取字段之后的查询设计视图

从图 3-9 中可以看到，在设计网格的"显示"行上每列都有一个复选框，若选中，则说明查询结果中该字段显示。有时，需要选取某些字段仅仅作为条件使用，而不需要在查询结果中显示，则应取消该行选中的复选框。

（4）保存查询。单击快速访问工具栏上的"保存"按钮，在打开的"另存为"对话框里，输入"学生成绩浏览"，如图 3-10 所示。然后单击"确定"按钮，该查询设计完成。

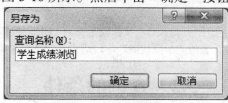

图 3-10 保存查询对话框

（5）查看结果。单击"设计"选项卡中"结果"组的"视图"按钮 或"运行"按钮 ，即可切换到查询的"数据表视图"，此时可以看到查询的运行结果。

【说明】

（1）在设计视图的上半区，若要继续添加数据源，可以通过单击右键，在弹出的菜单中选择"显示表"；若要删除已添加的数据源，可以在数据源上单击右键，选择菜单里的"删除表"命令。

（2）在查询设计视图中，对于已经选取的字段，可以通过右键菜单里的"剪切"命令删除该选定字段（或者单击 Delete 键）。

（3）在查询设计视图中，对于已经选取的字段，可以通过拖动的方法改变字段的次序。

3.1.6　运行查询

查询创建完成后，将保存在数据库中。运行查询后才能看到查询结果。运行查询的方法有下列几种：

（1）在查询设计视图状态下，单击功能区"设计"选项卡中"结果"组中的"运行"按钮 ；

（2）在查询设计视图状态下，单击功能区"设计"选项卡中结果"组中的"视图"按钮 ；

（3）在查询设计视图状态下，右键单击设计视图窗口的标题栏，在快捷菜单中选择"数据表视图"；

（4）在导航窗口选择要运行的查询双击；

（5）在导航窗口选择要查询对象右击，在快捷菜单中选择"打开"命令。

同步实验之 3-1　利用向导和设计视图创建查询

一、实验目的

1. 熟悉创建查询的途径。
2. 掌握利用"查询向导"按钮和"查询设计"按钮创建查询的方法。
3. 弄清楚每种方法创建查询过程中的注意事项。

二、实验内容

1. 在"教学管理"数据库中，利用"查询向导"按钮创建查询"同步_学生详细信息"，用于查询表"学生"和"学生其他情况"的全部信息，即输出两个表中所有不重复字段的数据。

2. 在"教学管理"数据库中，利用"查询向导"按钮创建查询"同步_学生成绩查询"，用于查看学生所学课程成绩。数据来源为表"学生""课程"和"成绩"，查询结果包括字段：学号、姓名、性别、班级、课程名称和成绩。（提示：注意字段选取顺序。）

3. 在"教学管理"数据库中，分别利用"查询向导"和"查询设计"两种方法，创建查询"同步_学生情况详细浏览"，数据来源为上面所建的查询"同步_学生详细信息"和例 3.1 所建的查询"专业设置浏览"，目的是在已有查询"同步_学生详细信息"的结果中"专业代码"之后添加"专业名称"和"学院名称"字段。（提示：注意数据源为已有查询。）

4. 在"教学管理"数据库中，利用"查询设计"按钮创建查询"同步_教师详细信息"，数据来源为表"教师"和"学院"，目的是在"教师"表的"学院代码"字段后添加"学院名称"字段。

3.2　查询的条件

查询常常需要指定一定的条件。例如，查询 1993 年出生的女同学，查询计算机课成绩为 85 分的同学等。这种带条件的查询需要通过设置查询条件来实现。

查询条件可以由运算符、常量、字段值、函数以及字段名和属性等任意组合，其中运算符、函数和表达式是构成 Access 计算功能的基础，用户在日常应用中的各种计算任务更是离不开它们。

3.2.1　常量

常量是在 Access 运行时不会改变其值的项目。某个具体的值（即常量）在作为查询条件时，不同类型的字段有不同的表示方法。常见类型的常量如表 3-2 所示。

表 3-2　常见类型的常量表示方法

类型	数字型	文本型	日期时间型	是/否型
实例	123	"陈洁"	#2014-4-20#	True,yes,on,-1
	3.14	"a102"	#1988-2-9 14:52:30#	False,no,off,0

3.2.2　字段引用

在查询的条件表达式中若引用字段，需要使用[字段名]的格式，如[姓名]。如果需要指明该字段所属的数据源，则要写成[数据表名]![字段名]的格式。(注意：[ ]和!都是英文半角标点。)

3.2.3　运算符

运算符是构成查询条件的基本元素。运算符主要有算术运算符、连接运算符、逻辑运算符、关系运算符、特殊运算符、通配符等。表 3-3 到表 3-8 给出了这些运算符的说明。

表 3-3　算术运算符

运算符	功　能	示例及结果
+	加法运算	3+6 结果为 9 #2014-4-20#+5 结果为#2014-4-25# [成绩]+2：将成绩字段中的数据加 2
-	减法运算	2-3 结果为-1 #2014-4-20#-5 结果为#2014-4-15# #2014-4-20#-#2014-4-5#结果为 15
*	乘法运算	4*3 结果为 12 [成绩]*2：将成绩字段数据乘以 2
/	除法运算	35/8 结果为 4.375
\	整除运算	15\6 结果为 2
^	指数运算	2^3 结果为 8
Mod	取余运算	5 mod 3 结果为 2

表 3-4 连接运算符

运算符	功 能	示例及结果
+	字符串连接运算 说明： 1.如果两边的操作数都是字符串，则做字符串连接运算 2.如果一个是数字字符串，另一个为数值型，则系统自动将数字字符串转化为数值，然后进行算术加法运算 3.如果一个是非数字字符串，另一个为数值型，则出错	"你好"+"再见"结果为"你好再见" "鲁"+[车牌号]：在车牌号字段前加个鲁字 "123"+56 结果为 179 "1a"+6: 错误
&	运算符&两边的操作数可以是字符型、数值型或日期型。进行连接操作前先将数值型、日期型转换为字符型，然后再做连接运算	8&"是个偶数"结果为"8 是个偶数"

表 3-5 逻辑运算符

逻辑运算符	含义	功 能	示例及结果
And	与	当连接的表达式都为真时，返回值为真，否则为假	[性别]=" 女 " And year([出 生 日 期])>1990 表示查找出生在 1990 后的女生
Or	或	当连接的表达式有一个为真时，返回值为真，否则为假	[成绩]>90 or [成绩]<=60 表示查找成绩大于 90 分或者小于等于 60 分的记录
Not	非	当连接的表达式为真时，返回值为假，否则为真	Not 60 表示查找成绩不为 60 的记录

表 3-6 关系运算符

关系运算符	功 能	关系运算符	功 能
=	等于	<=	小于等于
<	小于	>=	大于等于
>	大于	<>	不等于

表 3-7 特殊运算符

特殊运算符	功 能	示例及结果
in	用于指定一个值的列表，列表中的任意一个值都可以与查询的字段相匹配	in("山东省青岛市","山东省潍坊市","山东省烟台市") 表示查找山东省青岛市或山东省潍坊市或山东省烟台市的记录
like	"类似于…"运算符，用于指定查找文本字段的字符模式	like "计算机*" 表示查找以"计算机"开头的记录
not like	"不类似于…"运算符，与指定文本字段不类似，不匹配的格式或内容	not like "王*" 表示查找不姓王的记录
between…and	用于指定一个字段值的范围，等同于>=…and <=…	between 80 and 90 表示查找 80~90 分之间（含）的记录
is null	用于指定一个字段值为空	在学分字段下条件行输入 is null 表示查找学分为空的记录
is not null	用于指定一个字段值非空	在学分字段下条件行输入 is not null 表示查找学分为不空的记录

表 3-8 Access 2010 支持的通配符

通配符	功 能
?	匹配单个字符（A~Z，0~9）或 1 个汉字
*	任何数目的字符
#	任何单个数字
[]	通配方括号内列出的任一单个字符

【注意】"[]"，"#"均是英文半角符号。

3.2.4 函数

函数是预先定义的程序模块，能实现特定的功能。函数可以由用户自行定义，也可以由系统预先定义，用户在使用时只需给出相应的参数值就可以自动完成计算。其中，系统自定义的函数称为标准函数，用户自己定义的函数称为自定义函数。

Access 提供了上百个标准函数，包括数学函数、字符函数、日期/时间函数和聚合函数等。这些函数为更好地构造查询条件提供了极大的便利，也为更准确地进行统计计算、实现数据处理提供了有效的方法。

以下针对每一类函数选取了几个常用的函数作为示例，来介绍其用法，如表 3-9 到表 3-12 所示。

表 3-9 数学函数

格式	名称与功能	示例及结果
Abs(<数值表达式>)	绝对值函数 返回一个数的绝对值	Abs(-4.83)结果为 4.83 Abs(-25/5)结果为 5
Int(<数值表达式>)	向下取整函数 参数为负值时返回小于等于参数值的最大负数	Int(3.56)结果为 3 Int(-3.56)结果为-4
Fix(<数值表达式>)	取整函数 参数为负值时返回大于等于参数值的最小负数	Fix(3.56)结果为 3 Fix(-3.56)结果为-3
Sqr(<数值表达式>)	开平方函数 计算参数的平方根（参数不能为负数）	Sqr(9)结果为 3
Round(<数值表达式 1>，<数值表达式 2>)	四舍五入函数 对<数值表达式 1>的值按<数值表达式 2>指定小数位数进行四舍五入 注释：1.<数值表达式 2>如果缺省则函数返回整数值。2. 如果<数值表达式 2>的值是小数，则先对其进行四舍五入到整数，再对<数值表达式 1>进行四舍五入运算。3. 函数能够接受的小数位数最多为 14 位，如果<数值表达式 2>的值为负值，系统将作出错误提示	Round(123.456)结果为 123 Round(123.456,1) 结 果 为 123.5

表 3-10 字符函数

格式	名称与功能	示例及结果
InStr(String1,String2)	字符串检索函数 返回 String2 在 String1 中最早出现的位置	InStr("abcdABCD", "bc")结果为 2 InStr("abcdABCD","bB")结果为 0
Len（<字符表达式> | <字段名>）	字符串长度检测函数 返回字符串所含字符数	Len("123.456")结果为 7 Len("hello access")结果为 12
Left(<字符表达式>,<数字>)	字符串左截取函数 从字符串左侧截取几个字符	Left("Hello",2)结果为"He" Left("Hello",8)结果为"Hello"
Right(<字符表达式>,<数字>)	字符串右截取函数 从字符串右边截取几个字符	Right("Hello",2)结果为"lo" Right("Hello",8)结果为 "Hello"
Mid（<字符表达式>, <N1> [, <N2>]）	字符串截取函数 从字符串第 N1 位开始截取 N2 个字符出来 注释：如果 N2 省略，则截取到最后一位	Mid("2013 雅安加油", 2, 4)结果为 "013 雅" Mid("2013 雅安加油", 5)结果为 "雅安加油"

表 3-11　日期时间函数

格式	名称与功能	示例及结果
Date( )	系统日期函数 返回当前系统日期	此函数为无参函数
Time( )	系统时间函数 返回当前系统时间	此函数为无参函数
Now( )	返回当前系统日期和时间	此函数为无参函数
Year(<日期表达式>)	返回日期表达式中年份的整数	Year(#2013-10-20#)结果为 2013 Year([出生日期]):返回出生日期字段里的年份
Month(<日期表达式>)	返回日期表达式中月份的整数	Month(#2013-10-20#)结果为 10 Month([出生日期]):返回出生日期字段里的月份
Day(<日期表达式>)	返回日期表达式中日期的整数	Day(#2013-10-20#)结果为 20 Day([出生日期]):返回出生日期字段里日期的整数
Weekday(<日期表达式>)	返回 1~7 的整数。表示该日期是星期几	Weekday(#2013-10-22#)结果为 3,表示星期二
DateSerial(<值 1>,<值 2>,<值 3>)	返回由值 1 为年、值 2 为月、值 3 为日而组成的日期	DateSerial(2014,10,22)结果为 2014-10-22

表 3-12　聚合函数

格式	名称与功能	示例及结果
Sum(<表达式>)	合计函数 返回表达式中值的总和。表达式可以是一个字段,也可以是含字段的表达式,但字段必须是数字类型的	Sum([计算机]):对计算机字段进行求和计算
Avg(<表达式>)	求平均函数 返回表达式中值的平均值	Avg([计算机]):对计算机字段进行求平均值计算
Count(<表达式>)	计数函数 返回表达式中值的个数,即统计记录的个数	Count([学号]):统计学生人数
Max(<表达式>)	最大值函数 返回表达式中值的最大值	Max([计算机]):返回计算机字段中的最大值
Min(<表达式>)	最小值函数 返回表达式中值的最小值	Min([计算机]):返回计算机字段中的最小值

3.2.5　查询中的条件表达式

在 Access 中,查询条件表达式是由上述运算符、函数、常量及字段值等组合而成的。在查询中加入条件表达式的方法是:在设计视图中打开查询,单击要设置查询条件的字段的"条件"单元格,在其中键入要添加的条件,或使用表达式"生成器"来创建条件表达式。

输入条件表达式的注意事项:

(1)字符串常量要用英文双引号("")括起,日期数据用双井号(##)括起,是/否数据用

True 或 False 表示，引用字段要用方括号（[]）括起。

（2）运算符、函数中的符号都应为半角英文状态下输入，且不区分大小写。

（3）逻辑运算符与所连接的数据之间，要留有空格。

（4）在某字段的条件行中输入的条件中，通常省略该字段名，其他字段名不能省略。例如，查找性别为男的记录，用表达式应为[性别]= "男"，而在查询设计器中，只要在对应"性别"字段下面的条件行输入"男"即可（等号也可省略）；成绩在 60～70 之间，用表达式应为[成绩]>=60 and [成绩]<=70，而在查询设计器中，只要在对应"成绩"字段的条件行输入>=60 and <=70 即可。

（5）在查询设计视图中，当有两个以上条件时，同行相与，异行相或。

（6）条件中引用表名时，应用方括号括起来，与字段名之间用"!"间隔，[学生]![姓名]。

同步实验之 3-2   练习书写各种查询条件表达式

一、实验目的

掌握各种类型运算符、函数所组成的表达式的表示方法。

二、实验内容

写出下列要求所对应的查询条件表达式并运行查询，查看运行结果（部分题目有多种写法）：

1. 在"成绩"表中查找成绩在 75 分到 95 分之间（含两端）的记录；
2. 在"成绩"表中查找成绩大于等于 80 分，小于 90 分的记录；
3. 在"课程"表中查找"课程名称"字段中，最后两个字为"基础"的记录；
4. 在"课程"表中查找"考核方式"为空的记录；
5. 在"教师"表中查找职称为"教授"或"副教授"的教师的记录；
6. 在"学生"表中根据"学号"字段，查找 12 级学生的记录（学号的前两位表示年级）；
7. 在"学生"表中查找"籍贯"为上海、广东和北京三地的学生的记录；
8. 在"学生"表中查找"籍贯"不是山东的学生的记录；
9. 在"学生"表中查找所有姓"李"的学生的记录；
10. 在"学生"表中查找姓名中第二个字为"小"字的学生的记录；
11. 在"学生"表中查找姓名中包含"玉"字的学生的记录；
12. 在"学生"表中查找姓名为两个字的学生的记录；
13. 在"学生"表中查找 1993 年以后出生的学生的记录；
14. 在"学生"表中查找 1993 年 10 月出生的学生的记录。

三、挑战题

在"学生"表中查找星座为"狮子座"的学生的记录（"狮子座"出生日期为 7 月 23 日至 8 月 22 日，含两端）。

3.3   选择查询

选择查询是最常用，也是最实用的查询。它能根据指定的查询条件，从一个或多个数据源中获取数据并显示结果。

选择查询经常被用来对多个有关系的数据表进行综合数据浏览查询。因为，在最初设计数据表时，为了减少数据冗余，字段为了符合某个主题被分散放在多个表中，而现实中经常需要同步浏览这些字段。利用选择查询就可以轻松实现多个表之间的综合浏览工作。

下面在"教学管理"数据库的基础上，通过大量应用例题，详细介绍选择查询的使用技巧和方法。

3.3.1 不带条件查询

1. 多数据源查询

【例 3.3】使用查询设计视图创建选择查询"学生成绩详细浏览"。由于例题 3.2"学生成绩浏览"看不出来学生具体的专业，所以需要在"专业代码"字段后面添加"专业名称"。 即查询结果中包含：学号（升序排列）、姓名、性别、专业代码、专业名称、学期（升序排列）、课程代码（升序排列）、课程名称、学分、考核方式、成绩等 11 个字段的详细数据信息。

【例题分析】本题是基于已有查询来增加字段的，所以选取数据源时可直接选取已有查询，然后再根据需要添加"专业名称"字段所在的表（即"专业"表）。这样比选取多张表作为数据源更加快捷、方便。

操作步骤如下：

（1）单击 Access 窗口"创建"选项卡中的"查询设计"按钮，进入查询设计视图，此时弹出"显示表"对话框，如图 3-11 所示。

图 3-11 "显示表"对话框

（2）选取数据源。在"显示表"对话框里，依次选取"查询"选项卡下的"学生成绩浏览"和"表"对象下的"专业"，然后单击"关闭"按钮，进入查询设计视图，如图 3-12 所示。

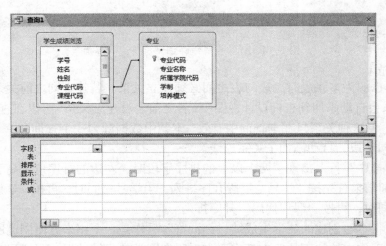

图 3-12 添加数据源后的查询设计视图

（3）选取字段。根据题目要求，通过双击字段的方法，依次选取字段。

（4）设置排序字段。根据题目要求，分别在"学号""学期""课程代码"字段下方的"排序"行上选择"升序"，此时设计视图如图 3-13 所示。

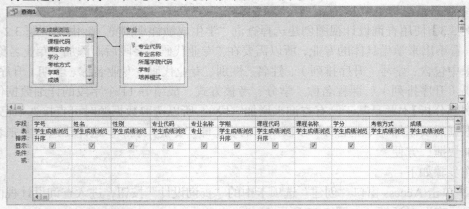

图 3-13　添加字段和设置排序字段后的查询设计视图

（5）保存并运行查询。保存名称为"学生成绩详细浏览"。运行界面如图 3-14 所示。

学号	姓名	性别	专业代码	专业名称	学期	课程代码	课程名称	学分	考核方式	成绩
09013101	陈洁	女	020101	经济学	1	015605	经济学基础	2	选修课	75
09013101	陈洁	女	020101	经济学	1	116301	高等数学I（数三考研大纲内容）	5	考试	74
09013101	陈洁	女	020101	经济学	1	125105	政府经济学	3	考试	85
09013101	陈洁	女	020101	经济学	1	136301	思想道德修养与法律基础	2	考查	62
09013101	陈洁	女	020101	经济学	1	136501	大学语文	2	考试	61
09013101	陈洁	女	020101	经济学	1	136601	形式与政策	2	考查	96
09013101	陈洁	女	020101	经济学	1	156101	大学英语 I	4	考试	91
09013101	陈洁	女	020101	经济学	1	166101	计算机文化基础	3	考试	61
09013101	陈洁	女	020101	经济学	1	706101	体育 I	.5		62
09013101	陈洁	女	020101	经济学	2	015601	微观经济学	3	考试	67
09013101	陈洁	女	020101	经济学	2	095170	经济法	3	考查	93
09013101	陈洁	女	020101	经济学	2	116302	高等数学II（数三考研大纲内容）	5	考试	92
09013101	陈洁	女	020101	经济学	2	125203	中国社会救助与福利	2.5	考试	93
09013101	陈洁	女	020101	经济学	2	136401	中国近现代史纲要	2	考查	88
09013101	陈洁	女	020101	经济学	2	156102	大学英语 II	4	考试	60
09013101	陈洁	女	020101	经济学	2	166103	Access数据库技术及应用	3	考试	85
09013101	陈洁	女	020101	经济学	2	706102	体育 II	.5		60
09013101	陈洁	女	020101	经济学	3	016146	宏观经济学	2	考试	66
09013101	陈洁	女	020101	经济学	3	016222	国际经济学（双）	3	考试	76
09013101	陈洁	女	020101	经济学	3	085608	会计学	4	考试	67
09013101	陈洁	女	020101	经济学	3	116402	线性代数	4	考试	86
09013101	陈洁	女	020101	经济学	3	136101	马克思主义基本原理概论	2	考试	66

记录: ◄ ◄ 第 1 项 (共 1445 ► ►) ▼ 无筛选器　搜索

图 3-14　"学生成绩详细浏览"运行界面

【归纳总结】

（1）当数据源为多张表时，表与表之间必须建立关系。若建查询之前关系已经建立，则添加表时，关系会自动添加到查询设计视图中；若之前表没建立关系，可以在查询设计视图中，添加关系连线，但这种关系只在本查询中有效。本题中数据源为一个查询和一个表，所以系统根据它们的相同字段，自动添加了关系连线。

（2）当"排序"行上出现了两个以上的排序字段时，左边的排序请求高于右边的。本题可理解为：查询结果首先按"学号"字段升序排列，当学号相同时，再按"学期"字段升序排列，当学期相同时，再按"课程代码"升序排列。

（3）可以将本题创建的"学生成绩详细浏览"看作是一个用来方便浏览所有学生成绩的应用平台，实际工作中往往不是每次都需要查看所有同学的成绩数据，而是只查看某一部分的，所以通过添加各种查询条件来查看，详见 3.3.2 及后续同步实验。

2. 删除多余关系查询

通常在使用"设计视图"创建查询时，在添加了数据源之后，系统会将数据库中数据表之间的原有关系自动带入到"设计视图"中来，一般情况下这些关系是符合题目要求、不需要修改和删除的。但有时这些自动带入的关系会影响查询结果，即会让用户得到一个错误的查询结果。这时就必须采用手动方法找到并删除数据源表间的某个关系，才会得到正确的查询结果。

【例 3.4】使用查询设计视图创建选择查询"教学计划浏览"。数据来源于"学院""专业""课程"和"教学计划"四张表，要求查询结果中包含：专业代码（升序）、专业名称、学院代码、学院名称、开课学期（升序）、课程代码（升序）、课程名称、开课学院代码、学分、考核方式等 10 个字段的详细数据信息。

【例题分析】在创建本题查询之前，首先要明确本题的目的。"教学计划"表列出的信息是不同专业在不同的学期所开设的不同课程，但为了减少冗余，表中只显示专业代码和课程代码，看不出是哪个专业开设哪门课程，浏览起来非常不方便，所以，本题的意图是扩充教学计划表，使用户浏览起来更加直观、明确。建议：在做本题查询之前，先打开"教学计划"表，查看该表中的总记录数（如图 3-15 左下角显示的 804 条）。

教学计划				
专业代码	课程代码	开课学期	学分	周学时
020101	015103	4	3	3
020101	015104	6	3	3
020101	015106	5	3	3
020101	015107	7	3	3
020101	015120	5	4	4
020101	015217	7	3	3
020101	015601	2	3	3
020101	015605	1	3	3
020101	016146	3	2	2
020101	016222	3	3	3
020101	016305	4	2	2
020101	016501	4	2	2
020101	016507	7	3	3
020101	045130	6	2	2
020101	046101	4	2	2
020101	066314	5	2	2

记录: ◄ 第 1 项(共 804) ► ►► 无筛选器 搜索

图 3-15 "教学计划"表

操作步骤如下：

（1）单击 Access 窗口"创建"选项卡中的"查询设计"按钮，进入查询设计视图，在弹出的"显示表"对话框里，依次添加"学院""专业""课程"和"教学计划"表，适当调整查询设计视图上半区，以便看清所有关系，如图 3-16 上半区所示。

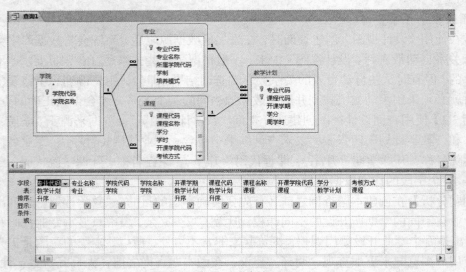

图 3-16　例 3.4 的查询设计视图

（2）选取字段及设置排序字段。根据题目要求，依次从四个数据源表中选取字段，并设置排序字段，如图 3-16 下半区所示。

（3）保存并运行查询。保存名称为"教学计划浏览"。运行界面如图 3-17 所示。

专业代码	专业名称	学院代码	学院名称	开课学期	课程代码	课程名称	开课学院代	学分	考核方式
020101	经济学	01	经济学院	1	015605	经济学基础	01	3	选修课
020101	经济学	01	经济学院	2	015601	微观经济学	01	3	考试
020101	经济学	01	经济学院	3	016146	宏观经济学	01	2	考试
020101	经济学	01	经济学院	3	016222	国际经济学（双）	01	3	考试
020101	经济学	01	经济学院	4	015103	产业经济学	01	2	考试
020101	经济学	01	经济学院	4	016305	金融学	01	2	考试
020101	经济学	01	经济学院	4	016501	财政学	01	2	
020101	经济学	01	经济学院	5	015106	区域经济学	01	2	考试
020101	经济学	01	经济学院	5	015120	中级经济学	01	4	考试
020101	经济学	01	经济学院	6	015104	新制度经济学	01	3	考试
020101	经济学	01	经济学院	7	015107	发展经济学	01	3	考试
020101	经济学	01	经济学院	7	015217	国际贸易理论与实务	01	3	考试
020101	经济学	01	经济学院	7	016507	中国财政思想史	01	3	选修课
020102	国际经济与贸易	01	经济学院	1	016101	政治经济学	01	3	考试
020102	国际经济与贸易	01	经济学院	1	016238	专业导论	01	1	考查
020102	国际经济与贸易	01	经济学院	2	016222	国际经济学（双）	01	3	考试
020102	国际经济与贸易	01	经济学院	3	016603	微观经济学	01	3	考试
020102	国际经济与贸易	01	经济学院	3	015239	专业规划与指导	01	1	考查
020102	国际经济与贸易	01	经济学院	3	015303	金融学	01	2	选修课
020102	国际经济与贸易	01	经济学院	3	015501	财政学	01	2	选修课
020102	国际经济与贸易	01	经济学院	3	016201	国际贸易	01	3	考试
020102	国际经济与贸易	01	经济学院	3	016206	中国对外贸易概论	01	3	考试
020102	国际经济与贸易	01	经济学院	3	016604	宏观经济学	01	2	考试
020102	国际经济与贸易	01	经济学院	4	015103	产业经济学	01	2	考查
020102	国际经济与贸易	01	经济学院	4	015236	国际服务贸易	01	3	考试
020102	国际经济与贸易	01	经济学院	4	016216	国际贸易实务	01	3	考试
020102	国际经济与贸易	01	经济学院	4	016245	国际金融	01	3	考试
020102	国际经济与贸易	01	经济学院	5	015102	山东半岛经济社会发展概论	01	2	考查

记录：第 1 项（共 510 项）　无筛选器　搜索

图 3-17　例 3.4 的查询运行界面

【分析】通过查看该题查询结果可以看到，经过扩充后的教学计划记录变成了 510 条，而之前是 804 条教学计划记录。显然，经过查询，丢失了一些记录。通过观察该结果，发现"学院代码"和"开课学院代码"字段完全相同，即本查询只列出了本学院为本学院所开设的课程，而漏掉了其他学院为本学院所开设的课程

查询结果的错误原因出在四张数据源表默认的关系上。由表"学院""专业"和"课程"之间形成的默认关联关系（两个一对多关系）的联接属性如图 3-18 所示。

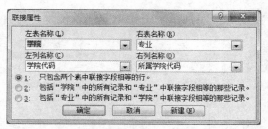

（a）"学院"表和"专业"表

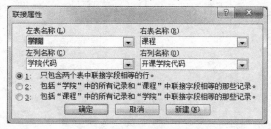

（b）"学院"表和"课程"表

图 3-18　表之间关系的联接属性

由于这两个一对多关系的联接属性均为"只包含两个表中联接字段相等的行"，可以理解为经过关系的传递后最终变成了"只包含三个表中联接字段相等的行"。这就是为什么查询结果的"开课学院代码"和"学院代码"完全相同的原因。

总结：在使用"设计视图"创建查询时，如果在添加表（或查询）后的默认关联关系中出现一个表中的同一个字段同时与其他多个表保持一对多关联，则查询结果可能会产生遗漏数据现象。解决方法是手动删除"表/查询显示区"中表之间的一个（或多个）一对多关联，使各个表之间（相同字段）仅保留单个关联。

（4）操作：手动删除"表/查询显示区"中表"学院"与表"课程"之间的一对多关联。打开查询"教学计划浏览"的设计视图，右键单击上半区表"学院"与"课程"之间的一对多关联线，在弹出的快捷菜单中选择"删除"，如图 3-19 所示。

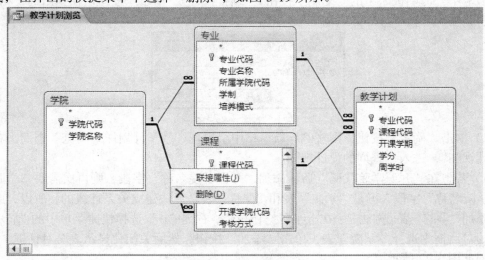

图 3-19　删除表之间的关系连线

（5）保存并再次运行该查询。运行界面如图 3-20 所示，会发现结果中的"开课学院代码"

字段来自于不同学院，符合常识，而且结果中显示 804 条记录，符合原表记录数。

专业代码	专业名称	学院代码	学院名称	开课学期	课程代码	课程名称	开课学院代	学分	考核方式
020101	经济学	01	经济学院	1	015605	经济学基础	01	3	选修课
020101	经济学	01	经济学院	1	116301	高等数学I(数三考研大	11	5	考试
020101	经济学	01	经济学院	1	125105	政府经济学	12	3	考试
020101	经济学	01	经济学院	1	136301	思想道德修养与法律基	13	2	考查
020101	经济学	01	经济学院	1	136501	大学语文	13	2	考试
020101	经济学	01	经济学院	1	136601	形式与政策	13	2	考查
020101	经济学	01	经济学院	1	156101	大学英语I	15	4	考试
020101	经济学	01	经济学院	1	166101	计算机文化基础	16	3	考试
020101	经济学	01	经济学院	1	706101	体育I	70	1	
020101	经济学	01	经济学院	2	015601	微观经济学	01	3	考试
020101	经济学	01	经济学院	2	095170	经济法	09	2	考查
020101	经济学	01	经济学院	2	116302	高等数学II(数三考研大	11	5	考试
020101	经济学	01	经济学院	2	125203	中国社会救助与福利	12	2	考试
020101	经济学	01	经济学院	2	136401	中国近现代史纲要	13	2	考查
020101	经济学	01	经济学院	2	156102	大学英语II	15	4	考试
020101	经济学	01	经济学院	2	166103	Access数据库技术及应	16	3	考试
020101	经济学	01	经济学院	2	706102	体育II	70	1	
020101	经济学	01	经济学院	3	016146	宏观经济学	01	3	考试
020101	经济学	01	经济学院	3	016222	国际经济学（双）	01	3	考试
020101	经济学	01	经济学院	3	085608	会计学	08	2	考试
020101	经济学	01	经济学院	3	116402	线性代数	11	4	考试
020101	经济学	01	经济学院	3	136101	马克思主义基本原理概	13	4	考试
020101	经济学	01	经济学院	3	156103	大学英语III	15	4	考试
020101	经济学	01	经济学院	3	706103	体育III	70	1	
020101	经济学	01	经济学院	4	015103	产业经济学	01	3	考试

图 3-20　例 3.4 正确的运行界面

3. 复制查询及修改字段标题

已创建的查询不仅可以作为其他查询的数据源，而且也可以通过"复制"查询操作，再加上必要的修改，从而得到更理想的查询结果。在上面例 3.4 中，仅可以看到开课学院代码，而无法看出具体的开课学院名称，所以，可以在之前例题的基础上修改得到。

【例 3.5】复制例 3.4 创建的查询"教学计划浏览"，取名为"教学计划详细浏览"。要求在"开课学院代码"之后插入"开课学院名称"。

操作步骤如下：

（1）在 Access 窗口左侧的"导航窗格"中选中"教学计划浏览"查询，单击窗口上方"开始"选项卡中"剪贴板"组的"复制"按钮，然后再单击"粘贴"按钮，在弹出的"粘贴为"对话框中，输入"教学计划详细浏览"，如图 3-21 所示。

图 3-21　复制、粘贴查询

（2）单击"确定"按钮，则左侧导航窗格中会出现"教学计划详细浏览"查询，右键选择"设计视图"，进入该查询的设计视图。

（3）若想在"开课学院代码"后面添加"开课学院名称"字段，则再次需要"学院"表中的"学院名称"字段，可是"学院"表和"课程"表是无法建立关系连线的，所以，此时需要再次添加"学院"表。方法是：在上半区空白位置，右键单击，选择快捷菜单中的"显示表"，在弹出的对话框中选择"学院"表，单击"添加"按钮，然后关闭"显示表"对话框。此时，设计视图如图 3-22 所示。

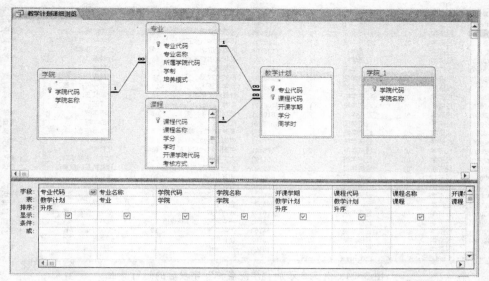

图 3-22 例 3.5 添加"学院"表后的设计视图界面

由于是第二次添加"学院"表，所以新添加的表显示名称为"学院_1"，并且没和其他表建立关系。

（4）手动建立表"学院_1"和表"课程"之间的关系。用鼠标左键拖动"学院_1"表中的"学院代码"到"课程"表的"开课学院代码"上，释放鼠标，即可建立关系，如图 3-23 上半区所示。

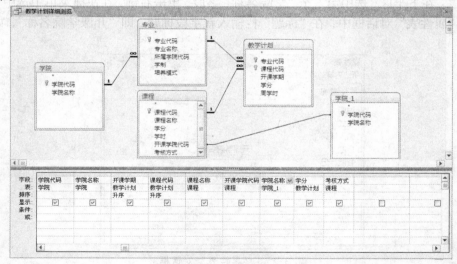

图 3-23 例 3.5 添加"学院"表后的设计视图界面

（5）在下半区插入列。选择下半区的"学分"字段（把鼠标移到该字段的上方，变成↓形状时单击左键即可选中该列），然后单击"查询"上下文命令选项卡中的"插入列"按钮，即可在"学分"字段左侧添加一个空列，在此空列中选择"学院_1"表中的"学院名称"字段，如图 3-23 下半区所示。

（6）保存并运行查询，运行结果如图 3-24 所示。

图 3-24 例 3.5 添加"学院名称"字段后的运行界面

（7）通过查看查询结果，发现有两列标题内容均显示"学院名称"，需要将字段"学院.学院名称"的显示标题改为"专业所在学院名称"，将字段"学院_1.学院名称"的显示标题改为"开课学院名称"，方法有两种：

方法一：进入该查询的"设计视图"，在下半区的"字段"行，将第一个"学院名称"字段修改为"专业所在学院名称:学院名称"(注意：英文"：")。

方法二：在下半区，选中第二个"学院名称"字段，单击右键，在快捷菜单中选中"属性"，在弹出的"属性表"对话框中，在"标题"栏输入新字段标题，即"开课学院名称"，如图 3-25 所示。

图 3-25 "属性表"对话框

（8）关闭"属性表"对话框，保存并运行查询，最终界面如图 3-26 所示。

专业代码	专业名称	学院代码	专业所在学院名	开课学期	课程代码	课程名称	开课学院代	开课学院名称	学分	考核
020101	经济学	01	经济学院	1	015605	经济学基础	01	经济学院	3	选修
020101	经济学	01	经济学院	1	116301	高等数学I(数三考研大	11	数学与信息科学学院	5	考试
020101	经济学	01	经济学院	1	125105	政府经济学	12	公共管理学院	3	考试
020101	经济学	01	经济学院	1	136301	思想道德修养与法律基	13	社科部	3	考查
020101	经济学	01	经济学院	1	136501	大学语文	13	社科部	2	考试
020101	经济学	01	经济学院	1	136601	形式与政策	13	社科部	2	考查
020101	经济学	01	经济学院	1	156101	大学英语I	15	大学外语教学部	4	考试
020101	经济学	01	经济学院	1	166101	计算机文化基础	16	计算机基础教学部	3	考试
020101	经济学	01	经济学院	1	706101	体育I	70	体育部	1	
020101	经济学	01	经济学院	2	015601	微观经济学	01	经济学院	3	考试
020101	经济学	01	经济学院	2	095170	经济法	09	政法学院	2	考查
020101	经济学	01	经济学院	2	116302	高等数学II(数三考研大	11	数学与信息科学学院	5	考试
020101	经济学	01	经济学院	2	125203	中国社会救助与福利	12	公共管理学院	2	考查
020101	经济学	01	经济学院	2	136401	中国近现代史纲要	13	社科部	2	考查
020101	经济学	01	经济学院	2	156102	大学英语II	15	大学外语教学部	4	考试
020101	经济学	01	经济学院	2	166103	Access数据库技术及应	16	计算机基础教学部	3	考试
020101	经济学	01	经济学院	2	706102	体育II	70	体育部	1	
020101	经济学	01	经济学院	3	016146	宏观经济学	01	经济学院	2	考试
020101	经济学	01	经济学院	3	016222	国际经济学（双）	01	经济学院	2	考试
020101	经济学	01	经济学院	3	085608	会计学	08	会计学院	2	考试
020101	经济学	01	经济学院	3	116402	线性代数	11	数学与信息科学学院	4	考试
020101	经济学	01	经济学院	3	136101	马克思主义基本原理概	13	社科部	4	考试
020101	经济学	01	经济学院	3	156103	大学英语III	15	大学外语教学部	4	考试
020101	经济学	01	经济学院	3	706103	体育III	70	体育部	1	
020101	经济学	01	经济学院	4	015103	产业经济学	01	经济学院	3	考试

记录: 第1项(共804项) 无筛选器 搜索

图 3-26 例 3.5 最终的运行界面

【归纳总结】

本例题涉及的操作知识点：

（1）复制、粘贴查询的操作方法；

（2）添加一个已有表并手动建立关联的操作方法；

（3）在设计视图的"网格设计区"插入列的操作方法；

（4）修改查询结果显示列标题的操作方法（冒号法和右键属性法）。

3.3.2 条件查询

当需要针对某个字段或某些字段设置查询条件时，只要在查询设计视图的下半区"条件"行输入相应条件即可。

【例 3.6】以"学生"表为数据源，查询所有女同学的信息，查询命名为"女同学信息"。

操作步骤如下：

（1）单击功能区中"创建"选项卡的"查询"组中的"查询设计"按钮，进入查询设计视图，在弹出的"显示表"对话框中选择"学生"表，单击添加按钮，然后关闭此对话框。

（2）选择字段。根据题目要求，把表中的所有字段添加到下半区。

【注意】此处也可以使用双击"*"的方法添加所有字段，然后再次添加一个"性别"字段，设置条件，最后在显示行上设置不显示"性别"字段。

（3）添加条件。在"性别"字段对应的"条件"行中，输入"女"，如图 3-27 所示。

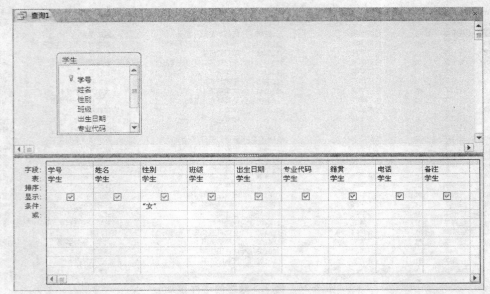

图 3-27　例 3.6 的设计视图

（4）保存并运行查询。结果如图 3-28 所示。

女同学信息

学号	姓名	性别	班级	出生日期	专业代	籍贯	电话	备注
09013101	陈洁	女	经济091	1991-8-25	020101	山东省泰安市	138000020	略
09013102	从亚迪	女	经济091	1990-9-22	020101	浙江省衢州市	138000020	略
09013106	范竟元	女	经济091	1989-11-27	020101	上海市黄浦区	138000020	略
09013108	胡春梅	女	经济091	1990-10-4	020101	辽宁省葫芦岛市	138000020	略
09013110	郎晓颖	女	经济091	1990-7-16	020101	湖北省黄州市	135000030	略
09013112	李婷	女	经济091	1990-9-27	020101	广东省潮阳市	135000030	略
09013113	林青	女	经济091	1989-1-31	020101	宁夏回族自治区吴	138000020	略
09013116	任丽君	女	经济091	1991-11-1	020101	山东省德州市	138000020	略
09013117	谭健健	女	经济091	1990-1-23	020101	贵州省遵义市	135000001	略
09013118	唐瑞	女	经济091	1990-9-30	020101	上海市静安区	135000001	略
09013120	王芳芳	女	经济091	1989-10-24	020101	辽宁省盘锦市	135000002	略
09013121	王凌艺	女	经济091	1990-4-9	020101	浙江省金华市	135000001	略
09013123	王玉洁	女	经济091	1993-2-28	020101	黑龙江省大庆市	135000002	略
09013125	魏爱军	女	经济091	1988-1-26	020101	云南省楚雄市	135000000	略
09014101	蔡海玲	女	国贸091	1989-3-13	020102	广东省梅州市	138000050	略
09014102	陈建男	女	国贸091	1991-10-25	020102	湖北省荆门市	135000050	略
09014103	陈宇	女	国贸091	1991-2-11	020102	江西省吉安市	138000050	略
09014108	金鑫鑫	女	国贸091	1991-9-23	020102	浙江省舟山市	135000050	略
09014109	李丽	女	国贸091	1990-12-26	020102	山东省济宁市	138000050	略
09014110	李娜	女	国贸091	1991-1-26	020102	山东省烟台市	135000050	略

记录：第 1 项(共 733 项)　无筛选器　搜索

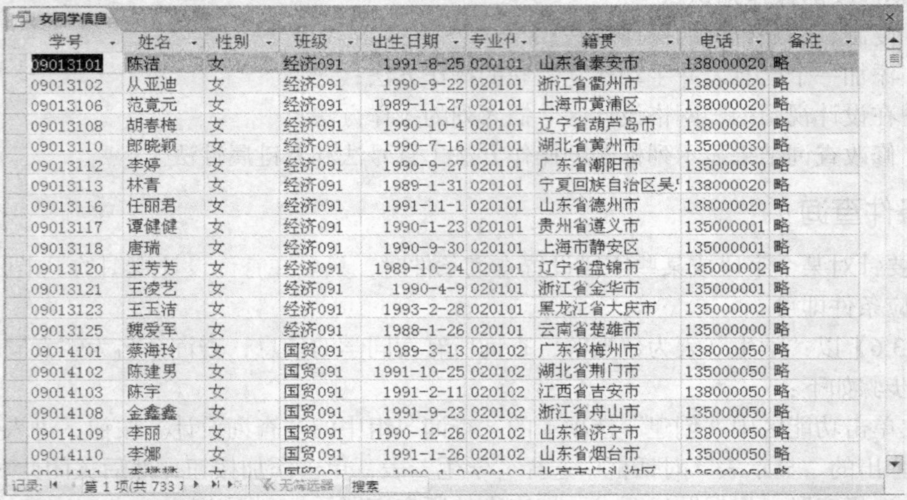

图 3-28　例 3.6 的运行界面

【例 3.7】以“同步_教师详细信息”查询为数据源，查询“经济学院”和“外国语学院”的所有“副教授”的教师代码、教师姓名、性别、出生日期、学院名称字段，查询命名为“副教授查询”。

操作步骤如下：

（1）单击功能区中“创建”选项卡的“查询”组中的“查询设计”按钮，进入查询设计视图，在弹出的“显示表”对话框中选择“同步_教师详细信息”查询，单击添加按钮，然后关闭此对话框。

（2）选择字段。根据题目要求，把所需的字段添加到设计视图下半区。

【注意】题目中要求显示五个字段，但此处需要选取六个字段，即需要选取“职称”字段，因为此字段虽然最终不需要显示，但在下一步的查询条件中需要用到。

（3）添加条件。在对应的字段下面输入条件，如图 3-29 所示。

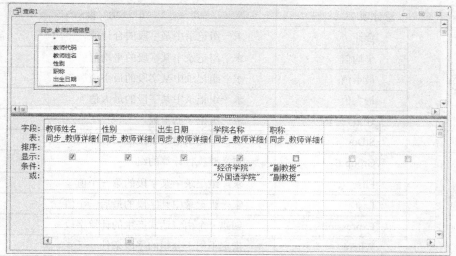

图 3-29 例 3.7 的查询设计视图

【注意】条件写在一行上表示"并且"的关系，写在不同行上表示"或者"的关系。

（4）去掉"职称"字段下面"显示"行的复选框的选中状态，保存并运行查询。结果如图 3-30 所示。

教师代码	教师姓名	性别	出生日期	学院名称
01001	陈常委	男	1970-5-15	经济学院
01004	段宏	男	1976-8-22	经济学院
01006	刘茜	女	1968-8-22	经济学院
01010	李辉	男	1973-8-22	经济学院
01012	李君丽	女	1972-8-22	经济学院
01013	孙利康	男	1971-8-22	经济学院
01015	刘海骞	男	1976-8-21	经济学院
01022	于磊	男	1976-8-20	经济学院
03002	周静	女	1976-8-19	外国语学院
03004	高尚	男	1976-8-18	外国语学院
03006	阚明春	女	1976-8-16	外国语学院
03007	雷亮	男	1976-8-15	外国语学院
03009	刘欣泽	男	1976-8-13	外国语学院
03012	石汶汶	男	1976-8-12	外国语学院
03013	宋玉臻	男	1976-8-11	外国语学院
03014	王森森	男	1976-8-10	外国语学院
03017	尉昊	男	1976-8-9	外国语学院
03019	吴大雨	男	1976-8-7	外国语学院
03023	于同杰	男	1976-8-6	外国语学院

图 3-30 例 3.7 的运行界面

3.3.3 汇总查询

在设计选择查询时，除了进行条件查询外，还可以进行统计查询。只要在查询设计视图中的"网格设计区"添加"总计"行（单击"查询"上下文命令选项卡中的"汇总"按钮 Σ），即可实现分组汇总、统计处理功能。

对设计网格的每个字段，均可以通过在"总计"中选择总计项来对查询中的一条、多条或全部记录进行计算。"总计"行中各选项的名称及含义如表 3-13 所示。

表 3-13 "总计"行中各项的名称及含义

总计项		功　能
函数	合计	求一组记录中某字段的合计值
	平均值	求一组记录中某字段的平均值
	最小值	求一组记录中某字段的最小值
	最大值	求一组记录中某字段的最大值
	计数	求一组记录的个数
	StDev	求一组记录中某字段值的标准偏差
其他总计项	Group By	定义要执行计算的组
	First	求一组记录中某字段的第一个值
	Last	求一组记录中某字段的最后一个值
	Expression	创建一个由表达式产生的计算字段
	Where	指定不用于分组的字段条件

【例 3.8】以"学生"表为数据源，统计出各班级的学生人数。最终显示班级、专业代码和人数字段。查询命名为"班级人数查询"。

【例题分析】统计出每个班级的学生人数，即按照班级来分组，然后对每个小组中的记录进行计数操作。对同一组的记录，可以按照"学号"来统计人数，而"专业代码"因为按班级分组，同一组所有的专业代码肯定都一样，所以，选 First 还是 Last 都一样。

操作步骤如下：

（1）单击功能区中"创建"选项卡的"查询"组中的"查询设计"按钮，进入查询设计视图，在弹出的"显示表"对话框中选择"学生"表，单击添加按钮，然后关闭此对话框。

（2）选择字段。根据题目要求，依次添加字段"班级""专业代码""学号"到设计视图下半区。

【注意】"人数"字段在原表中没有，但可以根据"学号"字段统计出来，所以添加"学号"字段。

（3）添加总计行。单击"查询"上下文命令选项卡中的"汇总"按钮 Σ，在设计视图的下半区出现了"总计"行，此时所有字段的"总计"行自动显示"Group By"。

（4）设置总计行。在"总计"行上，将各字段的对应选项设置为如图 3-31 所示。

图 3-31 例 3.8 的设计视图

（5）保存并运行查询。运行界面如图 3-32 所示。

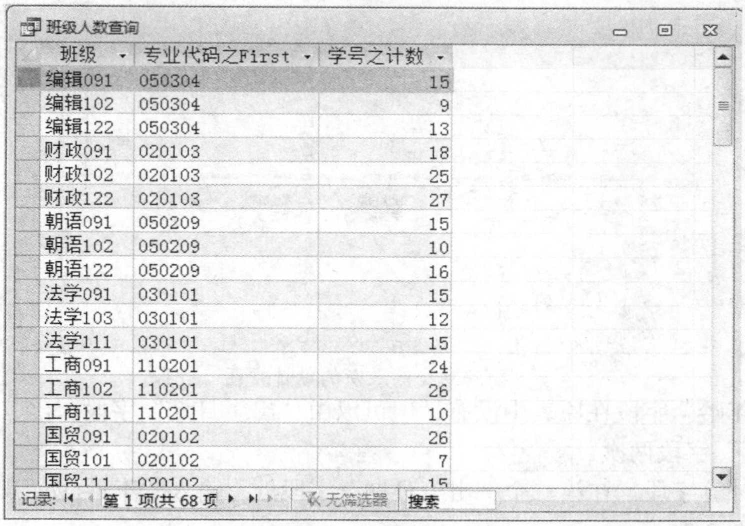

班级人数查询

班级	专业代码之First	学号之计数
编辑091	050304	15
编辑102	050304	9
编辑122	050304	13
财政091	020103	18
财政102	020103	25
财政122	020103	27
朝语091	050209	15
朝语102	050209	10
朝语122	050209	16
法学091	030101	15
法学103	030101	12
法学111	030101	15
工商091	110201	24
工商102	110201	26
工商111	110201	10
国贸091	020102	26
国贸101	020102	7
国贸111	020102	15

记录: 第 1 项(共 68 项　无筛选器　搜索

图 3-32　例 3.8 的运行界面

（6）将做了汇总操作的字段标题在设计视图中进行更改，更改界面如图 3-33 所示。

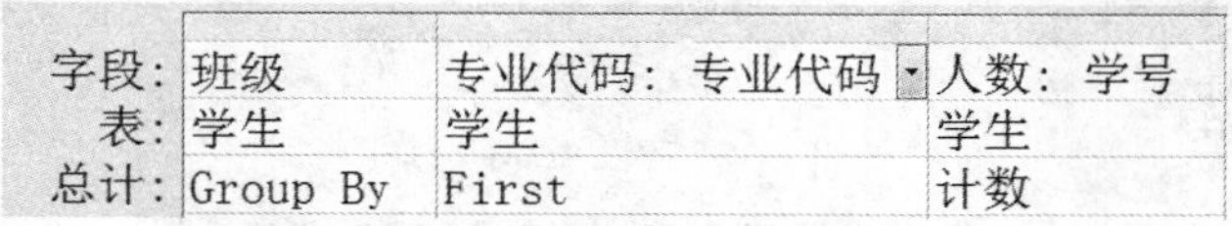

字段:	班级	专业代码: 专业代码	人数: 学号
表:	学生	学生	学生
总计:	Group By	First	计数

图 3-33　例 3.8 更改字段标题界面

3.3.4　添加计算字段

当需要统计的数据在表中没有对应的字段，或者用于计算的数据值来源于多个字段时，应该在查询中使用计算字段，也称为“构造新字段”。创建计算字段的方法是在查询设计视图的下半区“字段”行中直接输入计算字段及其计算表达式。

【例 3.9】以“学生”表为数据源，查询学生的学号、姓名、出生日期和年龄字段。查询命名为“学生年龄查询”。

操作步骤如下：

（1）单击功能区中“创建”选项卡的“查询”组中的“查询设计”按钮，进入查询设计视图，在弹出的“显示表”对话框中选择“学生”表，单击添加按钮，然后关闭此对话框。

（2）选择字段。根据题目要求，添加字段“学号”“姓名”“出生日期”到设计视图下半区，如图 3-34 所示。

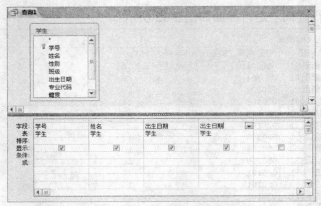

图 3-34　例 3.9 的设计视图

【注意】“年龄”字段在原表中没有，但可以由“出生日期”字段求出，所以，此题需要添加“出生日期”字段两次。

（3）构造计算字段。在第二个“出生日期”字段处，输入“年龄:year(date())-year([出生日期])”，如图 3-35 所示。

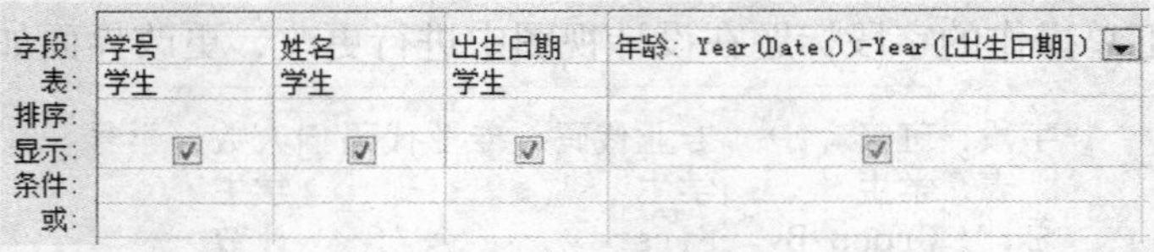

图 3-35　例 3.9“构造新字段”界面

（4）保存并运行查询。运行界面如图 3-36 所示。

学生年龄查询

学号	姓名	出生日期	年龄
09013101	陈洁	1991-8-25	22
09013102	从亚迪	1990-9-22	23
09013105	范长青	1990-11-15	23
09013106	范竟元	1989-11-27	24
09013107	高景波	1987-10-28	26
09013108	胡春梅	1990-10-4	23
09013109	康建	1989-2-16	24
09013110	郎晓颖	1990-7-16	23
09013111	李军政	1989-3-26	24
09013112	李婷	1990-9-27	23
09013113	林青	1989-1-31	24
09013114	刘佳佳	1987-6-30	26
09013115	罗建飞	1987-10-20	26
09013116	任丽君	1991-11-1	22
09013117	谭健健	1990-1-23	23
09013118	唐瑞	1990-9-30	23
09013120	王芳芳	1989-10-24	24
09013121	王凌艺	1990-4-9	23
09013122	王以金	1990-12-17	23

记录: 第 1 项(共 1071 无筛选器 搜索

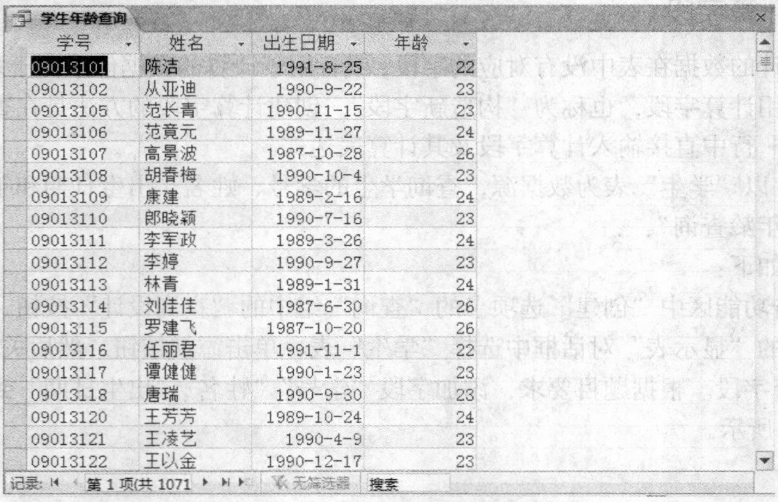

图 3-36　例 3.9 的运行界面

【例 3.10】以“教师”表为数据源，统计不同职称教师的平均年龄，最后显示两个字段“职称”和“平均年龄”，并按平均年龄升序排列。查询命名为“按职称统计平均年龄”。

操作步骤如下：

（1）单击功能区中“创建”选项卡的“查询”组中的“查询设计”按钮，进入查询设计视图，在弹出的“显示表”对话框中选择“教师”表，单击添加按钮，然后关闭此对话框。

（2）选择字段。根据题目要求，添加字段“职称”和“出生日期”。

（3）构造计算字段。在"出生日期"字段处，输入"平均年龄：year（date（））-year（[出生日期]）"，并设置该字段的排序行为"升序"。

（4）添加"总计"行。单击"查询"上下文命令选项卡中的"汇总"按钮 **Σ**，在设计视图的下半区出现了"总计"行，将"职称"字段的"总计"行设置为"Group By"，新构造字段的"总计"行设置为"平均值"，如图 3-37 所示。

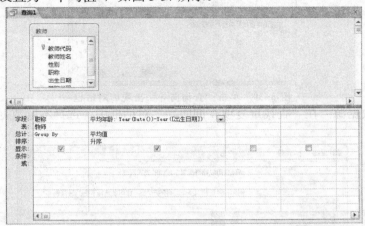

图 3-37　例 3.10 的设计视图

（5）保存并运行该查询。运行界面如图 3-38 所示。

图 3-38　例 3.10 的运行界面

【说明】查询结果出现的"#"是因为字段宽度不够所致。若想使"平均年龄"字段统一保留几位小数，可以在查询设计视图中用函数 Round 来限制。

3.3.5　创建重复项查询

在数据库应用中，可能会出现同一数据在不同的地方被多次输入的情况，从而造成数据重复。当数据表中的记录较多时，用手工方法很难逐一查找出这些重复输入的数据。

对于主键字段，由于主键值不能重复，所以不可能出现重复值。但对于非主键字段，就难免会出现重复值。Access 提供的"查找重复项查询向导"功能就是解决这类问题的，可以用来检查非主键字段是否存在重复值。

【例 3.11】使用重复项查询向导，查找"学生"表中姓名相同者的信息，命名为"重名学生查询"。

操作步骤如下：

（1）单击功能区中"创建"选项卡的"查询"组中的"查询向导"按钮，出现"新建查询"对话框，如图 3-39 所示，选择其中的"查找重复项查询向导"，进入"查找重复项查询向导"对话框。

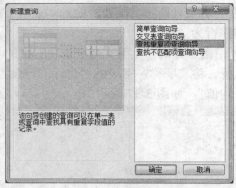

图 3-39　单击"查询向导"出现的对话框

（2）选择数据源。在"查找重复项查询向导"对话框中，选择本题数据源"学生"表，如图 3-40 所示。

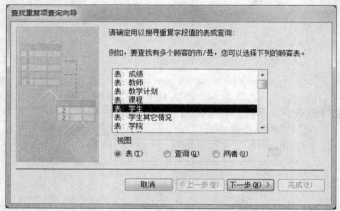

图 3-40　"查找重复项查询向导"的选择数据源对话框

（3）单击"下一步"按钮，进入选择重复字段对话框，从左侧"可用字段"中选择"姓名"字段到右侧"重复值字段"中，如图 3-41 所示。

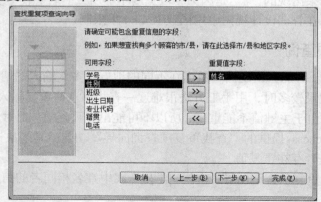

图 3-41　"查找重复项查询向导"的选择字段对话框

（4）单击"下一步"按钮，进入选择另外的查询字段对话框，此时若不选择其余任何字段（如图 3-42（a）），则结果直接统计出每个重复姓名出现的次数，如图 3-42（b）所示；此时若选择查看某个或某些其余字段（如图 3-43（a）），则会得到包含重名学生相关信息的结果，如图 3-43（b）所示。

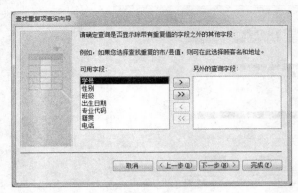

（a）不选择任何字段　　　　　　　　　　　　（b）运行结果

图 3-42 "查找重复项查询向导"的选择其余字段对话框——不选情况

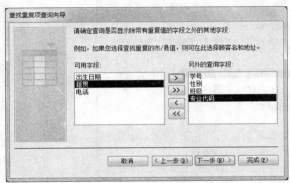
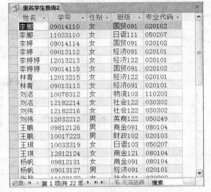

（a）选取查看部分字段　　　　　　　　　　　　（b）运行结果

图 3-43 "查找重复项查询向导"的选择其余字段对话框——选择部分字段情况

【说明】查找重复项查询在帮助创建表的主键方面有独特的作用。当一个表的数据来源于其他文件时（例如通过 Excel 文件导入），想要对此表设置主键，若有重复值，则始终无法建立主键，此时，可以通过查找重复项查询来快速查找重复数据。

3.3.6 创建不匹配项查询

在关系数据库中，当建立了一对多的关系后，通常在"一方"表的每一条记录，与"多方"表的多条记录匹配，但是也可能存在在"多方"表中找不到匹配记录的情况。例如，在"教学管理"数据库中，在"学生"表中的学生，有可能在"成绩"表中没录入成绩，此时，可以使用"查找不匹配项查询向导"来"查漏"。

【例 3.12】使用查找不匹配项查询向导，确定"学生"表中还有哪些学生没有输入各科考试成绩到"成绩"表中，查询命名为"没录入成绩学生查询"。最终查看学号、姓名、班级、专业代码、籍贯字段。

操作步骤如下：

（1）单击功能区中"创建"选项卡的"查询"组中的"查询向导"按钮，出现"新建查询"对话框，如图 3-39 所示，选择其中的"查找不匹配项查询向导"，进入"查找不匹配项查询向导"对话框。

（2）根据题意，选择"学生"表，如图 3-44 所示，然后单击"下一步"。

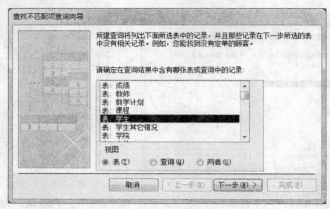

图 3-44　选择包含查找记录的表的对话框

（3）根据题意，选择"成绩"表，如图 3-45 所示，然后单击"下一步"。

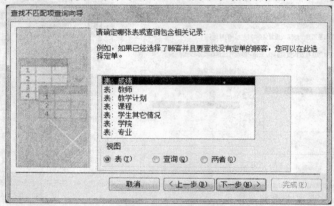

图 3-45　选择相关表的对话框

（4）在选择两个表"匹配字段"的对话框中，系统自动选出两个表之间的相同字段，即"学号"，如图 3-46 所示，符合题意，单击"下一步"。

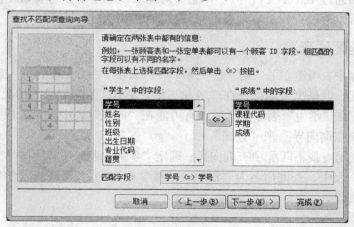

图 3-46　选择两个表的匹配字段对话框

（5）选择查询结果中所需的字段。在该对话框中，根据题目要求，选择字段如图 3-47 所示。

图 3-47 选择查询结果中其余显示字段对话框

（6）单击"下一步"，输入查询名称"没录入成绩学生查询"，然后单击"完成"按钮，最终查询结果如图 3-48 所示。

字号 ▾	姓名 ▾	班级 ▾	专业代 ▾	籍贯
09014101	蔡海玲	国贸091	020102	广东省梅州市
09014102	陈建男	国贸091	020102	湖北省荆门市
09014103	陈宇	国贸091	020102	江西省吉安市
09014104	何颖崛	国贸091	020102	湖北省武汉市
09014105	胡维	国贸091	020102	辽宁省葫芦岛市
09014106	黄浩然	国贸091	020102	安徽省淮北市
09014107	姜涛	国贸091	020102	四川省西昌市
09014108	金鑫鑫	国贸091	020102	浙江省舟山市
09014109	李丽	国贸091	020102	山东省济宁市
09014110	李卿	国贸091	020102	山东省烟台市
09014111	李擎擎	国贸091	020102	北京市门头沟区
09014112	李思齐	国贸091	020102	黑龙江省齐齐哈尔
09014113	李天兰	国贸091	020102	北京市海淀区
09014114	李博	国贸091	020102	河南省开封市
09014115	李博婷	国贸091	020102	贵州省兴义市
09014116	李文秀	国贸091	020102	重庆市黔江地区
09014117	林肖蒙	国贸091	020102	云南省思茅市

记录: Ⅰ ◀ 第 1 项(共 798) ▶ ▶Ⅰ ▶ ☞ 无筛选器 搜索

图 3-48 例 3.12 "没录入成绩学生查询"运行界面

同步实验之 3-3　各种选择查询的设计与应用

一、实验目的

1. 掌握查询设计视图的使用方法。
2. 掌握查询条件的使用方法。
3. 掌握在查询中对字段实现汇总、统计操作。
4. 掌握在查询中构造新字段的方法。
5. 熟练使用向导法创建"重复项"查询和"不匹配项"查询。

二、实验内容

1. 条件查询

（1）建立查询"同步_找老乡"。在返校的火车上，遇到本校一位籍贯是山东潍坊的女老乡，当时没留联系方式，只说她姓王，请在数据库中设法查找出该同学，最终查出她的"姓名"和"电话"。

（2）建立查询"同步_打预防针"。学校拟为 1991 年出生的同学打预防针，请在"学生"表中查找出这些同学，显示他们的"学号""姓名""性别""出生日期"。

（3）建立查询"同步_基础课成绩"。以查询"学生成绩详细浏览"为数据源，查找所学"****基础"课程的学生的"学号""姓名""课程名称"和"成绩"。

2. 汇总查询

（4）建立查询"同步_各类教师人数"。以"教师"表为数据源，统计各类职称的教师人数。最终显示字段"职称""人数"。

（5）建立查询"同步_长跑男"。以"学生"表和"学生其他情况"表为数据源，统计有长跑爱好的男生人数，最终显示字段"性别""特长"和"人数"。

（6）建立汇总选择查询"同步_学生成绩汇总统计查询"。以查询"学生成绩详细浏览"为数据源。要求查询结果中包含："学号""姓名""性别""专业代码""专业名称""已开课程门数""累计学分""平均成绩"8列内容，并按"学号"升序排列查询结果。

（7）建立查询"同步_分专业统计教学计划"。以"教学计划浏览"查询为数据源，统计出每个专业的教学计划安排，即上多少门课，共多少学分，最终显示字段"专业代码""专业名称""课程门数""总学分"。

3. 构造新字段

（8）建立查询"同步_年级和年龄"。在学生表中，查找出如下字段："年级""姓名""性别""年龄"。查询结果按照年级升序排列，年级相同的按姓名升序。

（9）建立查询"同步_各年份学生人数"。以"学生"表为数据源，统计各年份出生的学生人数。最终显示字段"年份""人数"。

（10）建立查询"同步_各专业平均年龄"。以"学生"表和"专业"表为数据源，统计各专业学生的平均年龄。结果显示"专业名称""平均年龄"字段。

（11）建立查询"同步_分专业分年级统计男女生人数"。以"学生情况详细浏览"为基础，统计出不同专业、不同年级的男女生人数。最终显示字段"专业名称""年级""性别""人数"。

4. 重复项查询

（12）建立查询"同步_同年同月同日"。查找"学生"表中同一天出生的同学的"姓名""班级""籍贯"字段。

（13）建立查询"同步_公共课"。查找"教学计划详细浏览"查询中不同专业开设的相同课程统计，最终查看"专业名称""专业所在学院名称""开课学院名称"字段。

5. 不匹配项查询

（14）建立查询"同步_没录入教学计划"。查找"专业"表中的哪些专业还没有为其录入"教学计划"，最终显示"专业代码""专业名称""所属学院代码"字段。

3.4　参数查询

选择查询可以根据查询条件查找符合条件的记录组成查询结果记录集，但条件是固定不变的，例如，指定查找字段"职称"为"讲师"，查询对象只是固定查找职称类教师的信息，如果用户希望查找其他职称的教师情况，只能再打开查询对象在设计视图下修改查询条件。

为了更灵活地实现查询，Access 提供了另一种实用工具——参数查询。参数查询是动态的，它在运行查询时首先显示输入参数对话框，待用户输入参数信息（即查询条件）后，再检索出符合输入参数的查询结果。用户可以建立一个参数提示的查询，也可以建立多个参数提示的查询。

要创建参数查询，必须在查询"设计视图"网格设计区的"条件"行上的对应单元格中输入"参数表达式"（括在方括号[ ]中），"参数表达式"一般是一句提示语，例如[请输入……]。

3.4.1　单参数查询

【例 3.13】复制查询"学生成绩详细浏览"，并为新查询取名为"按专业名称参数查询的学生成绩详细浏览"。

操作步骤如下：

（1）右键单击"导航窗格"中的查询"学生成绩详细浏览"，选择"复制"，然后再"粘贴”，此时出现“粘贴为”对话框，在此对话框中输入新查询名称“按专业名称参数查询的学生成绩详细浏览”，此时导航窗格中出现该新查询。

（2）右键单击该查询，选择“设计视图”进入该查询的设计视图，在“专业名称”字段对应的“条件”行中，输入“[请输入专业名称:]”，如图 3-49 所示。

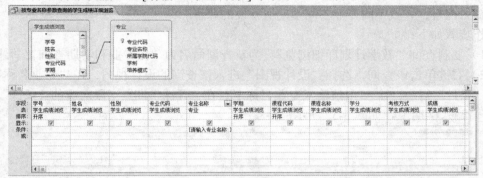

图 3-49 例 3.13 单参数查询设计视图

（3）保存并运行查询。首先弹出“输入参数值”对话框，如图 3-50 所示。

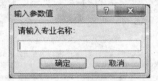

图 3-50 “输入参数值”对话框

（4）在对话框中输入想查询的专业名称，例如“英语”，则所有英语专业的学生成绩被显示出来，如图 3-51 所示。

按专业名称参数查询的学生成绩详细浏览

学号	姓名	性别	专业代码	专业名称	学期	课程代码	课程名称	学分	考核方式	成绩
09031101	陈丽华	女	050201	英语	1	036101	英语口语I	2		73
09031101	陈丽华	女	050201	英语	1	036105	综合英语I	6		65
09031101	陈丽华	女	050201	英语	1	036109	英语语音	1		83
09031101	陈丽华	女	050201	英语	1	036114	英语阅读I	2		95
09031101	陈丽华	女	050201	英语	1	036118	英语写作I	2		79
09031101	陈丽华	女	050201	英语	1	036119	英语写作II	1		67
09031101	陈丽华	女	050201	英语	1	036805	初级英语听力	2		63
09031101	陈丽华	女	050201	英语	1	136301	思想道德修养与法律基础	2	考查	80
09031101	陈丽华	女	050201	英语	1	136501	大学语文	2	考试	80
09031101	陈丽华	女	050201	英语	1	136601	形式与政策	2	考查	92
09031101	陈丽华	女	050201	英语	1	166101	计算机文化基础	3	考试	89
09031101	陈丽华	女	050201	英语	1	706101	体育 I	.5		74
09031101	陈丽华	女	050201	英语	1	735301	职业生涯规划与求职指导	2.5	考查	73
09031101	陈丽华	女	050201	英语	2	036102	英语口语II	2		64
09031101	陈丽华	女	050201	英语	2	036106	综合英语II	6		79
09031101	陈丽华	女	050201	英语	2	036115	英语阅读II	2		73
09031101	陈丽华	女	050201	英语	2	036122	笔译理论与实践	2		61
09031101	陈丽华	女	050201	英语	2	036806	中级英语听力	2		72
09031101	陈丽华	女	050201	英语	2	136401	中国近现代史纲要	2	考查	68

记录: 第 1 项(共 3003 无筛选器 搜索

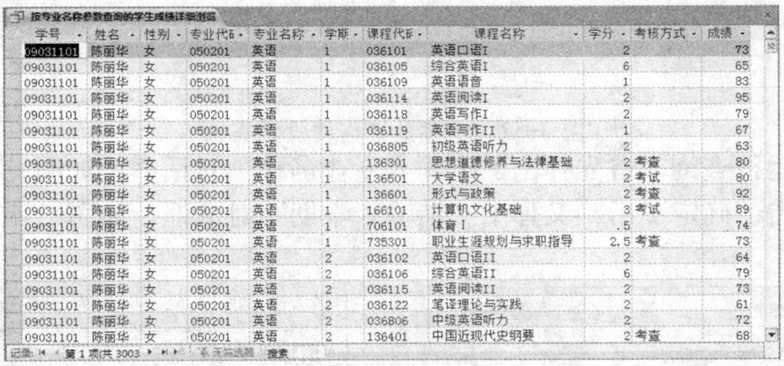

图 3-51 “英语”专业的学生成绩浏览结果

【说明】

（1）重新运行参数查询，每次都会弹出“输入参数值”对话框，提示输入参数值，以得到不同的查询结果。由此可以看出，对于经常需要变换查询条件的查询来说，将其设计为参数查询最为合适。

（2）参数也可以是窗体或报表中的控件的内容。其格式为：[Forms]![窗体名称]![控件名称]或[Reports]![报表名称]![控件名称]的形式。在后续章节操作中将会用到这种设置。

3.4.2 多参数查询

创建参数查询时，还可以使用两个或两个以上的参数。多参数查询的创建过程与单参数查询的创建过程完全一样，只是在查询设计视图中将多个参数的准则都放在"条件"行上即可。

运行多参数查询时，会根据参数从左到右的排列顺序依次弹出各个"输入参数值"对话框，只要根据提示信息分别输入参数值后就会得到满足多个参数要求的查询结果。

【例 3.14】建立查询"按专业和学期查询教学计划"，以查询"教学计划详细浏览"为基础，按输入内容，查找不同专业不同学期所开设的课程。

操作步骤如下：

（1）复制查询"教学计划详细浏览"，为新查询命名为"按专业和学期查询教学计划"。

（2）右键单击该查询，选择"设计视图"进入该查询的设计视图，在"专业名称"字段对应的"条件"行中，输入"[请输入专业名称:]"，在"开课学期"字段对应的"条件"行中，输入"[请输入学期:]"，如图 3-52 所示。

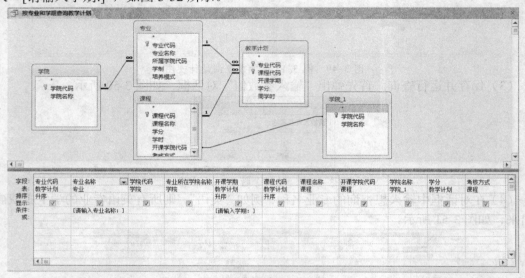

图 3-52　多参数查询的设计视图

（3）保存并运行查询。首先弹出"请输入专业名称"对话框，如图 3-53（a）所示，输入"金融学"，单击"确定"后，又弹出"请输入学期"对话框，如图 3-53（b）所示，输入"4"。

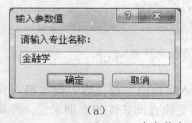 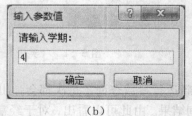

（a）　　　　　　　　　　　　　　（b）

图 3-53　多参数查询运行后依次弹出的对话框

（4）单击图 3-53（b）对话框中的"确定"按钮后，则金融学专业第 4 学期的教学计划信息被显示出来，如图 3-54 所示。

专业代码	专业名称	学院代码	专业所在学院名	开课学期	课程代码	课程名称	开课学院代	开课学院名称	学分	考核方式
020104	金融学	01	经济学院	4	016230	国际贸易与实务	01	经济学院	2	选修课
020104	金融学	01	经济学院	4	016245	国际经济学	01	经济学院	2	选修课
020104	金融学	01	经济学院	4	016307	商业银行经营学	01	经济学院	3	考试
020104	金融学	01	经济学院	4	016308	投资学	01	经济学院	3	考试
020104	金融学	01	经济学院	4	016310	金融实务讲座（外聘专	01	经济学院	2	考查
020104	金融学	01	经济学院	4	016311	专业英语	01	经济学院	2	考查
020104	金融学	01	经济学院	4	046124	统计学	04	统计学院	3	考试
020104	金融学	01	经济学院	4	116402	线性代数	11	数学与信息科学学院	4	考试
020104	金融学	01	经济学院	4	706104	体育IV	70	体育部	1	

图 3-54 "金融学"专业第 "4" 学期的教学计划运行界面

（5）根据这个查询，不同专业的学生就可以分学期查看本专业的教学计划了。

【归纳总结】

（1）在输入参数表达式时，方括号[ ]必不可少。

（2）方括号内的内容为提示语，可以省略，但建议将提示语描述准确、详细，以帮助输入者明确输入准则。

（3）对于一般参数表达式（不含 Like 运算符）设计的参数查询是完全匹配查询，输入参数时必须完整输入对应字段中确切存在的某个值，否则查询结果为空。

（4）可以借助通配符（通常是 "*"）实现不完全匹配的参数查询。例如，按照"专业代码"参数查询，若只记得专业的前几位代码，则可以这样输入参数表达式：like [请输入专业代码：]+ " * "。假设专业代码为 6 位，则每次输入专业代码的前面 1～6 位都可以查询出结果。

同步实验之 3-4 参数查询的设计与应用

一、实验目的

1. 熟悉参数查询的执行方法。

2. 掌握创建单参数查询、多参数查询的设计方法和技巧。

二、实验内容

1. 创建参数查询"同步_根据考核方式查看课程信息"。以"学院""课程"表为数据源，最终显示"课程代码""课程名称""学分""学时""考核方式""学院名称"字段。运行查询时，根据输入的"考核方式"（考试、考查 or 选修课）查询出相应的课程信息。

此查询运行过程如图 3-55 所示。

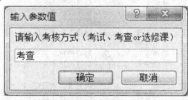

（a）输入"考查"参数界面

（b）所有考查课程的相关信息

图 3-55　"同步_根据考核方式查看课程信息"运行过程

2. 创建参数查询"同步_根据输入分数区间查看 ACCESS 课程成绩"。以"学生成绩详细浏览"查询为数据源，最终显示"学号""姓名""专业名称""课程名称""成绩"字段。运行查询时，根据输入的"低分"和"高分"，查询出这两个分数之间的 Access 课程的相关信息。（提示：假设对 Access 课程全名不确定，但肯定以"Access"开头。）

此查询运行过程如图 3-56 所示。

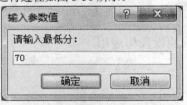

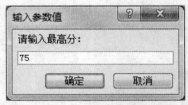

（a）输入"最低分"参数界面　　　　　（b）输入"最高分"参数界面

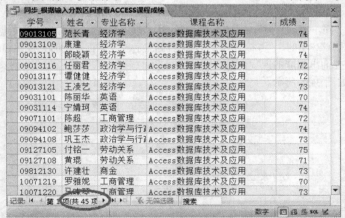

（c）所有 Access 课程成绩为 70～75 分之间的信息

图 3-56　"同步_根据输入分数区间查看 ACCESS 课程成绩"运行过程

3.5　交叉表查询

交叉表查询是五种查询类型中能够完成最复杂查询功能的一种查询类型。其突出特点在于实现了数据表结构的重建。具体来讲，交叉表查询实现了数据表中行与列的自动转化以及交叉点数据的动态安置工作。

交叉表查询以行和列的字段作为标题和条件选取数据，并在行与列的交叉处对数据进行汇总、统计等计算。例如，在交叉表查询结果中可用行来代表学生的姓名，用列来表示课程名称，而在交叉网格中的数据则是学生的课程成绩。交叉表查询为用户提供了非常清楚的汇总数据，便于用户的分析和使用，是其他查询无法完成的。

3.5.1　认识交叉表查询

以实例来说明交叉表查询的神奇之处。如图 3-57 所示，为"经济学"专业的学生成绩详细浏览结果，共 2 240 条记录，同一位同学的所有课程及成绩以纵向形式显示，出现了大量的数据冗余；而图 3-58 是以"经济学_学生成绩详细浏览"查询为基础所创建的交叉表查询，可以看到，每位同学在表中是一行记录，共 56 条记录。所有课程变成了字段名显示在最上方，这种查询方法减少了数据冗余而且便于浏览。

图 3-57　"经济学-学生成绩详细浏览"运行结果

交叉表查询将来源于某个表中的字段进行分组，一组显示在交叉表左侧（称为行标题），一组显示在交叉表上端（称为列标题），并在交叉表行与列交叉处显示表中某个字段的计算值。

在创建交叉表时，需要指定三种字段：行标题字段、列标题字段和值字段。而且，只能指定一个列字段和一个值字段。

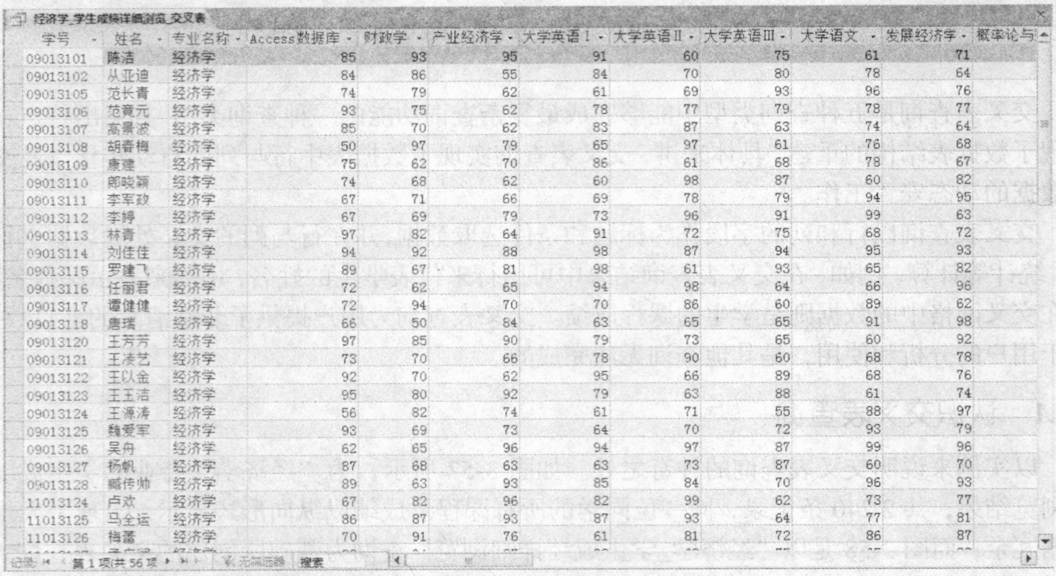

学号	姓名	专业名称	Access数据库	财政学	产业经济学	大学英语Ⅰ	大学英语Ⅱ	大学英语Ⅲ	大学语文	发展经济学	概率论与
09013101	陈洁	经济学	85	93	95	91	60	75	61	71	
09013102	从亚迪	经济学	84	86	55	84	70	80	78	64	
09013105	范长青	经济学	74	79	62	61	69	93	96	76	
09013106	范竟元	经济学	93	75	62	78	77	79	78	77	
09013107	高景波	经济学	85	70	62	83	87	63	74	64	
09013108	胡春梅	经济学	50	97	79	65	97	61	76	68	
09013109	康建	经济学	75	62	70	86	61	68	78	67	
09013110	郎晓颖	经济学	74	68	62	60	98	87	60	82	
09013111	李军政	经济学	67	71	66	69	78	79	94	95	
09013112	李博	经济学	67	69	79	73	96	91	99	63	
09013113	林青	经济学	97	82	64	91	72	75	68	72	
09013114	刘佳佳	经济学	94	92	88	98	87	94	95	93	
09013115	罗建飞	经济学	89	67	81	98	61	93	65	82	
09013116	任丽君	经济学	72	62	65	94	98	64	66	96	
09013117	谭健健	经济学	72	94	70	70	86	60	89	62	
09013118	唐瑞	经济学	66	50	84	63	65	65	91	98	
09013120	王芳芳	经济学	97	85	90	79	73	65	60	92	
09013121	王凌艺	经济学	73	70	66	78	90	60	68	78	
09013122	王以金	经济学	92	72	62	95	66	89	68	76	
09013123	王玉洁	经济学	95	80	92	79	63	88	61	74	
09013124	王源涛	经济学	56	82	74	61	71	55	88	97	
09013125	魏爱军	经济学	93	69	73	64	70	72	93	79	
09013126	吴舟	经济学	62	65	96	94	97	87	99	96	
09013127	杨帆	经济学	87	68	63	63	73	87	60	70	
09013128	鞠传帅	经济学	89	67	62	85	84	70	96	93	
11013124	卢欢	经济学	67	82	96	82	99	62	73	77	
11013125	马全运	经济学	86	87	93	87	93	64	77	81	
11013126	梅蕾	经济学	70	91	76	61	81	72	86	87	

图 3-58　"经济学_学生成绩详细浏览_交叉表"运行结果

3.5.2　使用向导创建交叉表查询

利用向导创建交叉表查询的过程，也就是指定行标题、列标题和交叉点的值的过程。创建过程中，应注意如下几点：

（1）在向导过程中，交叉表的数据源可以是表，也可以是查询，但只能是一个表或一个查询。故当需要从多个表中读取数据时，必须先创建一个查询。

（2）在向导过程中，需要指定哪些字段作为行标题。最多可选定 3 个字段作为行标题。

（3）在向导过程中，需要指定哪一字段作为列标题。只能选定 1 个字段作为列标题。

（4）在向导过程中，需要指定哪一字段作为值，即要进行何种总计运算。也只能指定 1 个字段作为值。

【例 3.15】用向导法建立查询"经济学_学生成绩详细浏览_交叉表"，以查询"经济学_学生成绩详细浏览"为基础，行标题为字段"学号""姓名""专业名称"，列标题为"课程名称"，交叉汇总项为"成绩"。

操作步骤如下：

（1）先复制查询"学生成绩详细浏览"，重命名为"经济学_学生成绩详细浏览"，然后进入新查询的设计视图，在"专业名称"字段下面的"条件"行输入"经济学"，保存查询并运行，运行界面如图 3-57 所示。

（2）单击功能区中"创建"选项卡的"查询"组中的"查询向导"按钮，出现"新建查询"对话框，如图 3-39 所示，选择其中的"交叉表查询向导"，单击"确定"按钮。

（3）选择数据源。在弹出的对话框中选择数据源为查询"经济学_学生成绩详细浏览"，如图 3-59 所示。

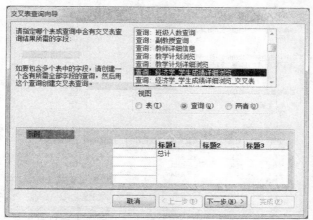

图 3-59 "交叉表查询向导"之选择数据源对话框

（4）确定行标题。根据题目要求，选取行标题，如图 3-60 所示。

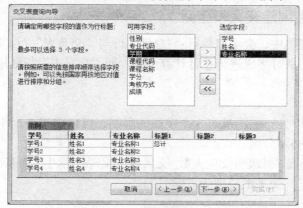

图 3-60 "交叉表查询向导"之选择行标题对话框

（5）确定列标题。根据题目要求，选取列标题，如图 3-61 所示。

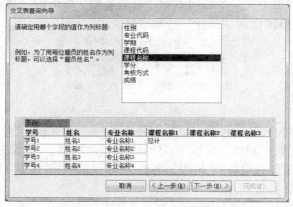

图 3-61 "交叉表查询向导"之选择列标题对话框

（6）确定交叉点字段。根据题目要求，选取"成绩"字段为交叉点字段。并且，选择右侧"函数"列表框中的"First"项，取消左侧复选框的选中状态（即不带总计列），如图 3-62 所示。

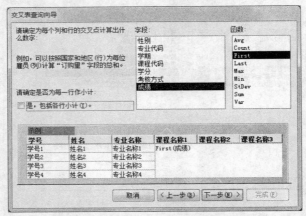

图 3-62　"交叉表查询向导"之选择交叉点字段对话框

（7）保存并运行查询，运行界面如前面图 3-58 所示。

3.5.3　使用设计视图创建交叉表查询

在交叉表的设计视图中，会多出两行："总计"行与"交叉表"行。"总计"行中用来指定是对字段进行分组，还是对字段进行总计计算处理。而"交叉表"行则用来指定是行标题、列标题，还是值。

【说明】

（1）在设计视图中，行标题没有 3 个字段的限制，可以多于 3 个字段。

（2）列标题字段必须分组。

【例 3.16】创建查询"班级男女生人数_交叉表"，以表"学生"为基础，行标题为字段"班级"，列标题为"性别"，交叉汇总项为"学号"。

操作步骤如下：

（1）新创建一个查询，进入设计视图，然后添加"学生"表。

（2）单击"查询"上下文命令选项卡中"查询类型"组中的"交叉表"按钮，如图 3-63 所示，这时查询设计网格区出现"总计"行和"交叉表"行。

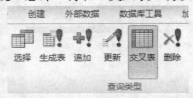

图 3-63　"查询"上下文命令选项卡的"查询类型"组

（3）"总计"行设置："班级"字段为"Group By"，"性别"字段为"Group By"，"学号"字段为"计数"；"交叉表"行设置："班级"字段为"行标题"，"性别"字段为"列标题"，"学号"字段为"值"。如图 3-64 所示。

（4）保存并运行查询。结果如图 3-65 所示。

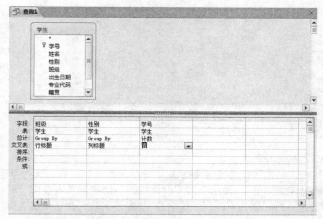

图 3-64 例 3.16 的设计视图

图 3-65 例 3.16 的运行界面

同步实验之 3-5 交叉表查询的设计与应用

一、实验目的

1. 掌握使用向导创建交叉表查询的方法。
2. 了解使用设计视图创建交叉表查询的方法。

二、实验内容

1. 根据查询"学生成绩详细浏览",使用"交叉表查询向导"创建交叉表查询,统计各专业男生的平均成绩和女生的平均成绩,命名为"同步_分专业查看男女生平均成绩"。查询结果如图 3-66 所示。

专业代码	专业名称	男	女
020101	经济学	79.5647727272727	79.0625
030401	政治学与行政	79.1887755102041	79.8035714285714
050201	英语	79.1456043956044	79.1394467601364
080104	商金	79.5469230769231	80.025
110201	工商管理	79.0782608695652	78.9507246376812
110314	劳动关系	79.3325330132053	79.1326530612245

图 3-66 "同步_分专业查看男女生平均成绩"查询的运行界面

2. 根据查询"教学计划详细浏览",用向导法创建"同步_各专业每学期学分交叉汇总"。其中设定:行标题为字段"专业代码"和"专业名称",列标题为字段"开课学期",交叉汇总项为字段"学分",并带有学分汇总列。查询结果如图 3-67 所示。

109

同步_各专业每学期学分交叉汇总

专业代码	专业名称	总计 学分	1	2	3	4	5	6	7
020101	经济学	108	25	22	18	14	15	5	9
020102	国际经济与贸易	124	20	22	24	19	15	16	8
020103	财政学	120	20	18	20	20	21	14	7
020104	金融学	141	20	22	18	22	25	22	12
030401	政治学与行政学	151	22	21	23	17	36	24	8
050201	英语	222	29	20	23	31	51	52	16
050207	日语	134	18	24	17	21	21	17	16
050208	翻译	130	17	28	23	21	22	15	4
050209	朝鲜语	129	20	24	19	15	17	20	14
050249	商务英语	143	18	23	21	23	22	18	18
080104	商金	129	25	27	18	28	18	6	7
110201	工商管理	121	20	20	18	8	19	22	14
110208	国际商务	78	17	18	12	7	14	8	2
110209	电子商务	133	19	20	19	18	20	22	15
110314	劳动关系	116.5	24	16	12	13	28.5	11	12

记录: 第 1 项(共 15 项 无筛选器 搜索

图 3-67 “同步_各专业每学期学分交叉汇总”查询的运行界面

3. 根据查询“学生情况详细浏览”，使用查询“设计视图”创建交叉表查询“同步_按学院分专业分年级统计男女生人数”。其中设定：行标题为字段“学院名称”“专业名称”和“年级”，并指定“学院名称”为第一分组依据、“专业名称”为第二分组依据、“年级”为第三分组依据；列标题为字段“性别”；交叉汇总项为字段“学号”；并加带总人数汇总列。查询结果如图 3-68 所示。

同步_按学院分专业分年级统计男女生人数

学院名称	专业名称	年级	总人数	男	女
工商管理学院	工商管理	09	24	15	9
工商管理学院	工商管理	10	26	10	16
工商管理学院	工商管理	11	10	5	5
工商管理学院	酒店管理	11	19	7	12
工商管理学院	酒店管理	12	27	5	22
工商管理学院	旅游管理	09	11	2	9
工商管理学院	旅游管理	11	28	5	23
工商管理学院	旅游管理	12	11	2	9
工商管理学院	市场营销	10	10	6	4
工商管理学院	物流管理	09	13	4	9
工商管理学院	物流管理	10	30	10	20
工商管理学院	物流管理	12	10	2	8
公共管理学院	劳动关系	09	15	5	10
公共管理学院	劳动关系	10	11	3	8
公共管理学院	劳动关系	11	19	9	10
公共管理学院	劳动与社会保障	10	17	5	12
公共管理学院	劳动与社会保障	11	8	2	6
公共管理学院	劳动与社会保障	12	24	7	17
公共管理学院	行政管理	09	12	6	6
公共管理学院	行政管理	11	13	2	11
公共管理学院	行政管理	12	12	2	10
国际商学院	商金	09	15	7	8
国际商学院	商金	11	16	8	8

记录: 第 1 项(共 67 项 无筛选器 搜索

图 3-68 “同步_按学院分专业分年级统计男女生人数”查询的运行界面

3.6 操作查询

如果要对数据库进行大量的数据修改时，需要用到操作查询，它使用户在利用查询检索数据、计算数据、显示数据的同时更新表中原有的数据，而且还可以生成新的数据表。操作查询包括生成表查询、删除查询、更新查询和追加查询四种。

【说明】

（1）操作查询都是在查询设计视图中完成的，特别需要选择查询类型。

（2）操作查询的一个显著特点就是具有破坏性：可以批量修改表中数据，或者批量删除表中数据，或者向表中追加记录数据，或者将满足条件的记录数据生成为一个新表。

（3）设计完成的操作查询需要运行才会得到结果，而且结果不会出现在“导航窗格”的“查询”对象中，而是反映在“表”对象中。

（4）由于操作查询具有破坏性，故在设计并运行操作查询前，做好数据表的备份保护工作是非常必要的。

3.6.1 生成表查询

生成表查询可以根据一个或多个表中的全部或部分数据创建新表,还可以将生成的表导出到另一个数据库中。

利用生成表查询建立新表时,新表中的字段从数据源中继承原字段的名称、数据类型及字段大小属性,但是不继承其他的字段属性及表的主键。如果需要为生成表定义主键,需要进入新表的设计视图进行。

【例 3.17】根据查询"学生成绩详细浏览",创建名称为"生成不及格成绩表"的查询对象,用于将成绩在 60 分以下的学生信息存储在一张新表中,新表名为"不及格名单"。

操作步骤如下:

(1)新建查询,打开查询设计视图,添加查询"学生成绩详细浏览"到查询设计视图中。

(2)选择字段。将"学号""姓名""性别""专业名称""学期""课程名称"和"成绩"字段,添加到"设计网格"中。

(3)设置查询条件。在"成绩"字段的条件行中输入条件"<60",此时设计视图如图 3-69所示。

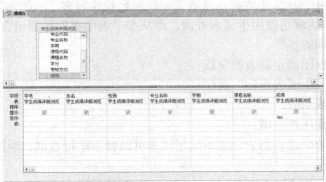

图 3-69 例 3.17 生成表查询的设计视图

(4)定义查询类型。单击"查询"上下文命令选项卡中"查询类型"组中的"生成表"按钮(图 3-63),这时会出现"生成表"对话框,输入表名"不及格名单",如图 3-70 所示,然后单击"确定"按钮。

图 3-70 "生成表"对话框

(5)保存并运行查询。运行查询后弹出一个对话框,如图 3-71 所示,单击"是"按钮,Access 将开始建立"不及格名单"表,生成新表后不能撤销所作的更改。

图 3-71 运行生成表查询所弹出的对话框

（6）关闭查询设计视图，在左侧导航窗格，会发现新增一个表对象"不及格名单"，打开浏览（会发现其中共 97 条记录），如图 3-72 所示。

学号	姓名	性别	专业名称	学期	课程名称	成绩
09013102	从亚迪	女	经济学	4	产业经济学	55
09013102	从亚迪	女	经济学	7	中国财政思想	52
09013105	范长青	男	经济学	1	政府经济学	59
09013108	胡春梅	女	经济学	1	计算机文化基	52
09013108	胡春梅	女	经济学	3	Access 数据库	50
09013111	李军政	男	经济学	3	国际经济学（	51
09013116	任丽君	女	经济学	5	毛泽东思想和	55
09013118	唐瑞	女	经济学	4	财政学	50
09013120	王芳芳	女	经济学	2	经济法	54
09013121	王淩艺	女	经济学	2	高等数学II（	54
09013123	王玉洁	女	经济学	2	经济法	56
09013124	王源涛	男	经济学	2	Access 数据库	56
09013124	王源涛	男	经济学	3	大学英语III	55
09013127	杨帆	男	经济学	4	概率论与数理	53
09031104	陈颖	女	英语	5	国际商务谈判	54
09031105	段兆林	男	英语	6	商务英语口语	56
09031109	李婉华	女	英语	2	综合英语II	53
09031113	柳丽华	女	英语	1	英语口语I	51
09031114	宁婧珂	女	英语	3	高级商务英语	52
09071108	郝佳琪	男	工商管理	6	管理名著导读	55
09071120	吴洋	男	工商管理	5	物流管理学	55

图 3-72　"不及格名单"表的浏览界面

【归纳总结】

（1）在 Access 中，从表中查询比从查询中访问数据快得多。因此如果经常要从几个表中提取数据，最好的方法就是使用生成表查询，即从多个表中提取数据组合起来生成一个新表。

（2）生成表查询的步骤：

① 在查询设计视图确定新表的字段；

② 定义查询为"生成表查询"类型；

③ 运行查询生成新表。

（3）生成表查询注意事项：

① 如果预览到的生成表的记录集不满足要求可以暂不运行查询，返回查询设计视图进行修改，直到满意为止；

② 生成表查询会创建两个对象，除了查询对象外，以后每次运行查询都会生成新表对象，如果定义的表已经存在，将覆盖已有的表。

（4）如果想将之前某个选择查询、参数查询的运行结果保存下来，利用生成表查询可以快速达到目的。

3.6.2　删除查询

当数据库中有的数据不再需要时，应该及时从数据库中删除。删除一条记录比较容易，但如果要删除同一类的一组记录就需要使用删除查询。例如可以使用删除查询来删除某些空白记录。

如果删除的记录来自多个表，必须满足以下几点：

（1）表之间必须建立关系；

（2）表之间的关系需要选中"实施参照完整性"复选框；

（3）表之间的关系需要选中"实施级联删除相关记录"复选框。

【例 3.18】制作"学生"表的备份表，取名为"学生备份"。创建删除查询"删除已毕业学生"，删除表"学生备份"中"09 级"的记录。

【例题分析】由于删除查询的"危险性"，而且"学生"表和其他表之间有千丝万缕的关系，所以，建议先创建原表的备份表，删除查询只针对备份表操作。对"09 级"同学，可以用多种方法查找出来，通过"学号"字段、"班级"字段都可以。

操作步骤如下：

（1）复制"学生"表，粘贴为"学生备份"表（包括结构和所有数据）。

（2）新建查询，打开查询设计视图，添加"学生备份"表到查询设计视图中。

（3）选择查询类型。单击"查询工具/设计"选项卡的"查询类型"组中的"删除"按钮（图 3-63），这时在查询设计视图下半区会出现"删除"行，在下拉列表中选择"Where"，然后在"条件"行输入条件"Like "09*""，如图 3-73 所示。

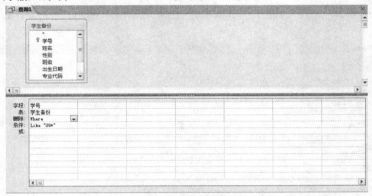

图 3-73　例 3.18 删除查询的设计视图

（4）保存并运行查询。运行查询后弹出一个对话框，如图 3-74 所示，单击"是"按钮，则"学生备份"表中满足条件的记录被删除，且不能恢复。

图 3-74　运行删除查询所弹出的对话框

（5）关闭查询设计视图，打开左侧导航窗格的"学生备份"表，会发现所有 09 级的记录已被删除。

【归纳总结】

（1）使用删除查询通常会删除整个记录，而不只是记录中的部分字段。

（2）删除查询将永久删除指定表中的记录，不能恢复。因此用户在执行删除查询操作时应十分慎重，最好对要删除记录的表进行备份，以防误操作而引起的数据丢失。

（3）删除查询只能删除记录，不能删除数据表。

（4）由于表间存在着关系，若关系完整性设置了级联，当删除"一"方表中的记录时，那么"多"方表的关联记录也会被删除。

3.6.3　更新查询

在数据库操作中，如果只对表中少量的数据进行修改，通常是在表操作环境下通过手工完成的，但如果有大量的数据需要进行有规律的修改，利用手工编辑手段不仅效率低，而且容易出错。针对这种情况，Access 提供了更新查询，可以对一个或多个表中满足条件的数据进行批量修改。

【例 3.19】创建名称为"更新选修课学分"的更新查询，用于将"课程"表中所有选修课的学分增加 1 个学分。

操作步骤如下：

（1）新建查询，打开查询设计视图，添加"课程"表到查询设计视图中。

（2）选择查询类型。单击"查询工具/设计"选项卡的"查询类型"组中的"更新"按钮（图 3-63），这时在查询设计视图下半区会新增"更新到"行，在"考核方式"字段的"条件"行中输入"选修课"，在"学分"字段的"更新到"行中输入"[学分]+1"，如图 3-75 所示。

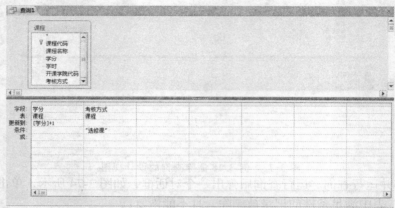

图 3-75 例 3.19 更新查询的设计视图

（3）保存并运行查询。运行查询后弹出一个对话框，如图 3-76 所示，单击"是"按钮，则"课程"表中满足条件的记录被更新。

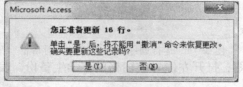

图 3-76 运行更新查询所弹出的对话框

（4）关闭查询设计视图，打开左侧导航窗格的"课程"表，会发现所有"选修课"的记录被更新。

【注意】运行更新查询一定要注意，每执行一次查询就会更新一次，如本例中选修课的学分，执行一次将增加一个学分。因此，对于更新对象是数字字段的查询，尤其是累加计算形式，一定只能运行更新查询一次。

3.6.4 追加查询

追加查询是从一个或多个表将一组记录追加到一个表的尾部。在追加查询中，要被追加记录的表必须是已经存在的表。这个表可以是当前数据库的，也可以是另外一个数据库的。

追加查询要求数据源与待追加的表结构相同，换句话说，追加查询就是将一个数据表中的数据追加到与之具有相同字段及属性的数据表中。

【例 3.20】先以"学生"表作为数据源，创建生成表查询"生成毕业生档案"，用于存放所有 09 级的学生记录，新表命名为"毕业生档案表"。然后，创建追加查询，将"10 级"的学生记录追加到该表中。追加查询命名为"追加 10 级学生"。

操作步骤如下：

（1）首先创建一个生成表查询"生成毕业生档案"并运行，查询设计视图如图 3-77 所示。

图 3-77　"生成毕业生档案"查询的设计视图

（2）再次新建查询，打开查询设计视图，添加"学生"表到查询设计视图中。

（3）选择查询类型。单击"查询工具/设计"选项卡的"查询类型"组中的"追加"按钮（图 3-63），弹出"追加"对话框，在其中选择已有的表"毕业生档案表"，如图 3-78 所示。

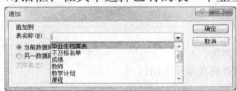

图 3-78　"追加"对话框

（4）此时查询设计视图下半区会新增"追加到"行，将"学生"表的所有字段添加到下半区，然后在"学号"字段的"条件"行中输入"like " 10* " "，如图 3-79 所示。

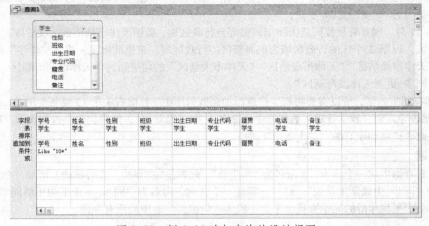

图 3-79　例 3.20 追加查询的设计视图

（5）保存并运行查询。运行查询后弹出一个对话框，如图 3-80 所示，单击"是"按钮，则"学生"表中所有 10 级同学的记录被追加到表"毕业生档案表"中。

图 3-80　运行追加查询所弹出的对话框

（6）关闭查询设计视图，打开左侧导航窗格的"毕业生档案表"，会发现此时表中包含所有 09 级和 10 级的学生记录，合计 508 条。

【归纳总结】

（1）查询名不能和表名相同。

（2）在执行操作查询之前，建议使用"结果"组的"视图"按钮，预览即将更改的记录。如果预览结果就是要操作的记录，则再执行操作查询，以防误操作。

（3）为了引起注意，Access 在导航窗格中将每种操作查询图标的后面都显示了一个感叹号。各种操作查询图标如图 3-81 所示。

图 3-81　各种操作查询的显示图标

同步实验之 3-6　操作查询的设计与应用

一、实验目的

1. 理解各类操作查询的用途。

2. 掌握各类操作查询的创建方法。

3. 理解操作查询与其他类型查询在本质上的区别。

二、实验内容

1. 根据选择查询"学生成绩详细浏览"，创建生成表查询"同步_生成学生成绩详细浏览表"。生成新表的名称设定为"学生成绩详细浏览表"。

2. 为"教师"表做备份，然后删除其中达到退休年龄的记录，删除查询命名为"同步_删除退休教师"。（假设退休年龄为男 60 岁，女 55 岁。）

3. 2009 年 11 月，国务院批复同意天津市调整部分行政区划，撤销天津市塘沽区、汉沽区、大港区，设立天津市滨海新区，以原 3 个区的行政区域为滨海新区的行政区域。根据此批复，将表"学生"的"籍贯"字段数据凡是"天津市塘沽区""天津市汉沽区""天津市大港区"的均更新为"天津市滨海新区"。创建的更新查询命名为"同步_更新天津滨海新区"。

4. 每年都有新生入学，所以需要将新生信息添加到数据库中。目前有关于 13 级新生的 Excel 表文件"13 级新生"，将此表导入到"教学管理"数据库中，命名为"13 级新生"，然后创建一追加查询"同步_追加 13 级新生"，将此表追加到原有的"学生备份"表中。

三、挑战题

利用生成表查询生成一个新表，表命名为"学生新"，此表是在"学生"表的基础上增加一个字段"年龄"，该查询命名为"同步_生成学生新表"。然后，新建一个查询，命名为"同步_小于平均年龄同学"，即通过这个查询把年龄小于平均年龄的同学查找出来。字段为"学生新"表中的所有字段。

3.7 SQL 查询

SQL 查询是使用 SQL 语言创建的一种查询。SQL 是英文（Structured Query Language）的缩写，意思为结构化查询语言。按照 ANSI（美国国家标准协会）的规定，SQL 被作为关系型数据库管理系统的标准语言。目前，绝大多数流行的关系型数据库管理系统，如 Oracle，Sybase，Microsoft SQL Server，Access 等都采用了 SQL 语言标准。

在 Access 中，每个查询都对应着一个 SQL 查询命令。当用户使用查询向导或设计视图创建查询时，系统会自动生成对应的 SQL 语句命令，可以通过 SQL 视图查看。当然，也可以直接在 SQL 视图窗口中输入 SQL 命令来创建查询。

3.7.1 SQL 语言的特点

SQL 语言的主要特点包括：

（1）综合统一。

SQL 语言风格统一，可以独立完成数据库生命周期中的全部活动，包括定义关系模式、录入数据以建立数据库、查询、更新、维护、数据库重构、数据库安全性控制等一系列操作要求，这就为数据库应用系统开发提供了良好的环境。

（2）高度非过程化。

用 SQL 语言进行数据操作，用户只需提出"做什么"，而不必指明"怎么做"。

（3）共享性。

SQL 是一种共享语言，它全面支持客户机/服务器模式。

（4）语言简洁，易学易用。

SQL 所使用的语句很接近自然语言，易于掌握和学习。

SQL 语言集数据查询（Data Query）、数据操纵（Data Manipulation）、数据定义（Data Definition）和数据控制（Data Control）功能于一身，完成这些功能只用 9 个动词，如表 3-14 所示。

表 3-14 SQL 语言功能与其对应命令动词

功 能	动 词
数据定义	CREATE，DROP，ALTER
数据操作	INSERT，UPDATE，DELETE
数据查询	SELECT
数据控制	GRANT，REVOKE

3.7.2 SQL 语言的数据定义功能

SQL 语言的数据定义功能包括创建表、修改表和删除表等基本操作。

在一般的语法格式描述中使用了如下符号：

① <>：表示在实际的语句中要采用实际需要的内容进行替代，真正书写时必须去掉该符号；

② []：表示可以根据需要进行选择，也可以不选，真正书写时必须去掉该符号；

③ |：表示多项选项只能选择其中之一。

1. 创建表

语句基本格式为：

CREATE TABLE <表名>（<字段名 1> <数据类型 1> [字段级完整性约束条件 1]
            [,<字段名 2> <数据类型 2> [字段级完整性约束条件 2]][,…]
            [,<字段名 n> <数据类型 n> [字段级完整性约束条件 n]]）
            [,<表级完整性约束条件>]

该语句的功能是，创建一个以<表名>为名的，以指定的字段属性定义的表结构。

【命令说明】

① <表名>：指需要定义的表的名字。

② <字段名>：指定义表中一个或多个字段的名称。

③ <数据类型>：指对应字段的类型，要求每个字段必须定义字段名称和数据类型。

④ [字段级完整性约束条件]：指定义相关字段的约束条件。

⑤ [表级完整性约束条件]：指定义表的约束条件。

2. 修改表

语句基本格式为：

ALTER TABLE <表名>
            [ADD <新字段名> <数据类型> [字段级完整性约束条件]]
            [DROP [<字段名>]…]
            [ALTER <字段名> <数据类型>]

该语句的功能是，修改以<表名>为名的表结构。

【命令说明】

① ADD 子句：用于增加新字段和该字段的完整性约束条件。

② DROP 子句：用于删除指定的字段和完整性约束。

③ ALTER 子句：用于修改原有字段属性，包括字段名称、数据类型等。

3. 删除表

语句基本格式为：

DROP TABLE <表名>

该语句的功能是，删除以<表名>为名的表。

3.7.3 SQL 语言的数据操纵功能

在数据库中，所谓数据操纵是指对表中的具体数据进行插入、删除和更新等操作。

1. 插入记录

语句基本格式为：

INSERT INTO <表名> [(<字段名 1>[,<字段名 2>…])]
        VALUES（<常量 1>[,<常量 2>…]）

该语句的功能是，将一个新记录插入到指定的表中。

【命令说明】

① <字段名 1>[,<字段名 2>…]: 指表中插入新记录的字段名。

② VALUES (<常量 1>[,<常量 2>…]): 指表中新插入字段的具体值。其中, 各常量的数据类型必须与 INTO 子句中所对应字段的数据类型相同, 且个数也要匹配。

2. 更新记录

语句基本格式为:

UPDATE <表名>

  SET <字段名 1>=<表达式 1>[,<字段名 2>=<表达式 2>…]

  [WHERE <条件>]

该语句的功能是, 用表达式的值更新指定表中指定字段的值。

【命令说明】

① <字段名 1>=<表达式 1>: 用表达式的值更新指定字段的值, 并且一次可以修改多个字段。

② WHERE <条件>: 指定被更新记录字段值所满足的条件; 如果不使用 WHERE 子句, 则更新全部记录。

3. 删除记录

语句基本格式为:

DELETE FROM <表名> WHERE <条件>

该语句的功能是, 删除指定表中满足条件的记录。如果省略 WHERE 子句, 则删除表中全部记录。

3.7.4 SQL 语言的数据查询功能

SQL 语言最主要的功能就是查询功能。SQL 语言提供了 SELECT 语句进行数据查询。SELECT 语句的用途是从指定表中取出指定的字段数据, 这个语句在数据库系统中是功能最强、最常用, 也是最灵活的语句。

1. SELECT 语句结构

SELECT [ALL|DISTINCT|TOP n] *|<字段列表>

  FROM <表名 1> [,<表名 2>]…

  [WHERE <条件表达式>]

  [GROUP BY <字段名> [HAVING <条件表达式>]]

  [ORDER BY <字段名> [ASC|DESC]]

【命令说明】

① ALL: 查询结果是满足条件的全部记录, 默认值为 ALL。

② DISTINCT: 查询结果是不包含重复行的所有记录。

③ TOP n: 查询结果是前 n 条记录, n 为整数。

④ *: 查询结果是所有的字段。

⑤ <字段列表>: 使用 “,” 将各项分开, 这些项可以是字段、常数或系统内部的函数。

⑥ FROM <表名>: 说明查询的数据源, 可以是单个表, 也可以是多个表。

⑦ WHERE <条件表达式>: 说明查询的条件。

⑧ GROUP BY: 用于对查询结果按指定的字段进行分组, 可以利用它进行分组、汇总。

⑨ HAVING：必须跟随"GROUP BY"使用，用来限定分组必须满足的条件。

⑩ ORDER BY：用来对查询结果进行排序。"ASC"表示结果按某一字段值的升序排列，"DESC"表示结果按某一字段值降序排列。

2. SELECT 语句实例

【例 3-21】在"教学管理"数据库中，用 SQL 语句完成以下查询。

（1）查找并显示"学生"表中的所有字段。

SELECT * FROM 学生

（2）查找并显示"教师"表中"教师代码""教师姓名""性别""出生日期"4 个字段。

SELECT 教师代码,教师姓名,性别,出生日期 FROM 教师

（3）从"学生"表中查找 1990 年出生的女学生，并显示"姓名""性别""出生日期""籍贯"。

SELECT 姓名,性别,出生日期,籍贯 FROM 学生 WHERE 性别= " 女 " AND YEAR([出生日期])=1990

（4）在"教师"表中计算各种职称的教师人数，并将计算字段命名为"各种职称人数"。

SELECT 职称,COUNT (教师代码) AS 各种职称人数 FROM 教师 GROUP BY 职称

【说明】本例考查的是汇总计算查询。对"职称"字段进行分组统计，并增加新字段。其中各种职称人数是新字段名。

（5）在"成绩"表中计算每名学生的平均成绩，并按平均成绩降序显示。最终显示"学号""平均成绩"字段。

SELECT 学号,Avg(成绩) AS 平均成绩 FROM 成绩 GROUP BY 学号 ORDER BY Avg(成绩) DESC

【说明】本例考查的是对结果字段进行排序。

（6）基于"学生"表、"课程"表和"成绩"表，查找学生的成绩，并显示"学号""姓名""课程名称"和"成绩"字段。

SELECT 学生.学号,学生.姓名,课程.课程名称,成绩.成绩

　　　　FROM 学生,课程,成绩

　　　　WHERE 课程.课程代码=成绩.课程代码 AND 学生.学号=成绩.学号

【说明】

（1）若查询源为多个表时，在书写 SQL 语句时，应该在有重复的字段前面加注"表名."。

（2）查询源为多个表时，应该使用 WHERE 子句指定连接表的条件。

3.7.5 SQL 视图

使用 Access 查询向导或设计视图创建的每一个查询，Access 数据库系统都在后台为它建立了一个等效的 SQL 语句，也就是说，所有的查询都可以在 SQL 视图中打开，在 SQL 视图中既可以输入查询语句也可以修改 SQL 语句。

打开 SQL 视图的操作步骤如下：

（1）打开查询"设计视图"，关闭"显示表"对话框；

（2）单击"结果"组中的"视图"按钮下方的"SQL 视图"选项，进入 SQL 视图后输入相应的 SQL 代码，保存并运行该查询即可。

本章例3.1"专业设置浏览"查询的SQL视图如图3-82所示。

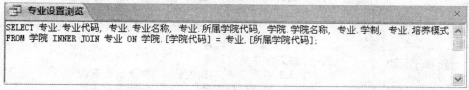

图3-82　"专业设置浏览"查询的SQL视图

初学者在使用查询设计视图创建查询时，不妨打开SQL视图，对照Access自动生成的SQL代码来帮助学习功能强大而复杂的SQL命令。

同步实验之3-7　SQL查询的设计与应用

一、实验目的

1. 掌握SQL语言的使用方法。

2. 理解SQL查询语句的含义，能够利用SQL语句写出一些较复杂的查询。

3. 熟练掌握在SQL视图中创建SQL查询和修改查询的方法。

二、实验内容

用SQL写出如下查询：

1. 从"教师"表中查找出生在"10月"的"副教授"，并显示"教师姓名""职称"和"出生日期"字段。查询命名为"同步_10月副教授SQL"。

2. 从"教师"表中，计算每名教师的年龄，并显示"教师姓名"和"年龄"字段，结果按"年龄"字段降序排列。查询命名为"同步_教师年龄SQL"。

3. 从"教学计划详细浏览"查询中，查询所有第"5"学期的计划信息。显示"专业名称""课程名称"和"开课学期"字段。查询命名为"同步_第5学期教学计划SQL"。

4. 从"学生成绩详细浏览"查询中，查询出所学课程"Access"分数最低的五位同学的"学号""姓名""专业名称""课程名称"和"成绩"字段。查询命名为"同步_Access成绩最后5名SQL"。

5. 从"专业"表中，统计出每个学院的专业个数，结果显示"所属学院代码"和"专业个数"字段。查询命名为"同步_专业个数SQL"。

本章小结

查询是关系数据库中的一个重要概念，Access查询功能非常强大，属于数据库操作中的核心精髓。尽管从查询的运行视图上看到的数据集合形式与从数据表视图上看到的数据集合形式完全一样，尽管在数据表视图中所能进行的各种操作也几乎都能在查询的运行视图中完成，但无论它们在形式上是多么相似，其实质是完全不同的。可以这样来理解，数据表是数据源之所在，而查询是针对数据源的操作命令，相当于程序。

本章主要介绍了查询的作用、类型和创建方法及技巧。以"教学管理"数据库为支撑，分门别类、循序渐进地讲授了21个例题，每个例题都有相关的知识技能，并且为重点例题设置了"分析"和"总结"模块，使用户不仅会做这一道例题，而且弄明白了所有相关知识点及操作技巧，深度挖掘，侧重应用。

本章所有例题的结构图如下所示：

```
              ┌ 向导法 ┌ 例3.1  专业设置浏览        简单查询向导
              │        │ 例3.11 重名学生查询        重复项查询
              │        └ 例3.12 没录入成绩学生查询  不匹配项查询
              │
选择查询 ┤        ┌ 例3.2  学生成绩浏览        多数据表查询
              │        │ 例3.3  学生成绩详细浏览    基于已有查询
              │        │ 例3.4  教学计划浏览        删除多余关系
              │ 设计视图│ 例3.5  教学计划详细浏览    复制查询及修改标题
              │        │ 例3.6  女同学信息          带条件查询
              └        │ 例3.7  副教授查询          多个条件查询
                       │ 例3.8  班级人数查询        汇总查询
                       │ 例3.9  学生年龄查询        添加计算字段查询
                       └ 例3.10 按职称统计平均年龄   汇总+计算查询

参数查询 ┌ 例3.13 按专业名称参数查询的学生成绩详细浏览 单参数查询
              └ 例3.14 按专业和学期查询教学计划         多参数查询

交叉表查询 ┌ 向导法   例3.15 经济学_学生成绩详细浏览_交叉表
                └ 设计视图 例3.16 班级男女生人数_交叉表

              ┌ 生成表查询   例3.17    生成不及格成绩表
操作查询 ┤ 删除查询     例3.18    删除已毕业学生
              │ 更新查询     例3.19    更新选修课学分
              └ 追加查询     例3.20    追加10级学生

SQL查询    例3.21    各种SQL查询语句练习
```

习 题 三

一、思考题

1. 查询与数据表中的筛选操作有什么相似和不同之处？
2. Access 提供的常用查询有哪几类？
3. 简述选择查询与操作查询的区别。
4. 交叉表查询需要确定的字段分别是什么？
5. 参数查询在查询准则的确定上有什么特点和好处？
6. 使用 SQL 语句可以实现所有查询吗？

二、单选题

1. Access 2010 支持的查询类型有（　）。
   A. 选择查询、交叉表查询、参数查询、SQL 查询和操作查询
   B. 选择查询、基本查询、参数查询、SQL 查询和操作查询
   C. 多表查询、单表查询、参数查询、SQL 查询和操作查询
   D. 选择查询、汇总查询、参数查询、SQL 查询和操作查询
2. 根据指定的查询条件，从一个或多个表中获取数据并显示结果的查询称为（　）。
   A. 交叉表查询　　　　B. 参数查询　　　　C. 选择查询　　　　D. 操作查询
3. 下列关于条件的说法中，错误的是（　）。
   A. 同行之间为逻辑"与"关系，不同行之间为逻辑"或"关系
   B. 日期/时间类型数据在两端加上#
   C. 数字类型数据需在两端加上双引号

D. 文本类型数据需在两端加上双引号

4. 在学生成绩表中，查询成绩为 70～80 分之间（不包括 80）的学生信息。正确的条件设置为（ ）。

    A. >69 or <80　　　　　　　　　　B. Between 70 and 80

    C. >=70 and <80　　　　　　　　　D. in(70,79)

5. 若要在文本型字段查询"Access"开头的字符串，正确的条件表达式设置为（ ）。

    A. like "Access*"　　　　　　　　B. like "Access"

    C. like "*Access*"　　　　　　　　D. like "*Access"

6. 参数查询时，在一般查询条件中写上（ ），并在其中输入提示信息。

    A. （）　　　　　B. <>　　　　　C. {}　　　　　D. []

7. 使用查询向导，不可以创建（ ）。

    A. 单表查询　　　　　　　　　　　B. 多表查询

    C. 带条件查询　　　　　　　　　　D. 不带条件查询

8. 在学生成绩表中，若要查询姓"张"的女同学的信息，正确的条件设置为（ ）。

    A. 在"条件"单元格输入：姓名="张" AND 性别="女"

    B. 在"性别"对应的"条件"单元格中输入："女"

    C. 在"性别"的"条件"行输入"女"，在"姓名"的"条件"行输入：LIKE "张*"

    D. 在"条件"单元格输入：性别="女" AND 姓名="张*"

9. 统计学生成绩最高分，在创建总计查询时，成绩字段的总计项应选择（ ）。

    A. 合计　　　　　B. 计数　　　　　C. 平均值　　　　　D. 最大值

10. 查询设计好以后，可进入"数据表"视图观察结果，不能实现的方法是（ ）。

    A. 保存并关闭该查询后，双击该查询

    B. 直接单击工具栏的"运行"按钮

    C. 选定"表"对象，双击"使用数据表视图创建"快捷方式

    D. 单击结果组的"视图"按钮，切换到"数据表"视图

11. SQL 的数据操纵语句不包括（ ）。

    A. INSERT　　　B. UPDATE　　　C. DELETE　　　D. CHANGE

12. SELECT 命令中用于排序的关键词是（ ）。

    A. GROUP BY　　B. ORDER BY　　C. HAVING　　D. SELECT

13. SELECT 命令中条件短语的关键词是（ ）。

    A. WHILE　　　B. FOR　　　C. WHERE　　　D. CONDITION

14. SELECT 命令中用于分组的关键词是（ ）。

    A. FROM　　　B. GROUP BY　　C. ORDER BY　　D. COUNT

15. 下面（ ）不是 SELECT 命令中的计算函数。

    A. SUM　　　B. COUNT　　　C. MAX　　　D. AVERAGE

16. 以下查询中有一种查询除了从表中选择数据外，还能对表中数据进行修改的是（ ）。

    A. 选择查询　　　B. 交叉表查询　　　C. 操作查询　　　D. 参数查询

17. 从字符串 S("abcdefg")中返回字符串 B("cd")的正确表达式是（ ）。

    A. Mid(S,3,2)　　　　　　　　　B. Right(Left(S,4),2)

    C. Left(Right(S,5),2)　　　　　　D. 以上都可以

18. 在使用向导创建交叉表查询时，用户需要指定（ ）种字段。

    A. 1　　　　　B. 2　　　　　C. 3　　　　　D. 4

19. 假设某数据库表中有一个姓名字段，查找姓名为张三或李四的记录的条件是（ ）。

    A. NotIn("张三","李四")　　　　　B. "张三" Or "李四"

    C. Like("张三","李四")　　　　　D. "张三" And "李四"

20. 假设某数据库表中有一个工作时间字段，查找 92 年参加工作的职工记录的准则是（ ）。

A．Between #92-01-01# And #92-12-31#　　　B．Between "92-01-01" And "92-12-31"

C．#92.01.01# And #92.12.31#　　　　　　D．Between "92.01.01" And "92.12.31"

21．设置排序可以将查询结果按一定顺序排列，以便于查阅。如果有多个字段都设置了排序，那么查询的结果将先按（　　）的字段进行排序。

A．最左边　　　　B．最右边　　　　C．最中间　　　　D．随机

22．表中存有学生姓名、性别、班级、成绩等数据，若想统计各个班各个分数段的人数，最好的查询方式是（　　）。

A．选择查询　　　　　　　　　　B．交叉表查询

C．参数查询　　　　　　　　　　D．操作查询

23．若将文本字符串 12、6、5 按升序排序，则排序结果为（　　）。

A．12、6、5　　　　　　　　　　B．5、6、12

C．12、5、6　　　　　　　　　　D．5、12、6

24．创建交叉表查询，在"交叉表"行上有且只能有一个的是（　　）。

A．行标题和列标题　　　　　　　B．行标题和值

C．行标题、列标题和值　　　　　D．列标题和值

25．下列 SELECT 语句语法正确的是（　　）。

A．SELECT * FROM '教师表' WHERE ='男'

B．SELECT * FROM '教师表' WHERE 性别=男

C．SELECT * FROM　教师表　WHERE=男

D．SELECT * FROM　教师表　WHERE　性别="男"

三、判断题

1．查询设计视图分为两个部分，上部是数据表/查询显示区，下部是查询设计网格。（　　）

2．查询的结果总是与数据源中的数据保持同步。（　　）

3．操作查询不可以对数据表中原有的数据内容进行编辑修改。（　　）

4．参数查询的参数值在创建查询时不需定义，而是在系统运行查询时由用户利用对话框来输入参数值的查询。（　　）

5．使用向导创建查询只能创建不带条件(即 WHERE)的查询。（　　）

6．使用设计视图创建查询只能创建带条件的查询。（　　）

7．所有的查询都可以在 SQL 视图中创建、修改。（　　）

8．统计"成绩"表中参加考试的人数用"最大值"统计。（　　）

9．查询中的字段显示名称可通过字段属性修改。（　　）

10．若要查询姓李的学生，查询准则应设置为：Like "李"。（　　）

11．SQL 的最主要功能是数据定义功能。（　　）

12．操作查询不包括参数查询。（　　）

13．若上调产品价格，最方便的方法是使用"更新查询"。（　　）

14．在查询设计器中不想显示选定的字段内容，则将该字段的"显示"行的对号取消。（　　）

15．交叉表查询是为了解决一对一关系中，对"一方"实现分组求和的问题。（　　）

16．"查询不能生成新的数据表"的叙述是错误的。（　　）

17．只能根据数据表创建查询。（　　）

18．在 SQL 查询中使用 WHERE 子句指出的是"查询目标"。（　　）

19．在 Access 数据库中，对数据进行删除的是选择查询。（　　）

20．内部计算函数"Sum"的意思是求所在字段内所有的值的平均值。（　　）

21．内部计算函数"Avg"的意思是求所在字段内所有的值的平均值。（　　）

22．用表"学生名单"创建新表"学生名单 2"，所使用的查询方式是生成表查询。（　　）

23．SQL 仅能创建"选择查询"。（　　）

24. 在做追加查询时，如果两个表的结构不一致，则不能进行。 （ ）

25. 查询是以表或查询为数据源的再生表，是动态的数据集合，查询的记录集实际上并不存在。

（ ）

第4章　窗　体

本章导读

数据库应用系统的好坏不仅需要合理的设计,还应具备完善的功能和外观漂亮的用户接口界面。窗体是用户和数据库之间的主要接口和界面。窗体中包含不同形式的信息。窗体将整个应用程序有组织地结合起来形成一个完整的应用系统。

本章主要介绍窗体的基本概念和作用、结构类型及窗体的设计方法,并重点介绍窗体的设计及窗体上控件的使用和窗体的操作。

4.1　初识窗体

窗体是 Access 数据库中功能最强的对象之一,起着联系数据库与用户的桥梁作用。窗体可以用来显示表和查询中的数据,也可以作为输入界面,接受用户的输入,判定其有效性、合理性,并针对输入执行一定的功能。用户可直接通过窗体直观地编辑和维护数据。窗体还具有控制功能,它可将整个应用系统中的对象组织起来,形成一个完整的系统。

4.1.1　窗体的功能

窗体只是应用系统的用户操作界面,它本身并不存储数据,窗体的数据源是表或查询,用来反映不同表和查询的数据,除此之外还有一些独特的功能。窗体具有以下几种功能。

1. 显示和编辑数据

这是窗体最基本的功能。窗体可以显示来自多个数据表中的数据。此外,用户可以利用窗体对数据库中的相关数据进行添加、删除和修改,并可以设置数据的属性。用窗体来显示并浏览数据比用表和查询的数据表格式显示数据更加灵活。

2. 数据输入

用户可以根据需要设计窗体,作为数据库中数据输入的接口,这种方式可以节省数据录入的时间并提高数据输入的准确度。窗体的数据输入功能,是它与报表(第 5 章)的主要区别。

3. 控制应用程序流程

Access 中的窗体也可以与函数、子程序相结合。在每个窗体中,用户可以放置各种控件并使用 VBA 编写代码,并利用代码执行相应的功能。

4. 显示信息和打印数据

在窗体中可以显示一些警告或解释信息。此外,窗体也可以像报表一样用来执行打印数据库数据的功能。

4.1.2　窗体的类型

窗体的分类方法有多种，从功能上可分为数据输入/输出窗体、控制窗体、信息显示窗体和交互信息窗体等；从逻辑上可分为主窗体和子窗体；从数据显示方式上可分为纵栏式窗体、表格式窗体、数据表式窗体、数据透视表窗体、数据透视图窗体、图表式窗体和主/子窗体等多种不同的窗体形式。下面将依次介绍各类窗体。

1. 纵栏式窗体

纵栏式窗体是窗体中最常用的一种类型，也是窗体的默认格式。它的特点是一次只显示一条记录，纵向排列。显示记录时，每行一个字段，如图 4-1（a）所示。纵栏式窗体的布局非常清晰，用户可以完整地处理一条记录的全部数据，通过窗体下面的记录导航按钮来查看其他记录数据。纵栏式窗体常用于输入数据，操作简单，显示直观。

2. 表格式窗体

表格式窗体是窗体中的一种连续窗体。它的特点是每屏显示多条记录，一行显示一条记录，类似于一张表格。表格式窗体不能全部显示出相关的字段和记录，特别是数据量比较大的情况，需要通过水平和垂直滚动条来查看和维护所有记录，如图 4-1（b）所示。

（a）纵栏式窗体　　　　　　　　　　（b）表格式窗体

图 4-1　基于学生表的两种窗体界面

3. 数据表式窗体

数据表式窗体从外观上看与数据表和查询显示数据的界面相同，将"数据表"套用到窗体上，显示数据的原始风格，每个记录显示为一行，每个字段显示为一列，字段的名称显示在每一列的顶端，如图 4-2 所示。数据表式窗体一般常用于主/子窗体中的子窗体的数据显示设计。

图 4-2　基于学生表的数据表式窗体

4. 数据透视表窗体

数据透视表窗体是窗体中的一种特殊的窗体，用于从数据源的选定字段中汇总信息，可以动态更改表的布局，并以不同的方式（明细和汇总）查看和分析数据，不能添加、编辑或删除其中显示的数据值，如图 4-3 所示。

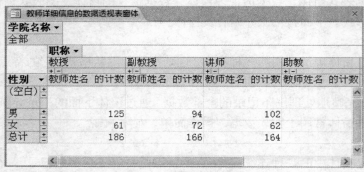

图 4-3 数据透视表窗体

5. 数据透视图窗体

数据透视图窗体是用更加直观的图表形式来展示汇总数据，如图 4-4 所示。

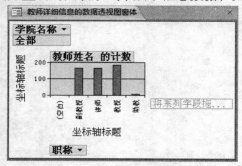

图 4-4 数据透视图窗体

6. 图表式窗体

图表式窗体是将数据经过一定的处理，以图表的形式将数据形象、直观地显示出来。图表形式种类很多，可以非常清楚地展示出数据的变化状态及发展趋势。图表式窗体可以独立，也可以被嵌入到其他窗体中作为子窗体。

7. 主/子窗体

窗体中包含不止一种格式的窗体。窗体中的基本窗体是主窗体，窗体中的窗体称为子窗体。主/子窗体通常用于显示多个表或查询中的数据，这些表或查询中的数据具有一对多关系。一般来说，主窗体显示一对多关系中的一端表（主表）的信息，通常使用纵栏式窗体；子窗体显示一对多关系的多端表（相关表）的信息，通常使用表格式窗体或数据工作表窗体。例如，要在一个窗口中同时查看学生的基本信息及其所选修的各门课程的成绩，就可以将学生表作为主窗体的数据，而学生选修的课程及成绩作为子窗体的数据，如图 4-5 所示。

图 4-5　主/子窗体

在主/子窗体中，主窗体和子窗体彼此链接，主窗体显示某一条记录的信息，子窗体就会显示与主窗体当前记录相关的记录的信息。当在主窗体中输入数据或添加记录时，Access 会自动保存每一条记录到子窗体对应的表中。在子窗体中，可创建二级子窗体，即在主窗体内可以包含子窗体，子窗体内又可以包含子窗体。

4.1.3　窗体的视图

窗体的操作和 Access 的表和查询操作一样，也拥有不同的视图方式，如图 4-6 所示。窗体视图介绍如下：

（1）设计视图。

用于创建、设计或修改窗体的窗口，任何类型的窗体都可以通过设计视图来完成创建和美化操作。

（2）窗体视图。

用于窗体运行时的显示格式，查看在设计视图中所建立窗体的运行结果。

（3）数据表视图。

和 Excel 电子表格类似，以简单的行列格式一次显示数据表中的许多记录，多用于添加和修改数据。

（4）布局视图。

用于修改窗体的最直观的视图，对现有窗体上的各个控件重新布局，但不能用来添加控件。

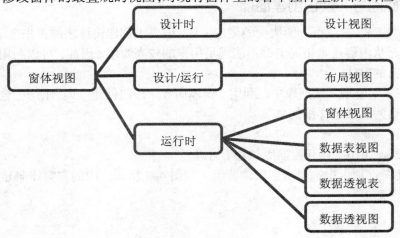

图 4-6　窗体视图结构图

4.2　通过功能区创建窗体

Access 2010 提供创建窗体的方法很多，可以通过"创建"选项卡中"窗体"组中的"窗体""窗体设计""空白窗体""窗体向导""导航"和"其他窗体"等按钮来创建窗体。

各按钮功能介绍如下：

（1）"窗体"：创建窗体的最快速工具，通过单击鼠标便可创建窗体（基于当前选定的表或者查询），来自数据源的所有字段都放置在窗体上。

（2）"窗体设计"：利用窗体的设计视图通过添加控件来设计窗体。

（3）"空白窗体"：以布局视图的方式来设计和修改窗体，窗体上的字段可以根据需要来自行选定，数据源只能是数据表。

（4）"窗体向导"：帮助用户创建多数据源的窗体。

（5）"导航"：用于创建具有导航按钮即网页形式的窗体，又称表单，更适合于创建 Web 形式的数据库窗体。

（6）"其他窗体"：单击时会弹出一个对话框，其中各选项的含义如下：

"多个项目"：利用当前选定（或打开）的数据表或查询自动创建一个包含多个项目的窗体，即区别于根据"窗体"创建出的只显示一条记录的窗体。

"数据表"：利用当前选定（或打开）的数据表或查询自动创建一个数据表窗体。

"分割窗体"：可以同时提供两种视图，即上方的窗体视图和下方的数据表视图。两种视图格式的数据源是一致的，如果在窗体的某个视图中选择了一个字段，则在窗体的另一个视图中选择相同的字段。

"模式对话框"：创建一个带有命令按钮的浮动对话框窗口，始终保持在系统的最上面，"登录窗体"就属于这种窗体。

"数据透视图"：一种高级窗体，以图形的方式显示统计数据，增强数据的可读性。

"数据透视表"：一种高级窗体，通过表的行、列、交叉点来表现数据的统计信息。

本文重点介绍通过"窗体向导"和"窗体设计"按钮来进行窗体的创建。

4.2.1　利用"窗体向导"按钮创建窗体

利用功能区的"窗体"按钮可方便快捷的创建窗体，但要求创建窗体之前首先选定数据源，而且这种方法不管是从内容还是格局上都不能满足用户的较高要求。因此，可以利用"窗体向导"创建内容更丰富的窗体。

【例 4.1】在"教学管理"数据库中，利用"窗体向导"按钮创建查询"同步_学生详细信息"的窗体，并命名为"学生详细信息"。

操作步骤如下：

（1）启动 Access 2010，打开数据库"教学管理"。

（2）在"创建"选项卡中，单击"窗体"组（如图 4-7 所示）中的"窗体向导"按钮，打开"窗体向导"对话框。

图 4-7 "窗体"组　　　　　图 4-8 "请确定窗体上使用哪些字段"对话框

（3）在"请确定窗体上使用哪些字段"对话框中，如图 4-8 所示，在"表/查询"下拉列表框中选定数据源"查询：同步_学生详细信息"，在左下方"可用字段"列表中选定需要的字段，通过 ≫ 将所有字段添加到右侧的"选定字段"列表框中，单击"下一步"按钮，打开如图 4-9 所示的对话框。

图 4-9 "请确定窗体使用的布局"对话框

（4）在"请确定窗体使用的布局"对话框中，选择"纵栏表"，单击"下一步"按钮，打开如图 4-10 所示的对话框。

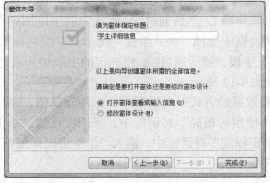

图 4-10 "请为窗体指定标题"对话框

（5）在"请为窗体指定标题"对话框中，在"请为窗体指定标题："处输入"学生详细信息"。单击"完成"按钮，完成窗体创建，如图 4-11 所示。

图 4-11　"学生详细信息"窗体

【说明】

（1）"打开窗体查看或输入信息"和"修改窗体设计"两者的区别是：前者直接进入窗体视图，而后者则是打开窗体的设计视图。

（2）"窗体向导"可以创建四种不同格式的窗体，分别是"纵栏表""表格""数据表"和"两端对齐"，用户可以根据自己的需求，在"请确定窗体使用的布局"对话框中进行选择。

【例 4.2】在"教学管理"数据库中，利用"窗体向导"按钮创建名为"学生情况详细信息"的窗体。此窗体的创建涉及到三个数据源表分别为"学生"、表"专业"和表"学院"。其目的是在原有"学生"表中的"专业代码"后插入"专业名称"和"学院名称"。

操作步骤如下：

（1）启动 Access 2010，打开数据库"教学管理"。

（2）在"创建"选项卡中，单击"窗体"组中的"窗体向导"按钮。

（3）在"请确定窗体上使用哪些字段"对话框中，在"表/查询"下拉列表框中先选择"表：学生"，在左下方"可用字段"列表框中选定需要的字段，通过 >> 将所有字段选中到"选定字段"列表框中。

（4）继续在"表/查询"下拉列表框中选择"表：专业"，在左下方"可用字段"列表框中选定"专业名称"字段，此时，需要在右方的"选定字段"中选定"专业代码"字段（即"专业代码"处于被选中状态 专业代码 ），然后通过 > 将选定的字段加到右边"选定字段"列表框中；在"表/查询"下拉列表框中选择"表：学院"选中"学院名称"，同样在右方的"选定字段"中先选定"专业名称"字段，然后通过 > 将选定的字段加到右边"选定字段"列表框中，单击"下一步"按钮，如图 4-12 所示。

（5）在"请确定查看数据的方式"对话框中，采用默认值，单击"下一步"按钮。

（6）在"请确定窗体使用的布局"对话框中，采用默认值，单击"下一步"按钮。

（7）在"请为窗体指定标题"对话框中，输入"学生情况详细信息"，单击"完成"按钮，窗体创建成功，如图 4-13 所示。

图 4-12　"请确定查看数据的方式"对话框　　　图 4-13　"学生情况详细信息"窗体

【说明】

（1）"窗体向导"按钮的使用，可以创建基于一个数据源的窗体，也可以创建基于多数据源的窗体。

（2）步骤（4）中为什么在第二次选定字段"专业名称"时要先在右方的"选定字段"列表框中选中"专业代码"？因为，如果不选中"专业代码"，则会将"专业名称"字段添加在列表框的最下方，而不能放在"专业代码"之后，因此不满足题目要求。

同步实验之 4-1　利用功能区创建窗体（1）

一、实验目的

1. 熟悉窗体创建的界面。
2. 掌握利用"窗体"按钮创建窗体的方法。
3. 掌握利用"窗体向导"按钮创建窗体的方法。
4. 掌握利用"空白窗体"按钮创建窗体的方法。

二、实验内容

1. 在"教学管理"数据库中，利用"窗体"按钮创建表"教师"的窗体，并命名为"同步_教师信息窗体"。

【提示】利用"窗体"按钮进行窗体的创建时，必须先选定数据源。

2. 在"教学管理"数据库中，利用"窗体"按钮创建查询"专业设置浏览"的窗体，并命名为"同步_专业浏览窗体"。

3. 在"教学管理"数据库中，通过"窗体向导"创建查询"同步_教师详细信息"的窗体，并命名为"同步_教师详细信息窗体"，要求显示的字段为"教师代码""教师姓名""职称""学院代码"和"学院名称"。

4. 在"教学管理"数据库中，通过"窗体向导"创建窗体"同步_课程详细信息窗体"，数据源为表"课程"和"学院"，目的是在"课程"表中的开课学院代码后插入学院名称。

5. 在"教学管理"数据库中，利用"空白窗体"创建窗体"同步_专业详细信息窗体"，数据源为表"专业"和"学院"，目的是在"专业"表中的所属学院代码后插入学院名称。

4.2.2　利用"分割窗体"按钮创建窗体

【例 4.3】在"教学管理"数据库中，利用"分割窗体"按钮创建查询"女同学信息"的窗体，并命名为"女生详细信息"。

操作步骤如下：

（1）启动 Access 2010，打开数据库"教学管理"，选中作为数据源的查询"女同学信息"。

（2）在"创建"选项卡中，单击"窗体"组中的"其他窗体"按钮下的"分割窗体"，如图 4-14 所示。

图 4-14　"女生详细信息"分割窗体

【说明】窗体上半部分是窗体视图,用户可以根据自己的需要进行有效设计(添加或删除)。上下两部分数据源连接到同一数据源,并且总是保持相互同步。例如:在上方视图中删掉"备注"字段,下方的数据表视图会随着上方内容的修改而改动。可以使用窗体的数据表部分快速定位记录,然后使用窗体部分查看或编辑记录。

（3）单击左上角的"保存"按钮,弹出"另存为"对话框,输入窗体名称"女生详细信息",窗体创建完成。

4.2.3　利用"数据透视图"按钮创建窗体

以图形的方式显示数据的统计信息,使数据更加具有直观性,如常见的柱状图、折线图等,都是数据透视图的具体形式。

【例 4.4】在"教学管理"数据库中,利用"数据透视图"按钮创建以表"学生"为数据源,统计不同班级的男女生人数情况的窗体,并命名为"各班级男女生人数统计的数据透视图窗体"。

操作步骤如下:

（1）启动 Access 2010,打开数据库"教学管理",选中作为数据源的表"学生"。

（2）在"创建"选项卡中,单击"窗体"组中的"其他窗体"按钮下的"数据透视图",如图 4-15 所示。

图 4-15　"数据透视图"窗体的设计视图

（3）从弹出的"图表字段列表"窗格中,选择要作为透视图分类的字段"性别"(可以直接将添加的字段拖动到"将分类字段拖至此处",或者首先选中要添加的字段"性别"继而从下拉列表框中选择正确的系列区域"分类区域",然后单击"添加到"按钮便可),如图 4-16 所示,"性别"字段添加到分类区域。

图 4-16 添加分类字段

(4)采用同步骤(3)的方法将"学号"字段添加到"数据区域",如图 4-17 所示。

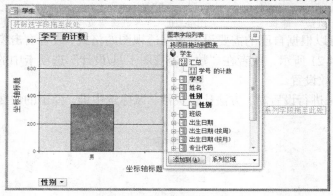

图 4-17 添加数据字段

【说明】到此完成按照不同性别来统计人数。还可以继续根据不同的班级来统计不同性别的人数等。

(5)采用同步骤(3)的方法将"班级"字段添加到"系列区域",显示不同班级不同性别的人数,如图 4-18 所示。

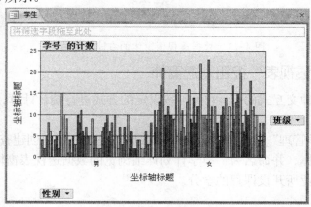

图 4-18 添加系列字段

此时,窗体创建已基本完成,但是从图上显示来看数据量比较大,显示不清楚,可通过单击"班级"后方的小黑三角，显示班级列表，根据需要来选择不同的班级进行筛选。如：在班级列表中选择"编辑091""财政091"和"朝语091"单击"确定"按钮，如图4-19所示。

或者，可通过单击"性别"后方的小黑三角，显示性别列表，根据需要来选择不同的性别进行筛选。

（6）保存窗体，并命名为"各班级男女生人数统计的数据透视图窗体"，数据透视图窗体创建完成，如图4-20所示。

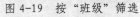

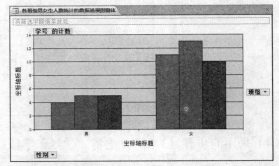

图4-19　按"班级"筛选　　　图4-20　"各班级男女生人数统计的数据透视图窗体"

【说明】用户可以根据自己的需要设置数据透视图的格式；或者右击窗体并在弹出的快捷菜单中选择，如图4-21所示；或者在"数据透视图工具/设计"选项卡中的"工具"组中单击"属性表"，进行有效设置。

通过快捷菜单来进行设置时，方法比较灵活，鼠标选中谁，弹出的快捷菜单就可以设置其属性。

图4-21　数据透视图窗体的右键快捷菜单

4.2.4　利用"数据透视表"按钮创建窗体

数据透视表是一种交互式的表，它可以按设定的方式进行统计计算，如求和、计数和汇总等。

【例4.5】在"教学管理"数据库中，利用"数据透视表"按钮创建查询"教学计划详细浏览"的数据透视表窗体，并命名为"教学计划详细浏览的数据透视表窗体"。例如：按照学院进行筛选，统计各专业所开设课程的学分。

操作步骤如下：

（1）启动Access 2010，打开数据库"教学管理"，选中作为数据源的查询"教学计划详细浏览"。

（2）在"创建"选项卡中，单击"窗体"组中的"其他窗体"按钮下的"数据透视表"，如图 4-22 所示。

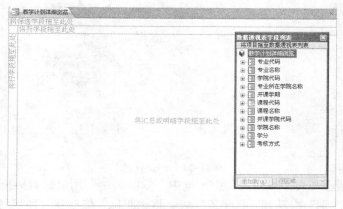

图 4-22 "数据透视表"窗体的设计视图

（3）从"数据透视表字段列表"中，将"学院名称"拖动到"筛选字段"处，同样分别将"专业名称"拖动到"行字段"处、将"课程名称"拖动到"列字段"处、将"学分"拖动到"汇总或明细字段"处，如图 4-23 所示。

学院名称 ▾					
全部					
	课程名称 ▾				
	作	微观经济学	文学批评导论	物流管理学	西方财政学（双语
		+|-	+|-	+|-	+|-
专业名称 ▾		学分 ▾	学分 ▾	学分 ▾	学分 ▾
财政学		3			3
朝鲜语					
电子商务					
翻译					
工商管理		3		3	
国际经济与贸易		3			
国际商务		3			
金融学		3			
经济学		3			
劳动关系					
日语					

图 4-23 数据透视表窗体

【说明】除了直接拖动字段到指定的区域，也可以通过按钮操作来实现。例如：将"学院名称"作为筛选条件时，首先在"数据透视表字段列表"对话框中选中"学院名称"，然后在该对话框下方的下拉列表中选择"筛选区域"，单击"添加到"按钮便可完成项目的添加。

（4）保存窗体，并命名为"教学计划详细浏览的数据透视表窗体"，窗体创建完成。

【例 4.6】在"教学管理"数据库中，利用"数据透视表"按钮创建查询"同步_教师详细信息"的数据透视表窗体，并命名为"教师详细信息的数据透视表窗体"。例如：按照学院进行筛选，显示不同性别下不同职称教师的数量。

操作步骤如下：

（1）启动 Access 2010，打开数据库"教学管理"，选中作为数据源的查询"同步_教师详细信息"。

（2）在"创建"选项卡中，单击"窗体"组中的"其他窗体"按钮下的"数据透视表"，如图 4-24 所示。

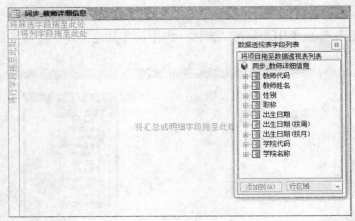

图 4-24　设计视图

（3）从"数据透视表字段列表"中，选中"学院名称"用鼠标直接拖动到"筛选字段"处，同样分别将"性别"拖动到"行字段"处、将"职称"拖动到"列字段"处、将"教师姓名"拖动到"汇总或明细字段"处，如图 4-25 所示。

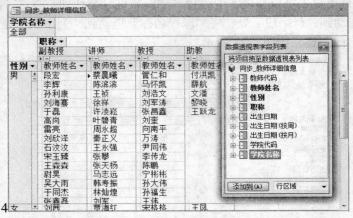

图 4-25　数据透视表窗体

（4）此时，统计字段并没有显示出数量，需要进行如下设置：用鼠标右击"教师姓名"，如图 4-26 所示，选择"自动计算"下的"计数"，结果如图 4-27 所示。

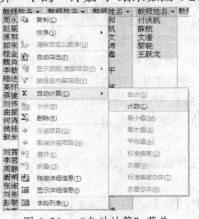

图 4-26　"自动计算"菜单

图 4-27 计算后的数据透视表窗体

（5）单击界面上的每个职称如 副教授 ─────下对应的 +|- 显示/隐藏明细数据中的|-|及性别对应的|-|，将出现如图 4-28 所示界面。

学院名称 ▾									
全部									
	职称 ▾								
	副教授		讲师		教授		助教		总计
性别 ▾	教师姓名 的计数		教师姓名 的计数		教师姓名 的计数		教师姓名 的计数		教师姓名 的计数
男	94		102		125		5		326
女	72		62		61		3		198
总计	166		164		186		8		524

图 4-28 统计后的数据透视表窗体

（6）用鼠标选中要移动的职称字段可以改变顺序，使其按照职称由高到低来进行排序，如图 4-29 所示。

学院名称 ▾									
全部									
	职称 ▾								
	教授		副教授		讲师		助教		总计
性别 ▾	教师姓名 的计数		教师姓名 的计数		教师姓名 的计数		教师姓名 的计数		教师姓名 的计数
男	125		94		102		5		326
女	61		72		62		3		198
总计	186		166		164		8		524

图 4-29 排序后的数据透视表窗体

（7）保存窗体，并命名为"教师详细信息的数据透视表窗体"，窗体创建完成如图 4-30 所示。

学院名称 ▾									
全部									
	职称 ▾								
	教授		副教授		讲师		助教		总计
性别 ▾	教师姓名 的计数		教师姓名 的计数		教师姓名 的计数		教师姓名 的计数		教师姓名 的计数
男	125		94		102		5		326
女	61		72		62		3		198
总计	186		166		164		8		524

图 4-30 "教师详细信息的数据透视表窗体"

同步实验之 4-2 　利用功能区创建窗体（2）

一、实验目的

1. 掌握利用"多个项目"按钮创建窗体的方法。
2. 掌握利用"分割窗体"按钮创建窗体的方法。
3. 掌握利用"数据透视图"按钮创建窗体的方法。
4. 掌握利用"数据透视表"按钮创建窗体的方法。

二、实验内容

1. 在"教学管理"数据库中，利用"多个项目"创建查询"副教授查询"的窗体，并命名为"同步_副教授信息窗体"。

2. 在"教学管理"数据库中，利用"分割窗体"创建查询"同步_学生情况详细浏览"窗体，并命名为"同步_学生情况详细浏览窗体"。

3. 在"教学管理"数据库中，创建查询"教学计划详细浏览"的数据透视图窗体，并命名为"同步_教学计划详细浏览的数据透视图窗体"。要求：设置"专业所在学院名称"为筛选字段，"专业名称"为分类字段，"学分"为数据字段，"开课学期"为系列字段，并自行设置筛选条件。

4. 在"教学管理"数据库中，创建查询"学生成绩详细浏览"的数据透视表窗体，并命名为"同步_学生成绩详细浏览的数据透视表窗体"。要求：设置"专业名称"为筛选字段，"姓名"为行字段，"课程名称"为列字段，"成绩"为明细数据字段，并统计每个学生和每门课程的平均分。

5. 在"教学管理"数据库中，复制查询"学生成绩浏览"，进行修改并命名为"学生成绩汇总"，添加条件性别"男"，学分为 2，专业代码 020101，第一学期。然后使用"数据透视图"按钮，以查询"学生成绩汇总"作为数据源，创建按照考核方式统计学生成绩的平均值的饼形图，并起名为"同步_学生平均成绩饼形图"，如图 4-31 所示。

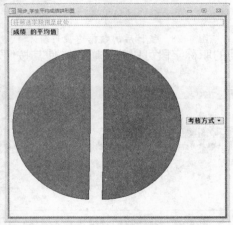

图 4-31 　"同步-学生平均成绩饼形图"

【提示】在进行数据透视图窗体设计之前，需要重新复制并打开查询，进行条件的添加，然后再进行窗体的设计。

4.3 　利用"设计视图"创建窗体

使用功能区的工具按钮方法创建的窗体只能满足一般的需要，不能进行复杂窗体的创建和设计，如需设计灵活复杂的窗体需要使用窗体的设计视图来操作，或者使用工具按钮创建窗体后再在窗体的设计视图中进行修改。

4.3.1 窗体设计视图的结构

在设计视图中创建窗体，就需要了解设计视图下窗体的组成结构。一个完整的窗体结构图如图 4-32 所示。

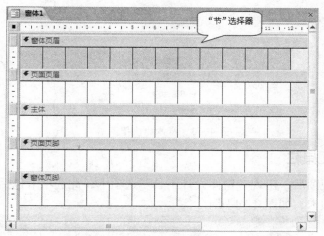

图 4-32 窗体的结构图

从图 4-32 可以看出，一个完整的窗体包括窗体页眉/窗体页脚、页面页眉/页面页脚、主体 5 部分，每个部分称之为"节"，大部分窗体只有主体节，其他的节可根据需要进行显示和隐藏。各"节"基本功能介绍如下：

（1）主体：是窗体的主要组成部分，用来显示窗体数据源中的记录。主体具有多种显示格式，非常灵活，所有相关记录显示的设置将在下面的内容中介绍。

（2）窗体页眉：窗体的首部，位于设计窗口的最上方，一般用于设置窗体的标题、说明性文字或放置命令按钮、下拉列表框等不随记录改变的信息，打印时只在第一页出现一次。在"数据表视图"中，窗体页眉不显示。

（3）页面页眉：显示在窗体页眉的下方，位于每一页的顶部，一般用来设置窗体在打印时的页头信息。例如，标题、字段名或者用户要在每一页上方显示的内容。

（4）页面页脚：在每一页的底部，与页面页眉相对应，一般用来设置窗体在打印时的页脚信息。例如，日期、页码、摘要信息和本页汇总数据等信息。

（5）窗体页脚：是窗体的尾部，与窗体页眉相对应，位于窗体底部，作用与窗体页眉类似。也可以用于显示汇总主体节的数据，使用命令的操作说明等信息。

页面页眉和页面页脚中的内容，仅在"设计"视图中和打印窗体时出现，在其他视图中看不到。不是所有的窗体都有窗体页眉/页脚、页面页眉/页脚，但所有的窗体都有"主体"节。

在窗体上通过鼠标右击而出现的快捷菜单中可以选择窗体页眉/页脚、页面页眉/页脚，它们都是成对出现/隐藏，如图 4-33 所示。

"节"选择器用于选定节，将鼠标放在节处，当鼠标变成向上、下两向箭头时可以通过拖动节来调整节的高度。窗体左上角的 ▪ 用来选定整个窗体，若 ▪ 则表示选中整个窗体。

图 4-33　窗体的快捷菜单

4.3.2　窗体设计工具栏

打开窗体设计视图后，出现"窗体设计工具"选项卡，此选项卡包括"设计""排列"和"格式"三个子选项卡，如图 4-34 所示。

图 4-34　"窗体设计工具"选项卡

（1）"设计"子选项卡：包含多个功能区。

①　"视图"：窗体可以在不同视图下进行切换。

②　"主题"：包括"主题""颜色"和"字体"，用来控制外观格式。

③　"控件"：窗体设计的主要工具，相关控件如图 4-35 所示。各控件的功能如表 4-1 所示。

图 4-35　功能区的控件类别按钮

④　"页眉/页脚"：用于设置日期和时间、标题等。

⑤　"工具"：相关功能如表 4-2 所示。

"属性表"窗口如图 4-36 所示，最上方的"所选内容的类型"下拉列表框用来选择对象。"属性表"窗口下方由"格式""数据""事件""其他"和"全部"5 个选项卡组成。

"格式"：指定选定对象的外观格式，即窗体及窗体上控件的基本属性，包括标题、字体、颜色、大小、图片的放置内容等。

"数据"：指定窗体和窗体上各控件所使用的控件来源/记录源，还可以指定筛选和排序依据及其他有效性规则等。

"事件"：为一个对象发生的事件指定命令和编写事件过程代码，一个事件即 Access 完成的一个指定的任务。

"其他"：有关窗体及窗体上控件的一些属性的设置。

弹出方式：不管当前操作是否在某个窗体上，这个窗体一直显示在屏幕的最前面。在有多个窗体存在的情况下，虽然允许选择其他窗体，但是有弹出属性的窗体总是在最前面。

独占方式：操作一直在这个窗体上，直到关闭为止，即不允许选择其他窗体。一般登录窗体和消息对话框都属于独占窗体。对于此类窗体只有单击"确定"按钮，窗体才会消失。

"全部"：包含"格式""数据""事件""其他"的所有属性。

表 4-1　控件功能表

控件	名　称	功　能
	选择	用来选择控件、节和窗体。单击该按钮释放以前选定的控件或区域
	控件向导	用来打开或关闭控件向导。向导是用来帮助用户设计复杂的控件的
Aa	标签	用来显示说明文本，如窗体的标题或其他控件的附加标签
ab|	文本框	用来输入、输出和显示数据源的数据，接收用户输入数据，也可作为计算结果
xxxx	命令按钮	用来完成某种操作。如删除记录，打开其他对象或应用窗体筛选
XYZ	选项组	与复选框、切换按钮或选项按钮搭配使用，显示一组可选值
	组合框	既可以在文本框输入值，也可以从列表框中选择值
	列表框	显示可滚动的数值列表，可从列表中选择值输入到新记录中
	复选框	绑定到是/否型字段，可以从一组值中选择多个
	切换按钮	在单击时可以在开/关两种状态之间切换，使用它在一组值中选择其中一个
	选项按钮	绑定到是/否型字段，和切换按钮类似
	子窗体/子报表	用来在主窗体和主报表添加子窗体或子报表，以显示来自多个一对多表中的数据
	图像	用来在窗体中显示静态的图形
XYZ	绑定对象框	用来在窗体或报表上显示 OLE 对象
	未绑定对象框	在窗体中插入未绑定对象，如 PPT 文档、Word 文档等
	矩形框	可以将一组相关的控件组织在一起
	直线	可以突出显示数据或者分割显示不同的控件
	选项卡	用来创建一个多页的窗体，可以在选项卡上添加其他对象（控件）
	导航控件	在窗体中插入导航条
	分页符	使窗体或报表上在分页符所在的位置开始新页
	图表	用来在窗体中插入图表对象
	附件	用来在窗体中插入附件控件。为了保存 Office 文档
	Web 浏览器控件	用来在窗体中插入浏览器控件

表 4-2　工具功能表

按钮/名称	功　能
添加现有字段	显示字段列表，并可以添加到窗体中
属性表	显示窗体上所选定对象的属性窗口
Tab 键次序	设置使用 "Tab 键" 时选择对象的次序
新窗口中的子窗体	显示子窗体的详细信息
查看代码	显示当前窗体的 VBA 代码
将窗体的宏转换为 Visual Basic 代码	将窗体的宏转换为 VBA 代码

图 4-36　"属性表" 窗口

（2）"排列" 子选项卡：用来对齐和排列窗体上的控件，设计布局，如图 4-37 所示。

图 4-37　"排列" 子选项卡

（3）"格式" 子选项卡：设置窗体上控件的各种格式，外观的设计，如图 4-38 所示。

图 4-38　"格式" 子选项卡

4.3.3　窗体属性的设置

进行窗体设计时，首先接触的是窗体，经常需要用到窗体的属性。窗体属性用于对窗体进行全局设置，包括窗体的标题、名称、窗体数据的来源、窗体的各种事件等。一般情况下，窗体是一个容器类控件，在窗体的设计视图中创建窗体时，首先要设置窗体的属性，然后再进行下一步的操作。窗体属性设置操作步骤如下：

（1）选中需进行设置的窗体；

（2）单击"窗体设计工具"选项卡下"设计"子选项卡"工具"组中的"属性表"，弹出"属性表"窗格，设置属性；

（3）保存窗体完成设置。

根据窗体的组成，窗体属性包括：窗体属性、窗体页眉属性、窗体页脚属性、页面页眉属性、页面页脚属性、主体属性。每个对象的属性都包含 5 个方面的设置。

【例 4.7】窗体属性设置。在"教学管理"数据库中，新建空白窗体，命名为"窗体的属性设置"。给空白窗体添加背景图片（来自文件中的图片）。添加数据源表"教师"，窗体的标题为"窗体的属性设置"。

操作步骤如下：

【说明】前 5 步完成背景图片的添加。

（1）启动 Access 2010，打开"教学管理"数据库。

（2）在"创建"选项卡中，单击"窗体"组中的"窗体设计"按钮，进入窗体的设计视图。

（3）在"窗体设计工具"选项卡中，单击"设计"子选项卡"工具"组中的"属性表"按钮，弹出"属性表"窗口，如图 4-39 所示。

图 4-39　窗体的属性表窗口

（4）在"属性表"窗格的"所选内容的类型"下拉列表框中选择"窗体"，并选中"格式"选项卡的"图片"属性，如图 4-40 所示，单击⋯出现如图 4-41 所示的对话框。

图 4-40　设置"图片"属性

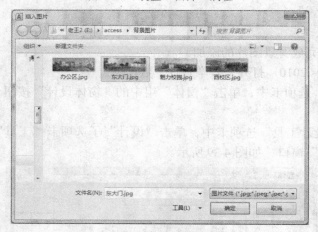

图 4-41　"插入图片"对话框

（5）在弹出的"插入图片"对话框中选择要插入的图片，即可将图片插入到窗体中作为窗体的背景，如图 4-42 所示。

图 4-42　插入背景图片后的窗体

【说明】有时图片大小不能满足窗体的需要，所以需要设置属性列表里提供的"图片缩放模式"属性，Access 提供了 5 种，本例中采用"剪辑"，设置后如图 4-43 所示，其他属性请自行举例。

图 4-43 "剪辑"效果预览

（6）设置数据源属性。在"属性表"窗格中，打开"数据"选项卡下"记录源"属性对应的下拉列表，选择表"教师"，如图 4-44 所示。

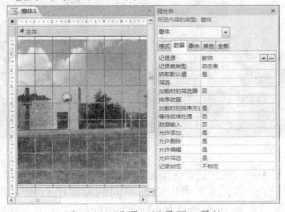

图 4-44 设置"记录源"属性

（7）设置标题属性。在"属性表"窗格中，选择"格式"选项卡下的"标题"属性，输入"窗体的属性设置"，运行窗体如图 4-45 所示。

图 4-45 设置标题属性

（8）不显示记录选择器和导航按钮。设计视图如图 4-46 所示。运行窗体如图 4-47 所示。比较图 4-45 和 4-47 可以看出属性设置的效果。

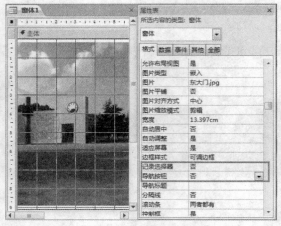

图 4-46　设置"记录选择器"和"导航按钮"属性

图 4-47　无"记录选择器"和"导航按钮"的窗体视图

【说明】窗体的属性有很多，读者可以根据不同的需要进行相应的设置。本文中将不再一一介绍。窗体作为控件之一，和其他的控件属性有相似性，使用方法同上。

4.3.4　窗体控件的使用

不管窗体还是报表，从现在开始，创建和使用控件都需要经过相同的过程，本章将从窗体的角度来解释控件。

控件是工具箱中显示的各种工具，主要用于显示数据、执行操作、装饰窗体对象。窗体的设计，就是在窗体上画出各种所需的控件，并设置其显示的数据。各种控件都可以在窗体"设计"视图窗口中的工具箱中看到。

控件的类型可以分为绑定型、未绑定型与计算型三种。绑定型控件主要用于显示、输入和更新数据库中的字段；未绑定型控件没有数据来源，可以用来显示信息、线条、矩形或图像；计算型控件用表达式作为数据源，表达式可以是窗体所引用的表或查询字段中的数据，也可以是窗体上的其他控件中的数据。

1．控件类型及其功能

（1）标签 Aa：

标签控件属于未绑定型控件，通常用来显示一些说明性的文字。一般可分为两种：一种是利用标签控件人为添加的标签；另一种可以附加在其他类型控件上，用来说明该控件的作用，而且标签上显示与之相关联的字段标题的文字。标签控件只能单向地向用户传达信息，即只读。

（2）文本框 ab：

文本框可以用来输入数据、编辑数据和显示数据，因此文本框既可作为未绑定型也可作为绑定型，还可作为计算型控件，是最常用的控件。作为未绑定型控件时并不链接到表或查询，在设计视图中以"未绑定"显示；作为绑定型控件时，在设计视图中显示表或查询中具体字段的名称；作为计算型控件时，在设计视图中显示完整的表达式。

（3）按钮 xxxx：

用来完成各种操作，或者执行一段 VBA 代码。

（4）切换按钮、复选框和选项按钮：

用来显示二值数据，即在一组中只能选择一个，如"是/否"类型数据。当选中复选框或选项按钮时，设置为"是"，否则为"否"。复选框、选项按钮和切换按钮也可以分为绑定型和非绑定型。和创建绑定型文本框一样，直接将字段中的"是/否"数据类型字段拖到窗体中，是建立绑定型复选框最快捷的方法。

如果需要可以将复选框控件更改为选项按钮或切换按钮。可以通过右击复选框，选择快捷菜单中的"更改为"子菜单，然后选择"切换按钮"或"选项按钮"命令，如图 4-48 所示。

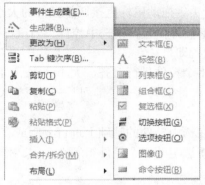

图 4-48　"复选框"快捷菜单

如果使用文本框显示"是/否"型字段，根据属性设置的不同，文本框中将显示"True"或"Yes"或"On"来表示"是"，显示"False"或"No"或"Off"来表示"否"。

（5）组合框和列表框：

列表框控件像下拉式菜单一样在屏幕上显示一列数据。列表框几乎可以显示任意数目的字段，调整列表框的大小即可显示更多或更少的记录。

组合框最初显示成一个带有箭头的单独行，即平时所说的下拉列表框。

相同点：在窗体上显示的数据往往是取自某一个表或查询中的数据，这种情况应该使用组合框或列表框控件。这样既能保证输入数据的正确性，又能提高数据的输入效率。

不同点：组合框提供的选项有很多，但是它所占的空间却很少，而且不仅可以从列表中选择数据，还可以输入数据；而列表框只能在列表中选择数据。

（6）选项组 xyz：

由一个框架和一组切换按钮、复选框或选项按钮组成。使用选项组可以在一组确定的值中选择值。当这些控件位于同一个选项组中时，它们一起工作，而不是独立工作，但是在同一时刻，只能选中选项组中的一个。

（7）未绑定对象框、绑定对象框和图像：

未绑定对象框用来加载未绑定的 OLE 对象；绑定对象框用来加载与表中的数据关联的 OLE 功能对象；图像用于向窗体中加载一张图形或者图像。

（8）直线和矩形：

分别用于在窗体上画直线和矩形。

（9）子窗体/子报表：

用于在主窗体和主报表上显示来自一对多表中的数据。

（10）分页符：

用来定义多页窗体的分页位置。

2．控件的基本操作

（1）控件的选定：用鼠标单击控件便可选中，此时控件四周会出现一个 8 个控点加粗的矩形框。如果要选定多个控件，可以按住 Shift 键或 Ctrl 键，然后分别单击每个控件。如果要选定窗体中的所有控件，可以使用快捷键 Ctrl＋A。

此外，用鼠标在窗体中拖动出一个矩形，当松开鼠标后，矩形中所有的控件便被选定。

（2）改变控件尺寸大小：要调整控件的大小，可单击选中窗体上的控件，将鼠标对准任意一个尺寸控点，出现双向箭头后拖动鼠标直接调整控件的大小。

（3）控件移动：若要调整控件位置，则选中控件，当鼠标变成四向箭头时按住鼠标左键将其拖动到窗体内的任意位置即可。

（4）控件对齐：若想对多个控件进行对齐、大小、水平间距、垂直间距等设置操作时，可选中多个控件后通过"窗体设计工具"→"排列"→"调整大小和排序"→"对齐"进行相应操作。

（5）控件复制或删除：在选中控件的基础上进行复制或直接按住 Delete 键删除。

（6）组合控件：组合是将选定的多个控件组织在一起，作为一个控件进行操作。

3．在窗体中添加控件

在控件列表中选中要添加的控件类，然后在窗体上拖动添加控件。添加后如不能完全满足用户的需求，还要在设计视图中打开属性对话框进行设置。

【例 4.8】标签和文本框的使用。在"教学管理"数据库中，以查询"同步_学生详细信息"为数据源，设计如图 4-49 所示的窗体，并取名为"学生信息查询窗体"。

图 4-49　学生信息查询窗体

操作步骤如下：

（1）启动 Access 2010，打开数据库"教学管理"。

（2）在"创建"选项卡中，单击"窗体"组中的"窗体设计"按钮，打开空白窗体界面，即进入窗体的设计视图。

（3）添加数据源。打开"属性表"窗口，在"所选内容的类型:"对应的下拉列表中选择"窗体"，并在"数据"选项卡中对应的"记录源"属性选择查询"同步_学生详细信息"，此时可以打开字段列表；并设置"格式"选项卡中对应的"导航按钮"和"记录选择器"属性为"否"。

（4）对应给定的样本图 4-49，将所需的字段添加到空白窗体上。可以从字段列表处直接拖动字段到相应的位置，或者在字段列表处直接选中字段然后双击鼠标左键便可。还可以在主体节添加一个文本框控件 Text0 未绑定。

【说明】添加文本框控件时，会伴随一个标签控件的添加，具有同种性质的还有复选框、选项按钮、列表框和组合框等。

此时需要首先选中前方的标签控件并打开属性窗口，将标题属性设置为学号；然后选中后方的未绑定文本框并打开属性窗口，设置控件来源属性为"学号"字段。

同时，添加的几个对象的大小和间距都是一样的，需要参考前面介绍的"控件的基本操作"中的"控件的对齐"来进行操作。

（5）显示出窗体页眉/页脚节，并在窗体页眉处添加一个标签控件，鼠标选中工具箱的标签控件，然后在窗体页眉处拖动鼠标并输入"学生信息浏览"，添加完成，然后根据需要调整标签控件的属性。

（6）运行并保存该窗体"学生信息查询窗体"，窗体创建完成。

【思考】如果本例题中窗体要求显示性别为"女"的学生信息，该如何来操作？

打开"窗体"的属性窗口，第一步设置"数据"选项卡下"筛选"属性，如：筛选 [性别]="女"，第二步设置"加载时的筛选器"为"是"。然后通过 PageDown 键查看下一条时都显示性别为女的信息。

【例 4.9】计算型控件和直线控件的使用。在"教学管理"数据库中，复制例 4.8 的窗体并命名为"学生信息查询窗体-计算型控件"，添加计算型控件（文本框）来显示系统时间和系统日期，并添加直线控件来美化窗体，如图 4-50 所示。

图 4-50　学生信息查询窗体-计算型控件

操作步骤如下：

（1）启动 Access 2010，复制"教学管理"数据库中的"学生信息查询窗体"，并命名为"学生信息查询窗体–计算型控件"，进入窗体的设计视图。

（2）在窗体主体节上添加如图 4-51 所示的两个文本框控件，并设置其控件格式（自练）。

（3）下面采用两种不同的方法分别来设置系统时间和系统日期。

设置系统时间：选中系统时间的未绑定文本框，单击"设计"选项卡下的"属性表"按钮弹出属性设置对话框，设置"数据"选项卡下的"控件来源"属性，单击 ⋯，弹出"表达式生成器"对话框，如图 4-52 所示。

图 4-51　添加"文本框"控件

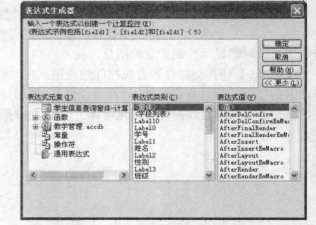

图 4-52　"表达式生成器"对话框

在空白处填写"=time()"，单击"确定"按钮。如图 4-53 所示。

图 4-53　"表达式生成器"对话框的快捷菜单

【说明】在"表达式生成器"对话框中，Access 2010 提供了丰富的联想功能，读者不用输入完整的函数，可从列表中进行选择。

设置系统日期：直接在系统日期的未绑定文本框里输入"=date()"便可。

运行窗体，两个文本框如图 4-54 所示。

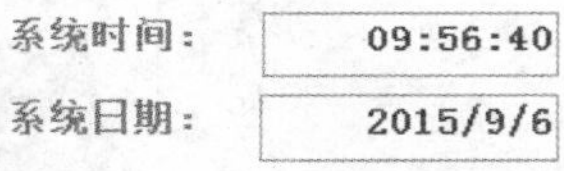

系统时间：　09:56:40

系统日期：　2015/9/6

图 4-54　窗体上的时间和日期显示界面

（4）为了区分计算型控件和上方记录显示，需要添加直线控件。双击直线控件弹出属性对话框，进行设置（边框样式、边框颜色和边框宽度等）。

（5）单击"保存"按钮，窗体设计完成。

【例 4.10】切换按钮、复选框和选项按钮的使用。在"教学管理"数据库中，复制例 4.9 的窗体并命名为"学生信息查询窗体–三种格式"，添加一个"贷款否"字段，以三种不同的格式显示在界面上，如图 4-55 所示。

图 4-55　学生信息查询窗体–三种格式

操作步骤如下：

（1）启动 Access 2010，复制"教学管理"数据库中的"学生信息查询窗体–计算型控件"，并命名为"学生信息查询窗体–三种格式",进入窗体的设计视图。

（2）在窗体上添加切换按钮控件 ，并设置其"控件来源"属性为"贷款否"，设置切换按钮控件的"标题"属性为"贷款否"。

（3）在窗体上添加复选框控件并设置其"控件来源"属性为"贷款否"。

【说明】注意复选框的选定 和 ，添加复选框控件时和文本框类似（还有选项按钮），都伴随标签控件的添加。对于复选框真正起到复选框作用的就是那个小四方框，所以前面图片是选定复选框中的标签控件，而后者才是复选框，在此基础上打开属性窗口设置"控件来源"为"贷款否"。

（4）选项按钮的添加同步骤（3）。

（5）单击"保存"按钮，窗体设计完成。

【例 4.11】选项组的应用。在"教学管理"数据库中，复制例 4.10 的窗体并命名为"学生信息查询窗体–选项组"，添加一个选项组控件来显示"性别"字段，如图 4-56 所示。

图 4-56　学生信息查询窗体-选项组

操作步骤如下：

（1）启动 Access 2010，复制"教学管理"数据库中的"学生信息查询窗体–三种格式"，并命名为"学生信息查询窗体–选项组"，进入窗体的设计视图。

（2）在窗体上添加选项组控件，弹出选项组向导对话框，如图 4-57 所示。

图 4-57　"请为每个选项指定标签"对话框

在"请为每个选项指定标签"对话框中分别输入"男""女"，单击"下一步"按钮，如图 4-58 所示。

图 4-58　"请确定是否使某选项成为默认选项"对话框

在"请确定是否使某选项成为默认选项"对话框中，用户可以根据自己的需要进行设置，本例中采用默认值，单击"下一步"按钮，如图 4-59 所示。

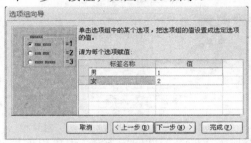

图 4-59　"请为每个选项赋值"对话框

在"请为每个选项赋值"对话框中，采取默认值，单击"下一步"按钮，如图 4-60 所示。

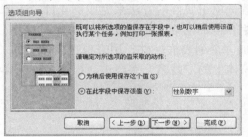

图 4-60　"请确定对所选项的值采取的动作"对话框

在"请确定对所选项的值采取的动作"对话框中要完成字段绑定，选择"在此字段中保存该值"，并从下拉列表中选择"性别数字"。单击"下一步"按钮，如图 4-61 所示。

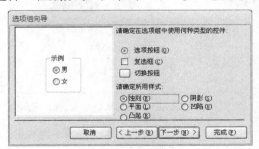

图 4-61　"请确定在选项组中使用何种类型的控件"对话框

【说明】为什么使用采用"性别数字"字段？"性别数字"区别于"性别"字段。前者是数字型数据而后者是文本型数据，所以需要用户自己在原有基础上添加一个"性别数字"字段，并将数据类型设置为数字型，然后使用更新查询将性别字段是"男"对应的性别数字字段置 1，同样对性别字段是"女"对应的性别数字字段置 2。

在本例题中，首先在"学生"表中添加一个字段"性别数字"并设置其数据类型为"数字"，然后采用查询将学生表中性别为"男"的"性别字段"对应为 1，性别为"女"的"性别字段"对应为 2。并修改本窗体的数据源即查询"同步_学生详细信息"中添加"性别数字"字段。

在"请确定在选项组中使用何种类型的控件"对话框中，用户可以根据自己的需要来进行设置，采用默认格式，单击"下一步"按钮，如图 4-62 所示。

在"请为选项组指定标题"对话框中，输入"性别"，单击"完成"，即可完成选项组控件的添加。

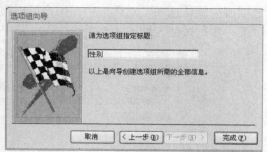

图 4-62 "请为选项组指定标题"对话框

本例中选项组控件的添加采用的是控件向导方法，也可以使用属性来设置，请读者自己操作完成。

【自主练习】采用设置选项组属性的方法来完成例 4.11，读者自主练习。

【例 4.12】列表框和组合框的向导应用。复制例 4.11 的窗体并命名为"学生信息查询窗体–列表框和组合框"，添加一个列表框控件，用来根据窗体上的"学号"字段进行检索；添加一个组合框，用来根据窗体上的"姓名"字段进行检索，如图 4-63 所示。

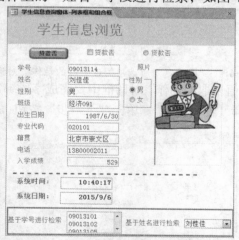

图 4-63 学生信息查询窗体–列表框和组合框

操作步骤如下：

（1）启动 Access 2010，复制"教学管理"数据库中的"学生信息查询窗体–选项组"，并命名为"学生信息查询窗体–列表框和组合框"，进入窗体的设计视图。

（2）在窗体页脚处添加列表框控件，如图 4-64 所示。

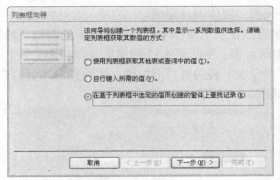

图 4-64 "请确定列表框获取其数值的方式"对话框

【说明】使用向导是创建未绑定型组合框的最好方式，使用向导创建组合框，有 3 种为组合框提供获取数值的方式。在图 4-64 中，只有设置了窗体的数据源，第 3 种方式才出现。

（3）在"请确定列表框获取其数值的方式"对话框中，选择"在基于列表框中选定的值而创建的窗体上查找记录"，然后单击"下一步"，如图 4-65 所示。

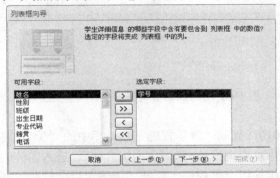

图 4-65 "选定的字段将变成列表框中的列"对话框

（4）在"选定的字段将变成列表框中的列"对话框中，将"可用字段"列表中的"学号"字段选为"选定字段"，单击"下一步"，如图 4-66 所示。

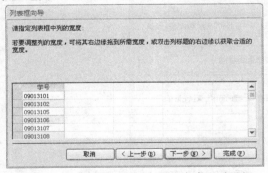

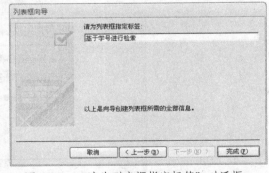

图 4-66 "请指定列表框中列的宽度"对话框　　　　图 4-67 "请为列表框指定标签"对话框

（5）在"请指定列表框中列的宽度"对话框中，鼠标放在"学号"处后变成左右黑箭头时拖动鼠标改变宽度，在此采用默认值，单击"下一步"，如图 4-67 所示。

（6）在"请为列表框指定标签"对话框中，输入"基于学号进行检索"，单击"完成"，完成列表框的添加。

（7）同步骤（2）～（6）的方法来添加组合框"基于姓名进行检索"，读者自练。

（8）单击"保存"按钮，窗体设计完成。

【说明】列表框和组合框在一个窗体中，两者无任何的制约，两者是各自独立的。

【例4.13】未绑定型组合框。复制例4.12的窗体并命名为"学生信息查询窗体–未绑定型组合框"，添加一个基于"专业"表的组合框控件，添加到窗体页眉节，即通过"专业名称"字段来查阅表中的值，如图4-68所示。

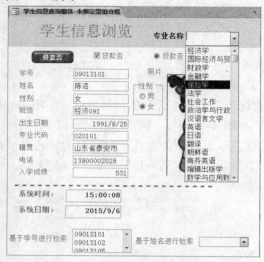

图4-68　学生信息查询窗体–未绑定型组合框

操作步骤如下：

（1）启动Access 2010，复制"教学管理"数据库中的"学生信息查询窗体–列表框和组合框"，并命名为"学生信息查询窗体–未绑定型组合框"，进入窗体的设计视图。

（2）在窗体页眉节添加组合框控件，打开"请确定组合框获取其数值的方式"对话框，如图4-69所示，选择"使用组合框获取其他表或查询中的值"，单击"下一步"按钮，如图4-70所示。

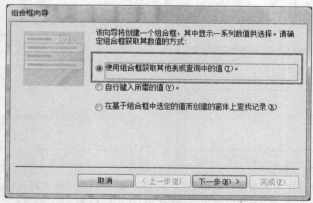

图4-69　"请确定组合框获取其数值的方式"对话框

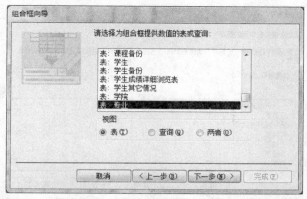

图 4-70　"请选择为组合框提供数值的表或查询"对话框

（3）在"请选择为组合框提供数值的表或查询"对话框，选择"表：专业"，单击"下一步"按钮，如图 4-71 所示。

图 4-71　"专业的哪些字段中含有要包含到组合框中的数值"对话框

（4）在"专业的哪些字段中含有要包含到组合框中的数值"对话框，选中"专业名称"字段添加到"选定字段"列表中，单击"下一步"按钮，如图 4-72 所示。

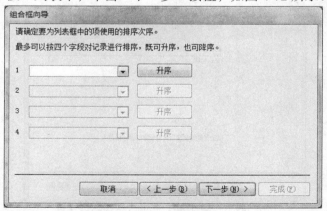

图 4-72　"请确定要为列表框中的项使用的排序次序"对话框

（5）在"请确定要为列表框中的项使用的排序次序"对话框，采用默认值，单击"下一步"按钮，如图 4-73 所示。

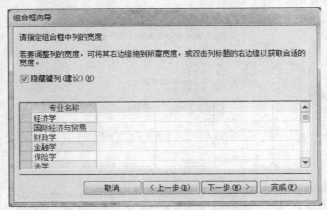

图 4-73 "请指定组合框中列的宽度"对话框

（6）在"请指定组合框中列的宽度"对话框，采用默认值，单击"下一步"按钮，如图 4-74 所示。

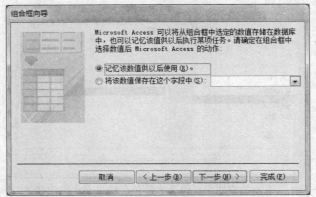

图 4-74 "请确定在组合框中选择数值后 Microsoft Access 的动作"对话框

（7）在"请确定在组合框中选择数值后 Microsoft Access 的动作"对话框，采用默认值"记忆该数值供以后使用"，单击"下一步"按钮，如图 4-75 所示。

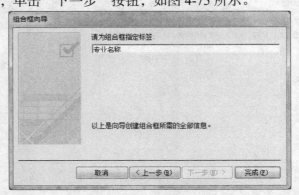

图 4-75 "请为组合框指定标签"对话框

（8）在"请为组合框指定标签"对话框，输入标题"专业名称"，单击"完成"按钮，设置完成。

【自主练习】列表框和组合框"自行键入所需的值"，参照图 4-64 所示自主举例练习。

【例 4.14】按钮的应用。在"教学管理"数据库中，复制例 4.12 的窗体并命名为"学生信息查询窗体–按钮",添加一组"记录导航"按钮来进行记录浏览,添加一个关闭窗体的按钮并用图片显示,添加一个"添加记录"的命令按钮,如图4-76所示。

图 4-76　"请选择按下按钮时执行的操作"对话框

操作步骤如下:

(1)启动 Access 2010,复制数据库"教学管理"中的"学生信息查询窗体–列表框和组合框",并命名为"学生信息查询窗体–按钮",进入窗体的设计视图。

(2)添加"记录导航"按钮。用鼠标选中"设计"选项卡"控件"组中的按钮控件,在窗体页脚处拖动鼠标添加按钮,如图4-77所示。

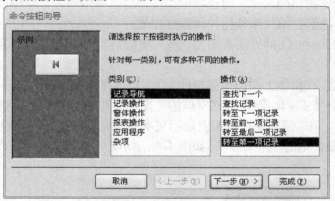

图 4-77　"请选择按下按钮时执行的操作"对话框

(3)在"请选择按下按钮时执行的操作"对话框中,在"类别"列表中选择"记录导航",在对应的"操作"列表中选择"转至第一项记录",单击"下一步",如图4-78所示。

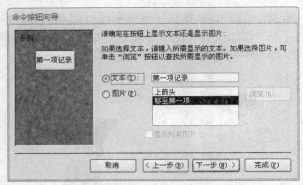

图 4-78　"请确定在按钮上显示文本还是显示图片"对话框

（4）在"请确定在按钮上显示文本还是显示图片"对话框中，用鼠标单击"文本"对应的选项按钮，单击"下一步"，如图 4-79 所示。

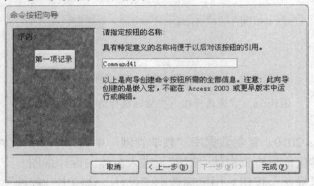

图 4-79　"请指定按钮的名称"对话框

（5）在"请指定按钮的名称"对话框中，按钮的名称用来进行程序设计的引用，此时采用默认值，单击"完成"，第一个按钮控件添加完成。

（6）同步骤（2）～（5）的方法来添加"前一项记录""下一项记录"和"最后一项记录"，读者自行练习。

（7）同步骤（2）在窗体上添加按钮控件，在"请选择按下按钮时执行的操作"对话框中，在"类别"列表中选择"窗体操作"，在对应的"操作"列表中选择"关闭窗体"，单击"下一步"，如图 4-80 所示。在"请确定在按钮上显示文本还是显示图片"对话框中，用鼠标单击"图片"对应的选项按钮，单击"下一步"，如图 4-81 所示。

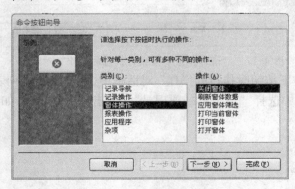

图 4-80　"请选择按下按钮时执行的操作"对话框

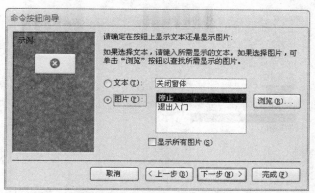

图 4-81　"请确定在按钮上显示文本还是显示图片"对话框

（8）由于前四个命令按钮的功能一致，在选中矩形框的基础上用鼠标在窗体上拖动矩形框将四个命令按钮框在一起。

（9）同步骤（2）在窗体上添加按钮控件，在"请选择按下按钮时执行的操作"对话框中，在"类别"列表中选择"记录操作"，在对应的"操作"列表中选择"添加新记录"，单击"下一步"，在"请确定在按钮上显示文本还是显示图片"对话框中，用鼠标单击"文本"输入"添加记录"，单击"完成"按钮。

（10）单击"保存"按钮，窗体设计完成。

【自主练习】按钮的功能非常强大，除了上例介绍的记录导航功能的应用，按钮还有记录操作、窗体操作等功能请自主举例练习。

同步实验之 4-3　利用设计视图创建窗体

一、实验目的

1. 掌握利用"窗体设计"按钮创建窗体的方法。
2. 掌握各种控件的使用方法。
3. 掌握窗体的美化。

二、实验内容

练习：例题 4.8-4.14

4.4　主/子窗体的创建

子窗体就是窗体中的窗体。主窗体是含有一个或多个子窗体的窗体。子窗体对于显示具有一对多关系的表或查询中的数据很有效。下文中将介绍两种创建主/子窗体的方法。

4.4.1　利用"窗体向导"创建主/子窗体

【例 4.15】在"教学管理"数据库中，创建窗体用于显示学院开设专业情况，并命名为"学院所开设的专业"。这个窗体的数据源一部分来自学院表，一部分来自专业表。

操作步骤如下：

（1）启动 Access 2010，打开数据库"教学管理"。

（2）在"创建"选项卡中单击窗体组中的"窗体向导"按钮，打开"请确定窗体上使用哪些字段"对话框，如图 4-82 所示。

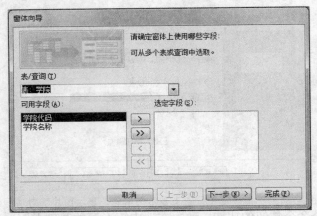

图 4-82　"请确定窗体上使用哪些字段"对话框

（3）在"请确定窗体上使用哪些字段"对话框中，在下拉列表框中选定"表：学院"，将"可用字段"列表中所有字段通过 >> 添加到"选定字段"列表中。继续在下拉列表框中选定"表：专业"，在"可用字段"列表中选定需要的字段"专业代码""专业名称""学制"和"培养模式"，添加到"选定字段"列表中，单击"下一步"按钮，如图 4-83 所示。

（4）"请确定查看数据的方式"对话框中默认"通过学院"，在右方列表中显示出两个数据源的布局关系，默认选中"带有子窗体的窗体"，然后单击"下一步"按钮，打开如图 4-84 所示的对话框。

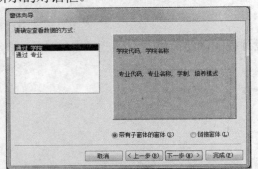

图 4-83　"请确定查看数据的方式"对话框

图 4-84　"请确定子窗体使用的布局"对话框

【说明】在"请确定查看数据的方式"对话框右下方有两个选项按钮："带有子窗体的窗体"和"链接窗体"，根据具体情况的需要进行有效选择。

（5）在"请确定子窗体使用的布局"对话框中，选择默认的"数据表"方式，单击"下一步"按钮，如图 4-85 所示。

（6）在"请为窗体指定标题"对话框中，窗体对应处输入"学院所开设的专业"，子窗体处采用默认值，单击"完成"，窗体创建完成，窗体的预览如图 4-86 所示。窗体上半部分显示学院信息，下半部分显示学院对应的专业信息。

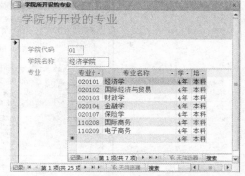

图 4-85　"请为窗体指定标题"对话框　　　　图 4-86　学院开设专业的主/子窗体

【说明】本例中，使用窗体向导创建窗体后，命名都采用默认值，如果对此名称不满意，可以在关闭窗体后再次修改窗体的名称，也可以在窗体的设计视图中修改布局。

4.4.2　利用"设计视图"创建主/子窗体

在设计视图中，利用窗体提供的子窗体控件可以轻松地创建子窗体。前提是在创建表时，设置好主窗体数据源的表和子窗体数据源的表之间的关系。

【例 4.16】子窗体控件的应用。在"教学管理"数据库中，复制例 4.14 的窗体并命名为"学生信息查询窗体–成绩子窗体"，添加子窗体控件用来显示学生的成绩信息，如图 4-87 所示。

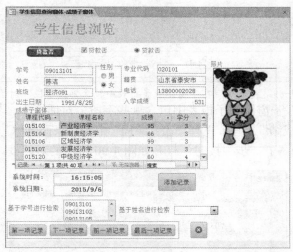

图 4-87　"学生信息查询窗体-成绩子窗体"界面

操作步骤如下：

（1）启动 Access 2010，复制"教学管理"数据库中的"学生信息查询窗体–按钮"，并命名为"学生信息查询窗体–成绩子窗体，进入窗体的设计视图，对照图 4-87 调整控件布局。

（2）在窗体上用鼠标拖动添加子窗体/子报表控件，如图 4-88 所示。

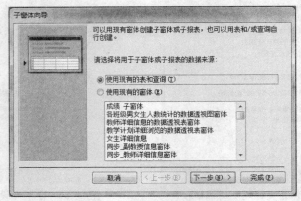

图 4-88   "请选择将用于子窗体或子报表的数据来源"对话框

（3）在"请选择将用于子窗体或子报表的数据来源"对话框中，选择"使用现有的表和查询"，单击"下一步"按钮，打开如图 4-89 所示的对话框。

图 4-89   "请确定在字窗体或子报表中包含哪些字段"对话框

（4）在"请确定在子窗体或子报表中包含哪些字段"对话框中，分别选择"表：成绩"中的"课程代码"和"成绩"字段；选择"表：课程"中的"课程名称"和"学分"字段到"选定字段"列表处，单击"下一步"按钮，打开如图 4-90 所示的对话框。

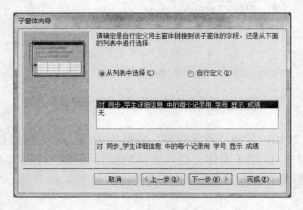

图 4-90   "请确定是自行定义将主窗体……"对话框

（5）在"请确定是自行定义将主窗体……"对话框中，选择默认值，单击"下一步"按钮，打开如图 4-91 所示的对话框。

图 4-91　"请指定子窗体或子报表的名称："对话框

（6）在"请指定子窗体或子报表的名称："对话框中，输入名称"成绩子窗体"，单击"完成"按钮。

（7）单击"保存"按钮，窗体设计完成。

4.5　创建高级窗体

在窗体的创建过程中，如果读者需要把太多的信息放置在单个窗体中，有两种方法来实现：一种是创建含选项卡的窗体；一种是创建含有分页符的窗体。有时还需要将 Access 的很多个对象放在一起，这就要考虑控制窗体的使用，本文中统称为高级窗体。

4.5.1　创建含选项卡的窗体

【例 4.17】创建如图 4-92 所示的"学生信息查询"窗体。该窗体的数据源为表"学生"。

（a）"基本信息"页

（b）"成绩信息"页

图 4-92　"学生信息查询"窗体

操作步骤如下：

（1）启动 Access 2010，打开"教学管理"数据库。

（2）在"创建"选项卡中，单击"窗体"组中的"窗体设计"按钮，并设置窗体的记录源属性为表"学生"。

（3）在"设计"选项卡中，单击"控件"组中的"选项卡控件"，在窗体上进行拖动，如图 4-93 所示，选项卡添加完成。

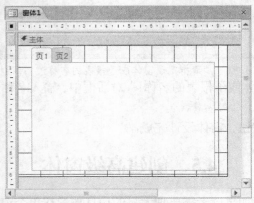

图 4-93　添加选项卡控件

（4）设置选项卡的标题属性，如图 4-94（a）代表选中选项卡中的页 1，设置其标题属性为"基本信息"，同样的方法设置页 2 的标题属性为"成绩信息"，如图 4-94（b）所示。

（5）在选项卡控件中添加其他类型控件。首先，选中要添加控件的选项卡页；然后，将需要的字段拖动到该页，松开鼠标前出现如图 4-95（a）所示页面，此时说明要添加的字段是在"基本信息"页中，松开鼠标后如图 4-95（b）所示，字段添加成功。

【注意】为什么图 4-95（a）有一块黑色的区域？

原因是，选项卡控件是一种容器类控件，所谓的容器类控件就是可以在其上添加其他控件。也就是说添加的"学号"字段是显示到"基本信息"页中的，该字段不能放在选项卡之外，选项卡移动的时候该字段跟着移动，这就是容器类控件。

（6）采用同步骤（5）相同的方法添加"姓名"字段、"性别"字段和"班级"字段。

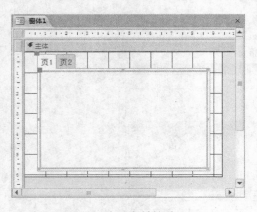

（a）设置选项卡属性前　　　　　　　　　　（b）设置选项卡属性后

图 4-94　设置选项卡标题属性

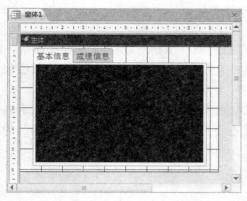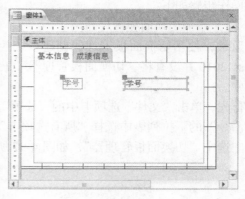

（a）控件添加中　　　　　　　　　　　　（b）控件添加后

图 4-95　在选项卡控件中添加控件

（7）重新选中"成绩信息"页，同样采用步骤（5）的方法添加"学号"字段和"子窗体"控件。前面的例题中已经介绍了子窗体控件的添加方法，将"成绩子窗体"添加到"成绩信息"页中。

（8）保存窗体，并命名为"学生信息查询"窗体，窗体创建完成。

【拓展知识】创建分页窗体。通过采用"插入分页符"控件，来完成对于一个窗体信息量比较大时窗体的设计。

4.5.2　创建系统控制窗体-切换窗体

切换窗体是使用切换面板管理器创建的窗体，是一个特殊窗体。切换窗体实质上是一个控制菜单，通过选择菜单实现对所集成的数据库对象的调用。

1. 几个概念

切换面板页：每级控制菜单所对应的界面。

切换项：也可称菜单项，是每个切换面板页的选项。

2. 创建切换窗体

首先启动切换面板管理器，然后创建所有的切换面板页和每页上的切换项，设置默认的切换面板页，最后为每个切换项设置相应内容。

【例 4.18】使用切换面板管理器创建"教学管理系统"数据库的切换窗体。要求将例 4.1 至例 4.17 创建的部分窗体划分为"学生信息""专业信息""课程信息"和"教学计划"4 个窗体类型，放入切换面板主窗体"教学管理系统"中实行统一管理，运行结果如图 4-96 所示。

图 4-96　"教学管理"切换窗体

操作步骤如下：

（1）添加切换面板管理器。

通常，使用切换面板管理器创建系统控制界面的第一步是启动切换面板管理器，由于 Access 2010 并没有将"切换面板管理器"工具放在功能区中，因此使用前要先将其添加到功能区中。

首先，单击"文件"选项卡中的"选项"，在左侧选择"自定义功能区"，从"从下列位置选择命令"的下拉列表中选择"所有选项卡"，并在下方的主选项卡的"数据库工具"的"管理"中选中"切换面板管理器"，如图 4-97 所示。

图 4-97　"Access 选项"对话框

然后，在右侧选择想添加"切换面板管理器"的位置，由于"切换面板"属于一种特殊的窗体，所以本例中选择"创建"选项卡的"窗体"，然后单击右下方的"新建组"按钮，此时在"窗体"下方出现了一个新的选项"新建组（自定义）"，单击"重命名"按钮，对新建组重命名为"切换面板"，如图 4-98 所示，单击"确定"按钮，如图 4-99 所示。

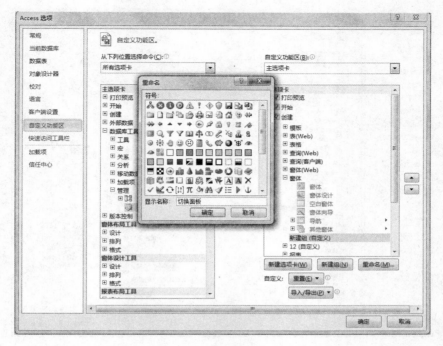

图 4-98 添加"选项卡"对话框

图 4-99 完成添加"选项卡"对话框

最后，单击中间的"添加"按钮，便可出现如图 4-100 所示的界面，单击"确定"按钮便可。

图 4-100　完成选项卡的添加

此时，功能区就会出现所添加的相应功能的按钮，如图 4-101 所示。

图 4-101　"功能区"界面

（2）启动切换面板管理器。

单击"数据库工具"选项卡中的"切换面板管理器"，如图 4-102 所示。单击"是"按钮进入图 4-103 进行切换面板窗体的创建。

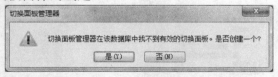

图 4-102　启动"切换面板管理器"界面

图 4-103　"切换面板管理器"界面

（3）创建新的切换面板页。

创建主窗体名称以及一级窗体类别名称。根据题目要求，主窗体名称为"教学管理系统"，4 个一级窗体类别名称分别是："学生信息""专业信息""课程信息"和"教学计划"。创建步骤如下。

① 在图 4-103 中，单击"新建"按钮，在弹出的"新建"对话框的"切换面板页名"文本框中，输入："教学管理系统"，如图 4-104 所示，单击"确定"按钮后，主窗体名称"教学管理系统"，出现在切换面板管理器的"切换面板页"列表中，如图 4-105 所示。

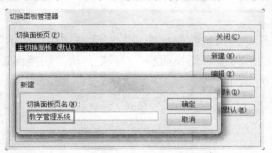
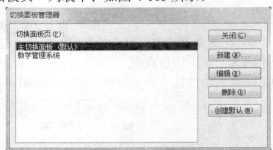

图 4-104　新建"切换面板页"界面　　　　图 4-105　完成"教学管理系统切换面板页"界面

② 重复①的操作，分别创建 4 个一级窗体类别的切换面板页名称："学生信息""专业信息""课程信息"和"教学计划"，创建完成后如图 4-106 所示。

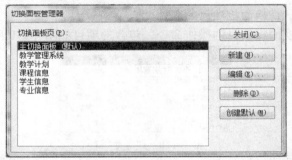

图 4-106　创建完所有切换面板页后的"切换面板管理器"

③ 设置默认的切换面板页。

在图 4-106 中，选中要设置的切换面板页"教学管理系统"，单击"创建默认"按钮，删掉原默认的切换面板页，如图 4-107 所示。

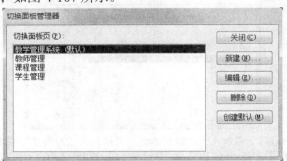

图 4-107　更改切换面板页"教学管理系统"为默认值

（4）为切换面板页创建切换面板项目。

① 创建主窗体"教学管理系统"窗口中包含的项目。在图 4-107 中，选中切换面板页"教学管理系统"后，单击"编辑"按钮，打开"编辑切换面板页"对话框，如图 4-108 所示。

图 4-108　"编辑切换面板页"对话框

② 在图 4-108 中，单击"新建"按钮，打开"编辑切换面板项目"对话框，在"文本"框中输入"学生信息查询"，保持"命令"行上的"转至'切换面板'"不变，从"切换面板"的下拉列表中选择"学生信息"选项，如图 4-109 所示。

图 4-109　"编辑切换面板项目"对话框

【说明】

"文本"：要创建的切换面板项目的名称。

"命令"：对该切换面板项目的操作命令，包含的项目如图 4-110 所示。

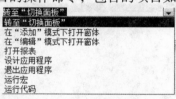

图 4-110　"命令"行

"切换面板"：返回的界面。

③ 重复②的操作，分别添加另外 3 个切换面板页名称："专业信息查询""课程信息查询"和"教学计划查询"到"切换面板上的项目"列表中，如图 4-111 所示。完成主窗体的窗口设计，单击"关闭"按钮，便可返回到图 4-107 所示的"切换面板管理器"。

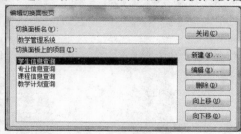

图 4-111　添加 4 个一级窗体到"切换面板上的项目"列表中

（5）创建切换面板页"学生信息"的项目窗口。在图 4-107 中，选中"学生信息"，单击"编辑"按钮，如图 4-112 所示。在这个对话框中，应将前面例题中与学生信息有关的窗体通过"新建"功能链接进来。

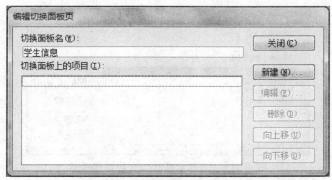

图 4-112 "编辑切换面板页"对话框

① 在图 4-112 中,单击"新建"按钮,在"编辑切换面板页"对话框的"文本"框中输入其中一个窗体名称:"学生详细信息",从"命令"行下拉列表中选择"在'编辑'模式中打开窗体",从"切换面板"右侧的下拉列表中选择窗体名称"学生详细信息",单击"确定"按钮,窗体名称"学生详细信息"出现在"切换面板上的项目"列表中。

② 重复①的操作,分别添加另外 3 个窗体名称(如图 4-114 所示)到"切换面板上的项目"列表中。

③ 添加一个返回到上级窗口的项目。在切换面板页"学生信息"中添加完 4 个与学生信息有关的窗体之后,还必须添加一个能返回到上一级窗口的项目。在图 4-112 中,单击"新建"按钮,在对应位置输入图 4-113 所示内容,则一个被称为"返回教学管理系统"的项目出现在"学生信息"窗口中,如图 4-114 所示。

图 4-113 编辑"返回教学管理系统"项目

图 4-114 "学生信息"页的所有链接项目

(6)参照(5),类似地创建切换面板页"专业信息""课程信息"和"教学计划"的链接项目设计,完成后的各个页中包含的项目如图 4-115、图 4-116 和图 4-117 所示。

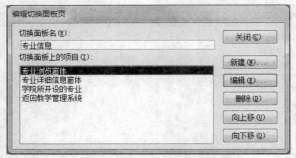

图 4-115　"专业信息"页的链接项目

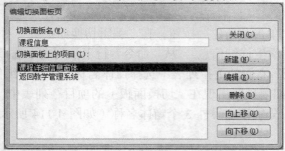

图 4-116　"课程信息"页的链接项目

图 4-117　"教学计划"页的链接项目

（7）到此为止，在图 4-107 所示的"切换面板管理器"对话框中的各个切换面板页均已完成设计。单击"关闭"按钮，关闭"切换面板管理器"对话框，返回到教学管理数据库的"窗体"对象列表窗口，可以看到窗口中增加了一个"切换面板"对象，如图 4-118 所示。

图 4-118　"窗体"对象窗口增加了"切换面板"对象

（8）运行主窗体"切换面板"，查看运行效果，如图 4-119 所示。单击 4 个一级窗体类别的任何一个，即可进入该类别包含的下级项目窗口。

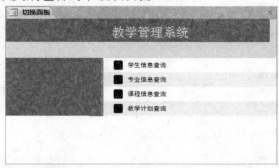

图 4-119　"编辑切换面板页"对话框

（9）对主窗体"切换面板"的外观进行美化修饰。进入"切换面板"的设计视图窗口，在左侧位置添加一个"图像"控件 ，在弹出的"插入图片"对话框中添加准备好的图片文件，并设置图像控件的相关属性参照图 4-96 所示，用户还可根据自己的喜好在设计视图中增加标签控件、修饰线条等。

4.5.3　设置启动窗体

如果希望在打开数据库时自动打开指定的窗体，需要设置启动窗体，实现在打开数据库的同时打开窗体。

【例 4.19】将例 4.18 设计的"切换面板"主窗体设置为启动窗体。

操作步骤如下：

（1）启动 Access 2010，打开"教学管理"数据库。

（2）在"文件"选项卡中单击"选项"按钮，进入"Access 选项"对话框，选中"当前数据库"，如图 4-120 所示。在右方的显示窗体对应的下拉列表中选择"切换面板"；并把"显示导航窗格"前方的勾掉，单击"确定"按钮，结束启动项设置。

（a）

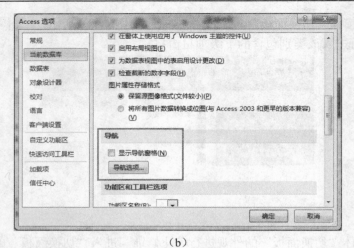

(b)

图 4-120 "Access 选项"对话框

（3）关闭退出当前数据库。

（4）再次打开数据库，即可看到系统在打开数据库的同时，自动运行了"切换面板"主窗体。

4.6　调整窗体布局格式和美化窗体

设计窗体过程中，经常需要对其中的控件进行调整，包括大小、排列、外观、特殊效果等，以便达到美化控件和窗体的效果。

4.6.1　窗体布局格式调整

窗体的布局主要是指在窗体设计工具选项卡中进行窗体的选定、移动、大小调整、对齐设置、间距调整和外观设置。

本文中将不再详细介绍，读者可在前面的操作中得以练习。

4.6.2　美化窗体

本章前面介绍的所有窗体的设计及其调整均以关注窗体的实用功能为主，在实际的应用中，窗体的美观性也十分重要。在 Access 2010 中不仅可以对窗体及其控件进行单项设置，还可以使用"主题"对整个系统的窗体进行设置。

在窗体设计工具选项卡中"设计"选项卡的主题，是从整体上设置数据库系统，使所有窗体具有同一色调的快速方法。

【例 4.20】在"教学管理"数据库中，对"学生信息查询窗体"应用数据库的"流畅"主题。

操作步骤如下：

（1）打开"教学管理"数据库，打开窗体"学生信息查询窗体"，并进入设计视图。

（2）在"窗体设计工具"选项卡的"设计"选项卡中单击"主题"，如图 4-121 所示。

在此列表中找到需要的主题"流畅"单击，此时窗体页眉节的背景颜色和窗体上字体会随之发生变化，如图 4-122 所示。

图 4-121 "主题"列表

图 4-122 "主题"使用后

4.6.3 添加当前日期和时间

在窗体中可以为设计好的窗体添加当前日期和时间。向窗体添加当前日期和时间的操作步骤如下：

（1）在数据库中打开要添加当前日期和时间的窗体的设计视图。

（2）在"窗体设计工具"选项卡中的"设计"子选项卡中，单击"页眉/页脚"组中的"日期和时间"按钮，如图 4-123 所示。

图 4-123 "日期和时间"对话框

（3）如插入日期和时间，则选择"包含日期"和"包含时间"复选框。

（4）在选择了某一项后，再选择日期和时间格式，最后单击"确定"按钮便可。

【说明】添加的"日期"和"时间"默认在"窗体页眉"处。

【例 4.21】综合练习。在"教学管理"数据库中，以表"学生"为数据源，设计如图 4-124 所示的窗体，命名为"学生基本信息浏览窗体"。

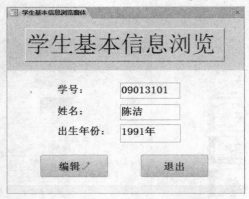

图 4-124 "学生基本信息浏览窗体" 对话框

要求如下：

（1）窗体标题为 "学生基本信息浏览"；窗体边框为 "对话框边框"，取消窗体的最大化和最小化按钮、记录选择器和导航按钮。

（2）"学生基本信息浏览" 对应的控件，字号为 36；位置：距上边距 0.6cm，距左边距 1cm；凸起的特殊效果。

（3）窗体上有两个按钮控件 "编辑" 和 "退出"，名称分别为 "CmdEdit" 和 "CmdExit"。"编辑" 按钮既显示标题文字又显示图片，单击 "编辑" 按钮时，打开窗体 "学生详细信息"；单击 "退出" 按钮时，关闭窗体。

（4）整个窗体设计采用 "流畅" 主题。

操作步骤如下：（前面的内容已经详细介绍了各功能的设计，在此仅抓取重要图片解释。）

① 启动 Access 2010，打开 "教学管理" 数据库。

② 在 "创建" 选项卡中，单击 "窗体" 组中的 "窗体设计"，打开窗体的设计视图。

③ 打开 "窗体" 对应的属性窗口，需设置 "标题" 属性、"边框样式" 属性、"最大最小化按钮" 属性、"记录选择器" 属性和 "导航按钮" 属性。

④ 添加 "标签" 控件，在窗体页眉处，打开 "标签" 控件对应的属性窗口，设置 "标题" "字号" "上边距" "左" 和 "特殊效果" 属性。

⑤ 添加两个按钮控件，并分别设置属性。对于 "编辑" 按钮，使用控件向导创建过程中，设置单击按钮的操作为 "窗体操作" 中的 "打开窗体"（学生详细信息），按钮 "文本" 为 "编辑"，然后需要在 "属性" 窗口设置按钮的 "名称" 属性、"图片标题排列" 属性（左边）和 "图片" 属性，对于 "图片" 属性的设置需单击 显示图片生成器，如图 4-125 所示，单击 "确定" 按钮便可。

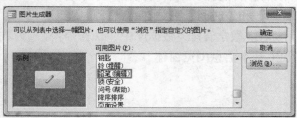

图 4-125 "图片生成器" 窗口

⑥ 对于 "退出" 按钮，同上设置 "名称" 属性和 "单击" 属性。

⑦ 添加窗体中显示的三方面内容，"学号" 和 "姓名" 字段直接从字段列表中拖动；出生

年份需要添加一个文本框控件，并设置文本框控件的"控件来源"如图 4-126 所示。自行进行对齐设置。

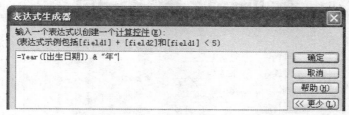

图 4-126　"表达式生成器"对话框

⑧ 设置窗体的主题。选择"设计"选项卡中"主题"组中的第六行第二个"流畅"主题。

⑨ 其他外观自行设置。

⑩ 保存窗体并在窗体视图中查看，窗体创建完成。

同步实验之 4-4　利用控件创建窗体

一、实验目的

1. 掌握利用"窗体设计"按钮创建窗体的方法。

2. 掌握各种控件的使用方法。

3 掌握窗体的美化。

二、实验内容

1. 在"教学管理"数据库中，创建名称为"同步_按照课程查询成绩窗体"的主/子窗体对象。该窗体以表"课程"作为主窗体的记录源，内嵌"课程成绩信息"子窗体，可以在课程名称中选择课程，在子窗体中查看该课程的成绩信息。效果如图 4-127 所示。

图 4-127　"同步_按照课程查询成绩窗体"

【提示】子窗体根据图中的内容自行创建；窗体上显示的日期/时间是一个计算型的文本框控件，可以通过其属性窗口进行设置。

2. 在"教学管理"数据库中，创建名称为"同步_教师信息查询窗体"的窗体对象。以表"教师"为数据源，该窗体上方显示教师的总人数，不能修改，其他功能如图 4-128 所示。"学院代码"所对应的下拉列表框仅用来在添加记录时使用。

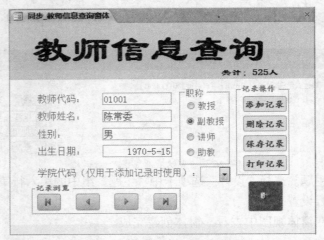

图 4-128　"同步_教师信息查询窗体"

3. 在"教学管理"数据库中，创建名称为"同步_选课信息查询窗体"的窗体对象，如图 4-129 所示，单击 🔲 按钮关闭窗体；单击"进入"按钮，则打开窗体"同步_相关信息浏览窗体"，如图 4-130 所示，包含三个页面："学院信息""专业信息"和"课程信息"，通过单击"返回"按钮，则返回主界面。

图 4-129　"同步_选课信息查询窗体"

（a）"学院信息"界面　　　（b）"专业信息"界面　　　（c）"课程信息"界面

图 4-130　"同步_相关信息浏览窗体"

【提示】本题中用到控件嵌套控件的操作，请读者在设计时多留意。

三、拓展练习

自己制作一个格式为 bmp 的班级标志，作为徽标在"学生信息查询窗体"中添加一个班级徽标。

本章小结

本章介绍了 Access 2010 中窗体的作用，窗体的种类，窗体的结构和窗体视图，如何利用快捷按钮和设计视图进行窗体的创建，如何修饰窗体等内容。重点介绍窗体中控件的类型，以及控件属性的设置和在窗体中的应用。

设计者可以根据不同的需求采用不同的方法来进行窗体的设计。窗体设计时，设计者可以结合不同的视图来查看窗体效果。如通过设计视图来设计窗体，通过窗体视图来查看窗体效果，通过数据表视图来查看窗体的数据记录等。

一个质量好的窗体不仅要满足信息要求，而且要具有和谐的外观。可以通过各种方式来调整窗体内元素的布局，还可以通过设置窗体属性等来美化、润色窗体。

习 题 四

一、思考题

1. 简述窗体的作用。

2. 窗体有几种类型？简述其不同之处。

3. 试分析数据透视表窗体与交叉表查询的异同。

4. 一般情况下，绑定型文本框使用时哪几个属性是必须设置的？标签控件呢？

5. 创建窗体的方法主要有哪几种？

6. 什么是窗体的数据源？当数据源中的记录发生改变时，窗体中信息是否随之变化？

7. 什么是子窗体？其作用是什么？如何将子窗体插入到已经创建的主窗体上？

二、单选题

1. 窗体是 Access 数据库中的一个对象，下列属于窗体功能的是（   ）。

①输入数据；②编辑数据；③存储数据；④实施参照完整性；⑤显示和查询表中的数据；⑥修改字段类型

    A. ①②③   B. ①②④   C. ①②⑤   D. ①②⑥

2. 在窗体的设计视图中，能够预览显示结果，并且又能够对控件进行调整的视图是（   ）。

    A. 设计视图   B. 窗体视图   C. 布局视图   D. 数据表视图

3. 当窗体中的内容较多无法在一页中显示时，可以使用什么控件来进行分页（   ）。

    A. 命令按钮控件   B. 组合框控件   C. 选项卡控件   D. 选项组控件

4. 在窗体控件中，用于显示数据表中数据的最常用的控件是（   ）。

    A. 复选框控件   B. 选项组控件   C. 文本框控件   D. 标签控件

5. 下列关于窗体的几种视图功能描述不正确的是（   ）。

    A. 窗体视图是操作数据时的视图，是完成对窗体设计后的结果

    B. 在布局视图中可以调整和修改窗体设计，可以根据实际数据调整列宽、调整控件的位置和宽度

    C. 设计视图不仅可以创建窗体，更重要的是编辑修改窗体，但要求窗体的记录源不能为空

    D. 在数据透视图视图中，把表的数据信息及数据汇总信息，以图形化的方式直观显示出来

6. 在 Access 中建立了"学生"表，其中有可以存放照片的 OLE 对象字段，在使用向导为该表创建窗体时，"照片"字段所使用的控件是（   ）。

    A. 图像   B. 矩形框   C. 绑定对象框   D. 未绑定对象框

7. 在窗体设计视图中，必须包含的部分是（   ）。

    A. 主体   B. 页面页眉/页脚   C. 窗体页眉/页脚   D. 以上都有

8. 主/子窗体通常用于显示具有（   ）关系的表或查询的数据。

    A. 一对一   B. 一对多   C. 多对一   D. 多对多

9. 下列关于组合框和列表框描述不错误的是（   ）。

    A. 组合框的控件向导可实现基于其选定的值查找窗体记录，列表框不具备此性质

    B. 列表框中各行内容可以是自行键入的值，而组合框不行

C. 窗体视图中，可以在组合框中输入新值，而列表框不行

D. 窗体视图中，在列表框和组合框中都可以输入新值

10. 下面关于窗体控件功能描述错误的是（　　）。

A. 命令按钮控件用于查找记录、打印记录等操作

B. 控件向导用于打开和关闭控件向导

C. 图像控件用于在窗体中插入图表对象

D. 绑定对象框用于在窗体或报表上显示 OLE 对象字段内容

11. 若要求将文本框中输入的文本均显示为 "*" 号，则应设置的属性是（　　）。

A. "默认值"　　　　　　　　B. "标题"　　　　　　　　C. "密码"　　　　　　　　D. "输入掩码"

12. 要改变窗体上文本框控件的数据源，应设置（　　）属性。

A. "记录源"　　　　　　B. "控件来源"　　　　　　C. "默认值"　　　　　　D. "筛选查阅"

13. 在 Access 数据库中已知教师参加工作的时间，用文本框显示教师的工龄，下面表达式正确的是（　　）。

A. =year(date())-year([参加工作时间])

B. =#year(date())-year([参加工作时间])#

C. =time(date())-time([参加工作时间])

D. =#time(date())-time([参加工作时间])#

14. 关于控件的组合，下列叙述中错误的是（　　）。

A. 多个控件组合后，会形成一个矩形组合框

B. 移动组合中的单个控件超过组合边界时，组合框的大小会随之改变

C. 当取消控件的组合时，将删除组合的矩形框并自动选中所有的控件

D. 选择组合框，按 Delete 键就可以取消控件的组合

15. 在教师信息输入窗体中，为职称字段提供 "教授" "副教授" "讲师" 等选项供用户直接选择，最合适的控件是（　　）。

A.标签　　　　　　　　B.复选框　　　　　　　　C.文本框　　　　　　　　D.组合框

16. 若在 "销售总数" 窗体中有 "订货总数" 文本框控件，能够正确引用控件值的是（　　）。

A. Forms.[销售总数].[订货总数]　　　　　　B. Forms.[销售总数]![订货总数]

C. Forms![销售总数].[订货总数]　　　　　　D. Forms![销售总数]![订货总数]

三、判断题

1. 窗体的数据源只能是数据表。　　　　　　　　　　　　　　　　　　　　　（　　）

2. "空白窗体" 按钮创建的窗体的数据源只能是数据表。　　　　　　　　　　（　　）

3. 在计算控件中，每个表达式前都要加上 "="。　　　　　　　　　　　　　（　　）

4. 窗体由多个部分组成，每个部分称为一个 "节"。　　　　　　　　　　　　（　　）

5. 在布局视图中可以根据实际数据调整和修改窗体设计。　　　　　　　　　　（　　）

6. 列表和组合框之间的区别是组合框除包含一个可以接受输入的文本框外,还可以从下拉列表中选择一个值。　　　　　　　　　　　　　　　　　　　　　　　　　　　　　　　　　　（　　）

7. 标签可以作为绑定或未绑定控件来使用。　　　　　　　　　　　　　　　　（　　）

8. 在窗体中可以使用文本框创建计算控件显示计算结果。　　　　　　　　　　（　　）

9. 窗体页眉用于在每一页的顶部显示标题。　　　　　　　　　　　　　　　　（　　）

10. 窗体可以用来帮助用户查看或输出存储在数据库中数据的信息,但通过窗体用户不可以输入数据记录。　　　　　　　　　　　　　　　　　　　　　　　　　　　　　　　　　　　　（　　）

附 表

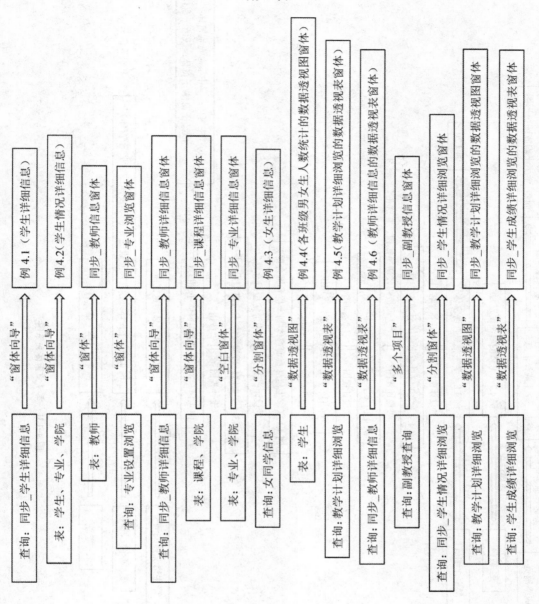

查询	生成方式	窗体名称
查询：同步_学生详细信息	"窗体向导"	例 4.1（学生详细信息）
表：学生、专业、学院	"窗体向导"	例 4.2（学生情况详细信息）
表：教师	"窗体"	同步_教师信息窗体
查询：专业设置浏览	"窗体"	同步_专业浏览窗体
查询：同步_教师详细信息	"窗体向导"	同步_教师详细信息窗体
表：课程、学院	"窗体向导"	同步_课程详细信息窗体
表：专业、学院	"空白窗体"	同步_专业详细信息窗体
查询：女同学信息	"分割窗体"	例 4.3（女生详细信息）
表：学生	"数据视图"	例 4.4（各班级男女生人数统计的数据透视图窗体）
查询：教学计划详细浏览	"数据透视表"	例 4.5（教学计划详细浏览的数据透视表窗体）
查询：同步_教师详细信息	"数据透视表"	例 4.6（教师详细信息的数据透视表窗体）
查询：副教授查询	"多个项目"	同步_副教授信息窗体
查询：同步_学生情况详细浏览	"分割窗体"	同步_学生情况详细浏览窗体
查询：教学计划详细浏览	"数据透视图"	同步_教学计划详细浏览的数据透视图窗体
查询：学生成绩详细浏览	"数据透视表"	同步_学生成绩详细浏览的数据透视表窗体

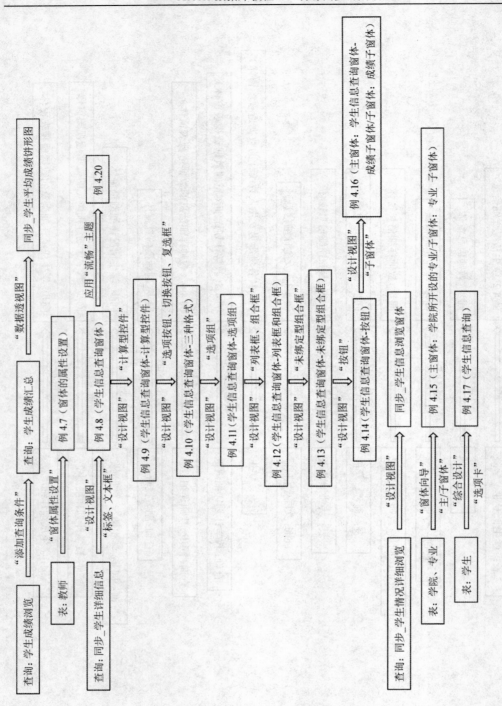

图 4-131　第 4 章窗体关系图

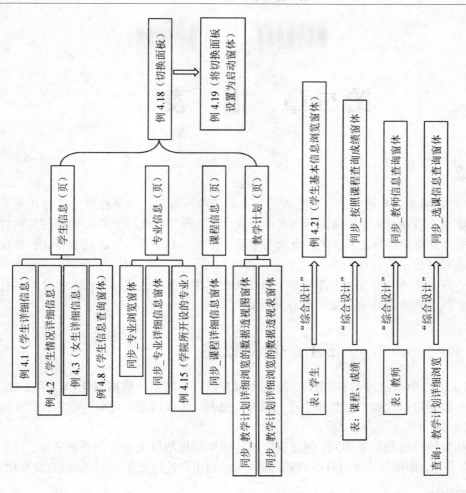

图4-131（续）

187

第5章 报 表

本章导读

Access 中的对象表、查询和窗体都可以用于打印简单的信息，但要打印大量的数据或者对打印的格式要求比较高时，则必须使用报表的形式。报表既可以执行简单的数据浏览和打印功能，也可以对大量数据进行汇总、统计与摘要信息，可以一目了然。通过报表可以将数据输出到屏幕上，也可以传送到打印设备。

本章主要介绍报表的一些基本应用操作，如报表的创建、报表的设计及报表的计算和打印等内容。重点介绍报表自身特有的设计和计算操作。

5.1 报表概述

报表是专门为打印而设计的特殊窗体。报表不仅可以执行简单的数据浏览和打印功能，还可以对大量原始数据进行比较、汇总和小计。同时，报表可生成清单、订单、标签、名片和其他所需的输出内容。

建立报表和窗体的过程基本相同，创建窗体的各项操作技巧可完全套用在报表上，只是窗体最终显示在屏幕上，而报表还可以打印出来；窗体可以与用户进行交互，而报表没有交互功能。

5.1.1 报表的功能

报表主要功能就是将数据库中的数据按照用户选定的结果，打印输出，没有输入数据的功能。具体来看，主要有以下基本功能。

（1）对大量数据进行比较、汇总、小计和分组等。

（2）可生成带有图形、图表的报表，增强数据的可读性。

（3）可按照特殊格式排版，如生成清单、发票和标签等商业格式。

以上功能，将在下文的介绍中一一展现。

5.1.2 报表的类型

Access 几乎能够创建用户所能想到的任何形式的报表。一般来说，主要有以下 4 种类型。

1. 纵栏式报表

以垂直方式显示记录，字段标签与字段值一起显示在主体节内，在每页上显示一条或多条记录。

2. 表格式报表

表格式报表和表格式窗体、数据表类似，将数据信息以表格的形式打印输出，即以行、列的形式列出数据记录。可以对数据进行汇总，是一种比较常用的报表类型。

3. 图表式报表

以图形或图表的方式显示数据，直观地显示数据之间的关系。

4. 标签报表

将特定字段中的数据提取出来，打印成一个个小的标签，以粘贴标识物品。大多用于联系人电话等简短的信息。

5.1.3 报表的视图

Access 2010 提供报表的 4 种视图：报表视图、打印预览、布局视图和设计视图。

（1）报表视图：报表最终的显示（打印）视图。在里面可以执行各种数据的筛选和查看方式，如图 5-1 所示。

（2）打印预览：提前观察报表的打印输出效果，可以随时更改设置。单击鼠标可以改变报表的显示大小，如图 5-2 所示。

图 5-1 报表的报表视图   图 5-2 报表的打印预览视图

（3）布局视图：功能和操作方法同报表视图，在布局视图中可以移动、删除和设置控件属性，如图 5-3 所示。

（4）设计视图：可以设计和修改报表的结构，添加、删除控件，设置控件属性和美化报表等，如图 5-4 所示。

图 5-3 报表的布局视图   图 5-4 报表的设计视图

5.2 通过功能区创建报表

Access 2010 采用灵活简便的风格创建报表，方法有多种：通过利用"创建"选项卡的"报表"组中的"报表""报表设计""空报表""报表向导"和"标签"等按钮来创建报表，如

图 5-5 所示。下文将重点介绍"报表向导"按钮和"报表设计"按钮。

图 5-5　创建报表的各快捷按钮

各按钮功能介绍如下：

（1）"报表"：通过当前打开的或选中的数据表或查询自动创建一个报表，是最快速创建报表的方法。在创建的报表中显示数据源的所有字段，生成报表过程中也不提示任何信息。用户需要做的就是选定一个作为数据源的数据表或查询。

（2）"报表设计"：在报表的设计视图中通过添加控件自行建立报表。将在下一小节中介绍。

（3）"空报表"：Access 2010 新增的功能。"空报表"按钮的使用实际上是报表的布局视图，在报表的创建过程中，用户通过拖动数据表字段，可以快捷地建立一个功能完善的报表。

（4）"报表向导"：通过借助"报表向导"的提示建立报表，在建立报表的过程中具有选择字段的自由，并可以指定数据的分组和排序方式以及报表的布局样式。

（5）"标签"：是一种类似名片的短信息载体，通过借助"标签向导"的提示建立个性新颖、实用性强的报表，例如"学生通讯地址"和"图书馆卡片信息"等。

5.2.1　利用"报表向导"创建报表

使用"报表向导"按钮可以自由选择在报表上显示的字段，还可以指定数据的分组和排序方式及报表的布局样式，操作比较灵活。

【例 5.1】在"教学管理"数据库中，利用"报表向导"按钮创建表"学生"的报表，并命名为"按班级统计学生信息"。要求：按照班级进行分组，如图 5-6 所示。

图 5-6　按班级统计学生信息

操作步骤如下：

（1）启动 Access 2010，打开"教学管理"数据库。

（2）单击"创建"选项卡的"报表"组中的"报表向导"按钮，将打开"报表向导"对话框，在"表/查询"下拉列表中选择数据源"表：学生"，然后选择字段"学号""姓名""性别""班级"和"出生日期"字段，单击"下一步"按钮，如图 5-7 所示。

（3）在"是否添加分组级别"对话框中，选中左侧列表框的"班级"后单击 [>]，完成按照"班级"进行分组，单击"下一步"按钮，如图 5-8 所示。

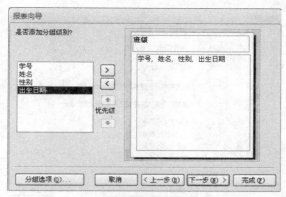

图 5-7 "是否添加分组级别"对话框

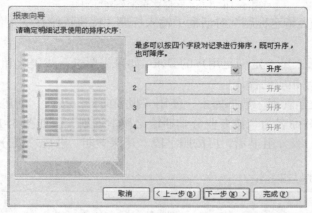

图 5-8 "请确定明细记录使用的排序次序"对话框

（4）在"请确定明细记录使用的排序次序"对话框中，本例中没有涉及排序，此时不需任何选择，单击"下一步"按钮，如图 5-9 所示。

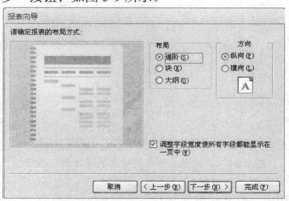

图 5-9 "请确定报表的布局方式"对话框

【说明】在"请确定明细记录使用的排序次序"对话框中，单击"升序"按钮，就会变成"降序"。

（5）在"请确定报表的布局方式"对话框中，根据需要指定格式，本例中采用默认值，单击"下一步"按钮，如图 5-10 所示。

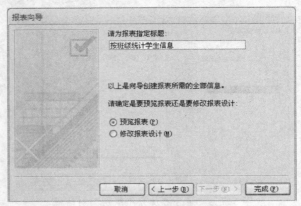

图 5-10　"请为报表指定标题"对话框

（6）在"请为报表指定标题"对话框中输入标题"按班级统计学生信息"，单击"完成"按钮，报表创建完成。

【说明】创建的报表不一定满足用户的要求，如果需要进一步美化和修改完善则要在报表的"设计视图"中进行相应的操作。

【例 5.2】在"教学管理"数据库中，使用"报表向导"按钮，创建查询"教学计划详细浏览"的输出报表，并命名为"按专业分学期输出教学计划"，如图 5-11 所示。要求：按字段"专业名称"进行一级分组显示，再按照字段"开课学期"进行二级分组显示，并按照"课程代码"升序排列。

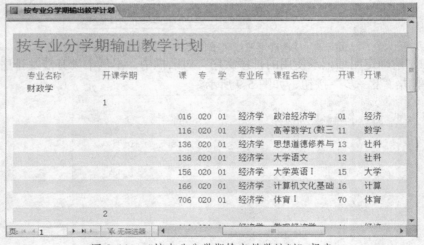

图 5-11　"按专业分学期输出教学计划"报表

操作步骤如下：

（1）启动 Access 2010，打开"教学管理"数据库。

（2）单击"创建"选项卡"报表"组中的"报表向导"按钮，将打开"报表向导"对话框，在"表/查询"下拉列表中选择数据源"查询：教学计划详细浏览"，然后选择所有字段到右边，单击"下一步"按钮，如图 5-12 所示。

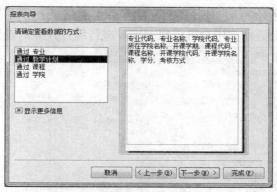

图 5-12　"请确定查看数据的方式"对话框

（3）在"请确定查看数据的方式"对话框中，选择"通过 教学计划"，单击"下一步"按钮，如图 5-13 所示。

【说明】"请确定查看数据的方式"可以用来初步分组。

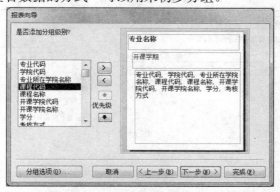

图 5-13　"是否添加分组级别"对话框

（4）在"是否添加分组级别"对话框中，选择左侧列表的"专业名称"，然后单击 > 完成一级分组，继续选择"开课学期"后单击 > 完成二级分组，单击"下一步"按钮，如图 5-14 所示。

【说明】在"是否添加分组级别"对话框中，通过上下箭头可以更改分组的优先级别。

图 5-14　"请确定明细信息使用的排序次序和汇总信息"对话框

（5）在"请确定明细信息使用的排序次序和汇总信息"对话框中，从下拉列表框中选择"课程代码"，单击"下一步"按钮，如图 5-15 所示。

【说明】在"请确定明细信息使用的排序次序和汇总信息"对话框中，通过单击"汇总选项"打开"汇总选项"对话框，用户可以根据需要进行统计计算的设置，如图 5-16 所示。

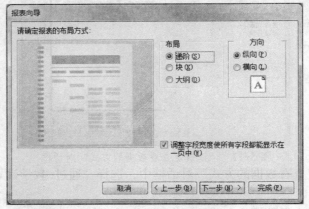

图 5-15　"请确定报表的布局方式"对话框

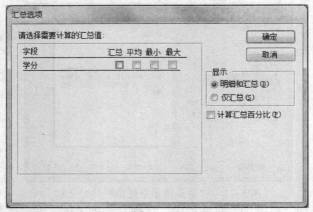

图 5-16　"汇总选项"对话框

（6）在"请确定报表的布局方式"对话框中，根据需要指定格式，本例中采用默认值，单击"下一步"按钮，如图 5-17 所示。

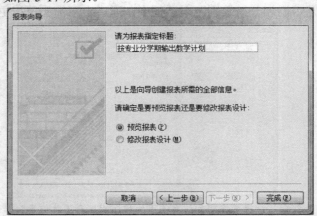

图 5-17　"请为报表指定标题"对话框

（7）在"请为指定报表标题"对话框中输入标题"按专业分学期输出教学计划"，单击"完成"按钮，报表创建完成。

5.2.2　利用“标签”创建标签报表

在日常工作中，可能需要制作“邮件地址”“学生信息”之类的标签。所谓的标签是一种类似名片的短信息。在 Access 2010 中，用户可以使用“标签”按钮快速地制作标签报表。

【例 5.3】在“教学管理”数据库中，利用“标签”按钮创建数据源为表“学生”的“学生通讯信息”报表，如图 5-18 所示。

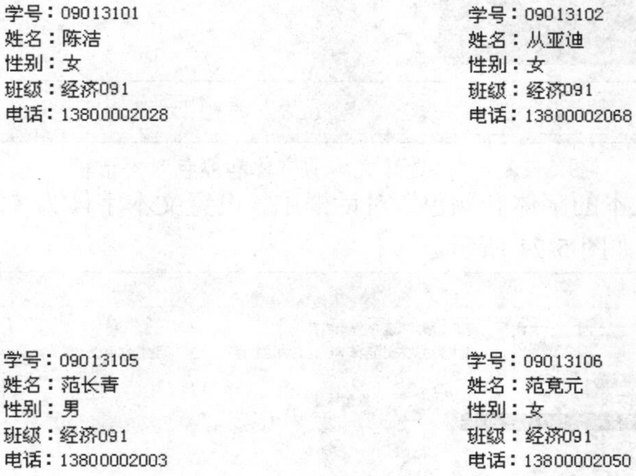

学号：09013101
姓名：陈洁
性别：女
班级：经济091
电话：13800002028
学号：09013102
姓名：从亚迪
性别：女
班级：经济091
电话：13800002068
学号：09013105
姓名：范长青
性别：男
班级：经济091
电话：13800002003
学号：09013106
姓名：范竟元
性别：女
班级：经济091
电话：13800002050

图 5-18　“学生通讯信息”标签报表

操作步骤如下：

（1）启动 Access 2010，打开“教学管理”数据库，选中作为数据源的表“学生”。

（2）在“创建”选项卡的“报表”组中单击“标签”按钮，弹出“标签向导”对话框，如图 5-19 所示。在其中指定所需要的一种尺寸（如果不能满足需要，可以单击“自定义”按钮自行设计标签），本例题目中没有具体说明标签尺寸，在此采用默认值，单击“下一步”按钮，如图 5-20 所示。

标签向导
本向导既可创建标准型标签，也可创建自定义标签。
请指定标签尺寸：
型号：
尺寸：
横标签号：
C2166　52 mm x 70 mm　2
C2180　21 mm x 15 mm　3
C2244　72 mm x 72 mm　2
C2245　246 mm x 166 mm　1
度量单位
英制
公制
标签类型
送纸
连续
按厂商筛选：
Avery
自定义...
显示自定义标签尺寸
取消
< 上一步(B)
下一步(N) >
完成(F)

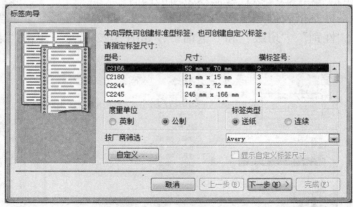

图 5-19　自定义标签对话框

【说明】用户可以从“按厂商筛选”下拉列表中选择厂商以方便选择标签大小；或者通过“自定义”按钮自行指定标签尺寸。

图 5-20　"请选择文本的字体和颜色"对话框

（3）在"请选择文本的字体和颜色"对话框中，设置文本字体为"宋体"，字号为"9"，单击"下一步"按钮，如图 5-21 所示。

图 5-21　"请确定邮件标签的显示内容"对话框

（4）在"请确定邮件标签的显示内容"对话框中。用户既可以从左边的"可用字段"列表框中选择要显示的字段，也可以直接输入所需的内容。

设置标签内容是标签报表创建过程中最重要的一步,此例中选择 5 个字段来显示,分别是："学号""姓名""性别""班级"和"电话"，如图 5-22 所示，单击"下一步"按钮，如图 5-23 所示。

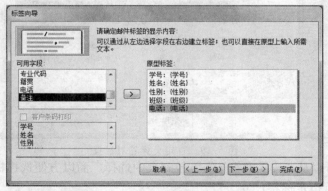

图 5-22　完成标签显示内容对话框

【说明】使用标签只能添加"文本""数字""日期/时间""货币""是/否"和"附件"型数据。其中"学号："是手动输入的；而"{学号}"是从左边可用字段列表中选择的。

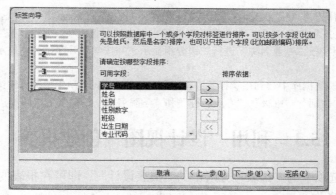

图 5-23　"请确定按哪些字段排序"对话框

（5）在"请确定按哪些字段排序"对话框中，在可用字段列表中选中"学号"字段添加到右边的排序依据列表处，完成按照学号来排序，单击"下一步"按钮，如图 5-24 所示。

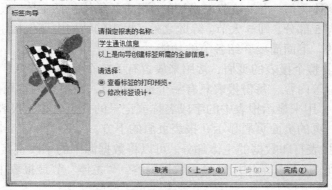

图 5-24　"请指定报表的名称"对话框

（6）在"请指定报表的名称"对话框中，输入标题"学生通讯信息"，单击"完成"按钮，完成报表的创建。

同步实验之 5-1　利用功能区创建报表

一、实验目的

1. 掌握使用"报表"创建报表。
2. 掌握使用"报表向导"创建报表。
3. 掌握使用"空报表"创建报表。
4. 掌握使用"标签"创建报表。

二、实验内容

1. 在"教学管理"数据库中，利用"报表"按钮创建表"学生"的报表，命名为"同步_学生基本信息报表"。

2. 在"教学管理"数据库中，利用"报表向导"按钮创建表"教师"的报表，显示"教师代码""教师姓名""性别""职称""出生日期"，命名为"同步_按性别分职称输出教师信息报表"。要求：按字段"性别"进行一级分组显示，再按照字段"职称"进行二级分组显示，并按出生日期升序排列。

3. 在"教学管理"数据库中，利用"报表向导"按钮创建查询"专业设置浏览"的输出报表，命名为"同步_按学院分专业输出专业情况报表"。要求：按字段"学院名称"进行一级分组显示，再按照字段"专业名称"进行二级分组显示，并按专业代码降序排列。按照"块"布局显示信息。

4. 在"教学管理"数据库中，利用"报表向导"按钮创建查询"同步_学生情况详细浏览"的输出报表，报表中不显示"奖惩情况""健康状况""简历""照片""备注""Email""贷款否""家庭地址""家庭电话"和"特长",并命名为"同步_按学院分专业输出学生情况报表"。要求:按字段"学院名称"进行一级分组显示,再按照字段"专业名称"进行二级分组显示,并按学号升序排列。显示每个专业的入学的最高分。

5. 在"教学管理"数据库中,利用"标签"按钮创建查询"同步_学生情况详细浏览"的标签报表,显示"学号""姓名""性别""班级""专业名称"和"学院名称",命名为"同步_学生信息标签报表"。

5.3　利用"设计视图"创建报表

单击"创建"选项卡的"报表"分组中的"报表设计",即可在报表的设计视图中进行报表的创建、设计和修改。

5.3.1　报表的结构

报表的结构与窗体类似,也是按节来设计的。报表的结构包括主体、报表页眉、报表页脚、页面页眉和页眉页脚 5 部分,即 5 大节。除此之外,报表的结构中还包括组页眉和组页脚两个节,是由分组产生的。下面简要介绍各节的功能。

(1)报表页眉:整个报表的页眉,常用来放置有关整个报表的信息,如标题、标识图案,以及制表日期、单位等内容,每份报表只有一个报表页眉,在报表的首页头部打印输出。

(2)页面页眉:用来显示报表中的字段名称或记录的分组名称,报表的每一页都有一个页面页眉,报表第一页的页面页眉显示在报表页眉的下方。

(3)主体:是报表打印数据的主体部分。可以将数据源中的字段直接拖到"主体"节中,或者将报表控件放到"主体"节中用来显示数据内容。"主体"节是报表中的核心部分,因此不能删除。

(4)页面页脚:打印在每页的底部,主要用来显示页号、制表人员、审核人员等说明信息,报表的每一页都有一个页面页脚。

(5)报表页脚:是整个报表的页脚,内容只在报表的最后一页底部打印输出。包括主要制作、制作时间、制作单位等,及数据的统计结果信息。报表最后一页中,先在主体数据结束处显示报表页脚,然后在页面最底端显示页面页脚。

(6)组页眉:在分组报表每一组开始的位置,主要用来显示报表的分组信息。根据需要,还可以使用"排序与分组"属性来设置"组页眉/组页脚"区域,以实现报表的分组输出和分组统计。可以建立多层次的组页眉及组页脚,但不可分出太多的层。

(7)组页脚:组页脚主要安排文本框或其他类型控件显示分组统计数据,显示在每组结束的位置。

【说明】可以通过拖动各节的下边界来调整节的大小。

5.3.2　报表设计工具栏

打开报表设计视图后,出现"报表设计工具"选项卡,包括:"设计""排列""格式"和"页面设置"。

(1)"设计"选项卡:如图 5-25 所示,除了"分组和汇总"组外,其他都与窗体的设计选项相同。

图 5-25 "设计"选项卡

（2）"排列"选项卡和"格式"选项卡：同窗体的"排列"和"格式"选项卡。

（3）"页面设置"选项卡：如图 5-26 所示，是报表独有的选项卡，包含两个组，用来对纸张、边距和方向进行设置。

图 5-26 "页面设置"选项卡

5.3.3 利用设计视图创建报表

报表的"设计视图"是用来编辑报表视图的。在"设计视图"中可以创建新的报表，也可以修改已有报表的设计，具有较高的灵活性。

【例 5.4】在"教学管理"数据库中，通过"设计视图"创建如图 5-27 所示名为"学生成绩报表"的报表，数据源为查询"学生成绩详细浏览"。

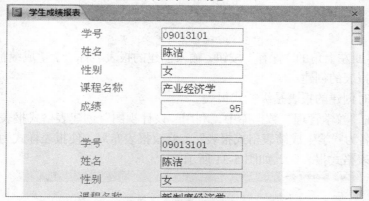

图 5-27 学生成绩报表

操作步骤如下：

（1）启动 Access 2010，打开"教学管理"数据库。

（2）在"创建"选项卡的"报表"组中单击"报表设计"按钮，如图 5-28 所示。

（3）打开报表的属性窗口，设置报表的记录源属性为查询"学生成绩详细浏览"，然后单击功能区"工具"组中的"添加现有字段"按钮，如图 5-29 所示。

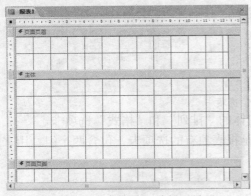

图 5-28　报表的设计视图界面　　　　　　图 5-29　选取现有字段界面

（4）在设计视图中，用鼠标双击需要的字段便可自动添加到报表设计视图的主体节区域，或用鼠标拖动需要的字段到主体节进行对齐便可，如图 5-30 所示。

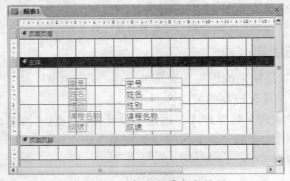

图 5-30　添加完所需字段界面

（5）单击界面左上角的"保存"按钮，输入创建的报表名称"学生成绩报表"，单击"确定"按钮，完成报表的创建。

【注意】此时创建的报表是纵栏式报表。

【例 5.5】在"教学管理"数据库中，利用"设计视图"创建表格式报表。复制"学生成绩报表"，重命名为"学生成绩表格式报表"。修改报表布局，使报表样式为表格式，并添加标题"学生成绩表格式报表"，如图 5-31 所示。

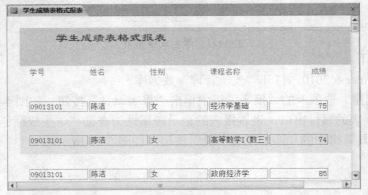

图 5-31　学生成绩表格式报表

操作步骤如下：

（1）启动 Access 2010，打开"教学管理"数据库。

（2）复制"学生成绩报表"，并重命名为"学生成绩表格式报表"，打开"学生成绩表格式报表"的设计视图，选中所有字段，如图 5-32 所示，单击"排列"选项卡的"表"组中的"表格"按钮，报表的布局发生变化，如图 5-33 所示。

图 5-32 "学生成绩表格式报表"的布局修改前

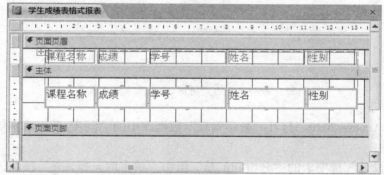

图 5-33 "学生成绩表格式报表"的布局修改后

此时，拖动页面页眉处左上角的控制符可以整体更改控件的位置。

（3）在"设计"选项卡的"页眉/页脚"组中，单击"标题"按钮，此时自动添加标题到报表页眉，调整报表标题到标签的居中位置，如图 5-34 所示。

图 5-34 "学生成绩报表"添加"标题"后

（4）单击左上角的"保存"按钮，报表创建完成。

【说明】读者也可以在设计视图中，一个一个移动控件添加来完成布局的改变，如同窗体上添加控件的方法。

5.4 报表的高级功能

5.4.1 分组和排序

在日常应用中，经常需要对数据进行分组、排序。分组是将报表中具有相同特征的记录排列在一起，并且可以为同组记录进行汇总统计。可以对一个字段也可以多个字段分别进行分组。

【例5.6】在"教学管理"数据库中，对"同步_学生基本信息报表"按照"性别"进行分组和排序，如图5-35所示。

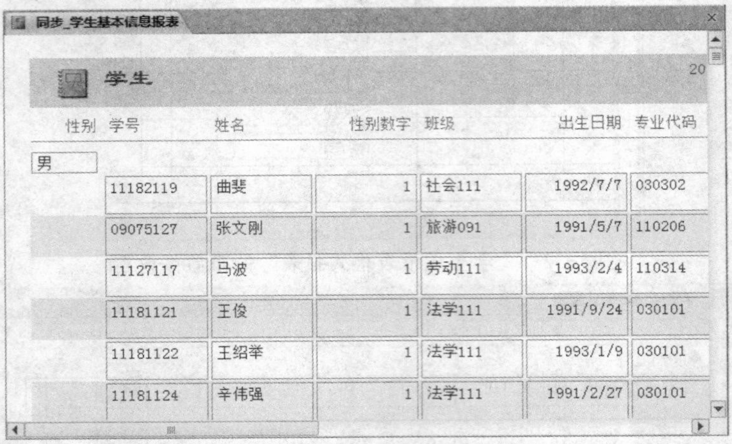

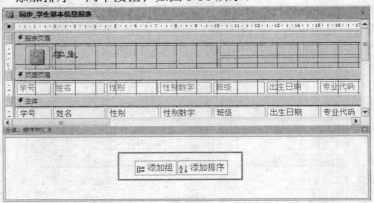

图 5-35 添加分组的"同步_学生基本信息报表"

操作步骤如下：

（1）启动 Access 2010，打开"教学管理"数据库中的"同步_学生基本信息报表"，并切换到设计视图。

（2）在"设计"选项卡的"分组和汇总"组中，单击 "分组和排序"按钮，在报表下部出现"添加组"和"添加排序"两个按钮，如图5-36所示。

图 5-36 添加分组按钮后的报表设计视图

（3）单击"添加组"按钮，打开"字段列表"，如图5-37所示，在列表中选择分组依据的字段。选择"性别"字段，默认"升序"，如图5-38所示。此时如果还有要分组的选项可以接续选择。可以通过更改"升序"后的箭头来改变排序的法则。

202

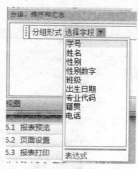

图 5-37 字段列表

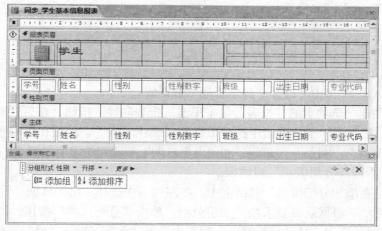

图 5-38 添加"性别"组后的报表设计视图

【说明】除了可以依据某个字段来分组，也可以依据表达式来分组。

（4）分组设置好了，此时需要把分组的字段添加到相应的组页眉或组页脚处。将主体节中的"性别"移动到性别页眉节中，如图 5-39 所示。

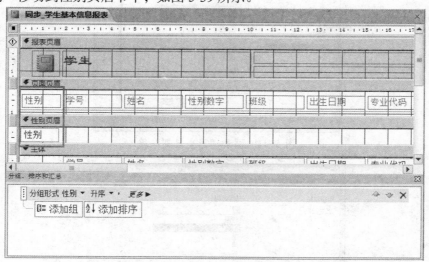

图 5-39 移动"性别"后的报表设计视图

（5）切换到"报表视图"查看分组后的报表，单击左上角的保存按钮，完成报表的操作。

【例 5.7】在"教学管理"数据库中，以表"学生"为数据源，创建按照出生年份来分组的"按年份统计学生信息"报表，如图 5-40 所示。

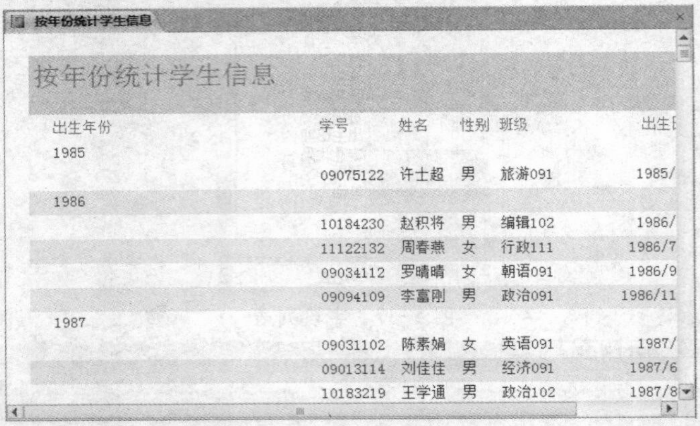

图 5-40 "按年份统计学生信息"报表

操作步骤如下：

（1）启动 Access 2010，打开"教学管理"数据库。

（2）在"创建"选项卡的"报表"组中单击"报表向导"按钮，在打开的"报表向导"对话框中，在"表/查询"下拉列表中选择数据源"表：学生"，然后在可用字段列表处选择字段"学号""姓名""性别""班级"和"出生日期"字段到选定字段列表，单击"下一步"按钮，打开"是否添加分组级别"对话框。

（3）在"是否添加分组级别"对话框中，在左列表中选择"出生日期"后单击 ⟩ 分组完成，如图 5-41 所示。根据题目要求按照年份分组，单击"分组选项"按钮，如图 5-42 所示，在"分组选项"对话框中，从"分组间隔"列表中选择"年"，单击"确定"按钮，返回"是否添加分组级别"对话框，如图 5-43 所示。

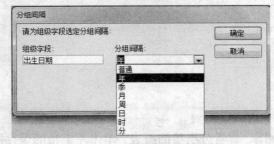

图 5-41 添加"出生日期"组

图 5-42 "分组选项"对话框

图 5-43　按 "年" 分组后

【说明】"分组间隔"用于自定义记录的分组形式。如果字段是"文本型"数据类型，则可以选择如图 5-44（a）所示；如果是"数值型"，则按照 5-44（b）所示。

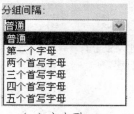

（a）文本型　　　　　　　　　　（b）数值型

图 5-44　"分组间隔"各种数据类型

（4）在"是否添加分组级别"对话框，单击"下一步"按钮，进入"请确定明细记录使用的排序次序"对话框。

（5）在"请确定明细记录使用的排序次序"对话框中，本例中没有涉及排序，此时不需任何选择，单击"下一步"按钮。

【说明】在"请确定明细记录使用的排序次序"对话框中，单击"升序"按钮，就会变成"降序"。

（6）在"请确定报表的布局方式"对话框中，根据需要指定格式，本例中采用默认值，单击"下一步"按钮。

（7）在"指定报表标题"对话框中输入标题"按年份统计学生信息"，单击"完成"按钮，报表创建初步完成，预览如图 5-45 所示。

图 5-45　按年份统计学生信息

（8）进入"按年份统计学生信息"报表的设计视图，通过属性窗口修改分组项的标题，如图 5-46 所示。

图 5-46　分组项属性设置窗口

（9）预览修改后的报表并保存，完成报表的创建。

5.4.2　计算

在报表的实际应用中，经常需要对报表中的数据进行一些计算，例如，对某个字段进行平均值的计算等，常用到的函数有 Count，Sum，Avg 等。

【例 5.8】在"教学管理"数据库中，在报表"按专业分学期输出教学计划"中添加"专业名称页脚"节，并在该节中分别用文本框统计每个专业所开设的总课程数和每个专业的学分累计结果。

操作步骤如下：

（1）启动 Access 2010，打开"教学管理"数据库，并打开进入报表"按专业分学期输出教学计划"的设计视图。

（2）添加"组页脚"。在"分组、排序和汇总"窗格中，单击"分组形式"右侧的**更多▶**后显示如图 5-47 所示，选择"有页脚节"，此时"专业名称页脚"对应显示出来。

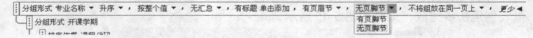

图 5-47　添加"专业名称"组页脚节

（3）在"专业名称页脚"节中，添加一个文本框，设置附加标签的标题为"本专业总课数："，在文本框中输入"=Count([课程代码])"或者"=Count(*)"。

【说明】在报表中对记录进行统计，都可以用"=Count(*)"，但由于计算控件放置的位置不同，统计记录的范围也不同。

（4）在"专业名称页脚"节中，再添加一个文本框，设置附加标签的标题为"本专业总学分："，在文本框中输入"=Sum([学分])"。

（5）保存，切换至打印预览视图，部分截图如图 5-48 所示。

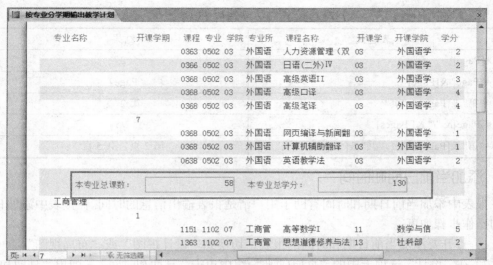

图 5-48 "打印预览"报表

5.4.3 导出

在 Access 中,不仅可以把表和查询结果导出到其他格式的文件,也可以把报表导出为 "Word" "Excel" 和 "文本文件" 等其他格式的文件。可以通过手动方式,也可以通过自动方式来实现,一般采用手动方式,采用自动方式时需要宏的帮助。

5.5 添加页码和日期/时间

5.5.1 添加页码

当报表页数比较多时,需要在报表中添加页码。具体操作步骤如下:

(1)打开要添加页码的报表,切换到"设计视图"或"布局视图"。

(2)在"设计"选项卡中的"页眉/页脚"组中单击"页码",弹出"页码"对话框,进行设置,然后单击"确定"便可,如图 5-49 所示。

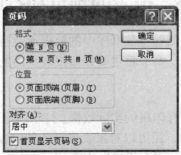

图 5-49 "页码"对话框

除了使用选项卡来添加页码外,Access 还提供了两个内置变量[Page]和[Pages],[Page]代表当前页号,[Pages]代表总页数。表达式示例参照表 5-1,这里假设某报表共有 5 页,当前显示的为第 2 页。

表 5-1　表达式示例及结果

表达式	结果
=[Page]	2
="Page" &[Page]	Page2
="第" &[Page]& "页"	第 2 页
=[Page]& "/" &[Pages]	2/5
="第" &[Page]& "页，共" &[Pages]& "页"	第 2 页，共 5 页

5.5.2　添加当前日期和时间

在报表中添加当前日期和时间有助于用户清楚报表输出信息的时间。在报表中添加日期和时间的操作步骤如下：

（1）打开要添加当前日期和时间的报表，切换到"设计视图"或"布局视图"。

（2）在"设计"选项卡中的"页眉/页脚"组中单击"日期和时间"，弹出"日期和时间"对话框，进行设置，然后单击"确定"便可，如图 5-50 所示。

图 5-50　"日期和时间"对话框

日期和时间也可以手动添加，按照在窗体上使用文本框显示当前日期和时间的方法，在报表上显示日期和时间。页码也可以通过文本框手动添加。

5.6　报表的预览和打印

报表最重要的一个作用就是能够将数据库中的数据通过打印机打印出来，所以使用报表另外一个基本的技巧就是打印报表。本节将主要介绍报表页面的设置及打印报表的方法。

5.6.1　报表预览

预览的目的是在屏幕上模拟打印机的实际效果。打印预览可以随时发现问题随时修改。如图 5-51 所示，在"打印预览"中，还可以对报表进行各种设置，这些设置按钮和"页面设置"选项卡中的按钮相同，本文将在"页面设置"中介绍。

图 5-51　"打印预览"选项卡

5.6.2　页面设置

打印页面的设置会影响报表的形式，因此在打印之前要进行页面设置。页面设置用来确定报表页的大小、边距，页眉、页脚的样式，表的布局（确定列数）等，如图 5-52 所示。

- 纸张大小：用于选择各种打印纸张，单击该按钮会弹出纸张选择下拉列表，选择便可。
- 页边距：设置打印内容在打印纸上的位置，单击该按钮会弹出下拉列表，从中选择要选用的页边距。
- 纵向：默认格式，报表的打印方式为纵向。
- 横向：报表的打印方式为横向。
- 页面设置：页面设置对话框如图 5-53 所示，有"打印选项""页"和"列"3 个选项卡。在该对话框中设置报表的页面布局。
- "打印选项"：用来设置页眉内容与纸张的边距，在上、下、左、右四个文本框内分别输入数值即可。"只打印数据"：若勾选，则表示只打印报表中的数据库字段及计算字段，而不显示直线、矩形框、分割线、页眉页脚等信息。
- "页"：设置页面的打印方向和纸张大小等。
- "列"：可设置页面中的列数、行间距，设置每列的宽度和高度，设置列布局等。

图 5-52　"页面设置"选项卡

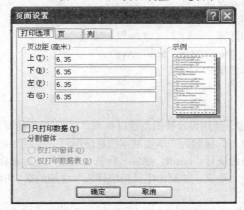

图 5-53　"页面设置"子选项卡

5.6.3　报表打印

经过预览、设置修改后就可以打印报表了。打印就是将报表送到打印机输出。操作步骤如下：

（1）单击"打印预览"选项卡中的"打印"按钮，打开"打印"对话框如图 5-54 所示，可以设置打印页码的范围，打印份数，选择打印机等。

图 5-54　"打印"对话框

（2）在"打印"对话框中，单击"设置"按钮，打开"页面设置"对话框。

（3）在"列"选项卡中，可以设置一页报表中的列数、行间距等。设置完成就可以单击"确定"按钮，进行打印。

【说明】有时打印预览过程中，常常出现"节宽度大于页宽度，……"的提示框，如果忽略，则常常出现空白页。主要原因是在设计报表时，在主体节或页面页眉或页面页脚节中，控件所占据的宽度大于所设置的输入纸张的页面所致。要特别注意报表中用到的直线控件。

同步实验之 5-2　在设计视图中创建报表

一、实验目的

1. 了解报表的结构和掌握报表设计工具。

2. 掌握在设计视图中创建和修改报表。

3. 掌握报表的排序、分组和计算。

4. 函数的熟练掌握（Count，Sum，Max，Min，Avg）。

5. 掌握在报表中添加页码和日期/时间的方法。

6. 报表的预览和打印。

二、实验内容

1. 在"教学管理"数据库中，使用设计视图创建以查询"同步_学生情况详细浏览"为数据源的"同步_学生基本信息情况报表"输出报表，标题为"学生基本信息情况"，按照专业名称一级分组降序，出生月份二级分组降序，不显示备注、身份证号、email、照片、特长、家庭住址、家庭电话、奖罚情况、健康状况和简历，并按照专业代码降序排列。要求：按照出生月份统计入学成绩的最大值和最小值；按照专业统计入学成绩的平均值。

2. 在"教学管理"数据库中，设计如图 5-55 所示报表"同步_学生通讯录报表"，具体要求：

（1）该报表的数据源为表"学生"。

（2）报表的标题为"学生通讯录"，字体为黑体，32 号，加粗。

（3）每页下方都有日期和页码，页码格式如图 5-55 所示。

（4）按照性别一级分组，并按照性别统计人数和年龄的平均值。

学生通讯录

性别	姓名	年龄	联系电话
男			
	王依聚	24	13500000053
	吕大州	25	13500000012
	王家泰	24	13500000008
	王俊伟	25	13500000163
	李个国	25	13500000166
	木家外	25	13500000103
	张兴和	24	13500000024
	李大征	25	13500000001
	李局	25	13500000102
	陈魔	25	13500000361
	陈个田	25	13500000117
	奥店色	25	13500000151
	宁医伟	25	13500000014
	宁阳	25	13500000109
	戚祥	24	13500000032
	余名乐	25	13500000105
	冯局	25	13500000162
	王立龙	25	13500003062
	贝志波	25	13500000077
	牛岳	25	13500000034

20 12 年3月29日
13：14：16

王丽娜的第 1 页

图 5-55 "学生通讯录"报表

3. 在"教学管理"数据库中,打开名为"同步_学生信息标签报表"的报表,添加页码和日期(格式自拟)并设置以 3 列的格式显示。

本章小结

本章介绍了报表的功能、报表的结构、报表的类型、如何使用各报表按钮创建和设计报表,以及如何在报表中添加相关的报表控件,设置控件的属性等操作。

报表设计器中提供了多种编辑靶标外观的方法。排序可以让报表中的数据按某个字段值进行升序或降序排列,分组可以将报表中的数据按组归类,使得数据更易读。排序和分组命令被执行时是先分组后排序。

报表在打印之前可以对其进行页面设置,包括设置页边距、页面布局方式、列数列宽等选项;打印时可以设置打印范围和打印份数等。

习 题 五

一、思考题

1. 简述报表的结构。
2. 简述报表与窗体设计视图结构的异同。
3. 报表中分组的作用是什么,如何进行分组?

4. 如何为报表指定数据源？如果想让系统自动添加数据源，可以用哪一种方法创建报表？

二、单选题

1. 在报表的设计视图中，能够预览显示结果，并且又能够对控件进行调整的视图是（　　）。

    A. 设计视图　　　　　　B. 报表视图　　　　　　C. 布局视图　　　　　　D. 打印视图

2. 如果要设计一个报表，该报表用于表示某类考试的学生准考证信息，可以将报表设计为（　　）。

    A. 分类报表　　　　　　B. 标签报表　　　　　　C. 交叉报表　　　　　　D. 数据透视图报表

3. 完成标签报表的创建以后，用户是不能在报表视图中预览最后效果的，必须在下面的（　　）视图中才能看到最终的效果。

    A. 设计视图　　　　　　B. 报表视图　　　　　　C. 布局视图　　　　　　D. 预览视图

4. 下面关于窗体和报表描述正确的是（　　）。

    A. 窗体只能输出数据，报表可以输入也可以输出

    B. 窗体能输入、输出数据，报表只能输出数据

    C. 报表和窗体都可以输入和输出数据

    D. 以上说法都是错误的

5. 以下不是报表的组成部分的是（　　）。

    A. 主体　　　　　　　　B. 报表设计器　　　　　C. 报表页脚/页眉　　　D. 组页脚

6. 如果打印报表时，希望在每页底部显示页码，则设计是应置于（　　）。

    A. 报表页眉　　　　　　B. 报表页脚　　　　　　C. 页面页眉　　　　　　D. 页面页脚

7. 报表的记录源可以基于以下（　　）。

    A. 数据表　　　　　　　B. 查询　　　　　　　　C. SQL 语句　　　　　　D. 都正确

8. 在报表中添加文本框对象以显示当前系统日期和时间，则应将文本框的控件来源属性设置为（　　）。

    A. =Year()　　　　　　 B. =Date()　　　　　　　C. =Now()　　　　　　　D. =Time()

9. 报表的设计视图的页面页脚中有一个文本框控件，给控件的控件来源属性设置为"=[page]&"页/"&[pages] &"页"",该报表共 6 页，则打印预览报表时第 1 页报表的页码输出是（　　）。

    A. 1 页/6 页　　　　　　B. 1 页，6 页　　　　　　C. 第 1 页，第 6 页　　　D. 1/6 页

10. 在基于"学生"表的报表中一个文本框控件的控件来源属性为"=count（*）"，下列说法正确的是（　　）。

    A. 处于不同分组级别的节中，计算结果不同

    B. 其值为报表记录源的记录总数

    C. 可将其放在页面页脚以显示当前页显示的学生数

    D. 只能存在于分组报表中

11. 报表的一个文本框控件来源为 "=IIf(([page] Mod 2=0), "页"& [page],"")"，下面说法正确的是（　　）。

    A. 显示奇数页页码　　　　　　　　　　　　B. 显示偶数页页码

    C. 显示当前页码　　　　　　　　　　　　　D. 以上说法都不对

【说明】请查阅 IIf 函数的使用。

12. 如果要在整个报表的最后输出信息，需要设置（　　）。

    A. 页面页脚　　　　　　B. 报表页脚　　　　　　C. 页面页眉　　　　　　D. 报表页眉

13. 在报表中，要计算"数学"字段的最高分，应将控件的控件来源属性设置为（　　）。

    A. =Max([数学])　　　　B. Max([数学])　　　　　C. =Max(数学)　　　　　D. =Max[数学]

14. 报表的作用不包括（　　）。

    A. 分组数据　　　　　　B. 汇总数据　　　　　　C. 格式化数据　　　　　D. 输入数据

15. 要求在页面页脚中显示"第 X 页，共 Y 页"，则页脚中的页码"控件来源"应设置为（　　）。

    A. ="第" & [pages] &"页，共" & [page] & "页"

    B. ="共" & [pages] &"页，第" & [page] & "页"

    C. ="第" & [page] &"页，共" & [pages] & "页"

    D. ="共" & [page] &"页，第" & [pages] & "页"

16. 要实现报表的分组统计，正确的操作区域是（   ）。

    A. 报表页眉或报表页脚区域　　　　B. 页面页眉或页面页脚区域

    C. 主体区域　　　　　　　　　　　D. 组页眉或组页脚区域

17. 如果设置报表上某个文本框的控件来源属性为"=2*3+1"，则打开报表视图时，该文本框显示信息是（   ）。

    A. 未绑定　　　　　　　B. 7　　　　　　　　C. 2*3+　　　　　　　D. 出错

三、判断题

1. 报表的数据源只能是数据表。　　　　　　　　　　　　　　　　　　　　（   ）

2. 报表的数据源可以是数据表也可以是查询。　　　　　　　　　　　　　　（   ）

3. 报表可以和窗体一样用用户进行交互。　　　　　　　　　　　　　　　　（   ）

4. 设计视图可以查看多列报表的效果。　　　　　　　　　　　　　　　　　（   ）

5. 报表页眉仅仅在报表的首页打印输出，主要用于打印报表的封面。　　　　（   ）

6. 在报表中，"组页眉和组页脚节只能作为一对同时添加或去除"说法是不正确的。（   ）

7. Access 的窗体与报表不同,窗体可以用来输入数据，而报表不能用来输入数据。（   ）

8. 要对报表中的一组记录进行计算，应将计算控件添加到"组页眉节或组页脚节"。（   ）

附　表

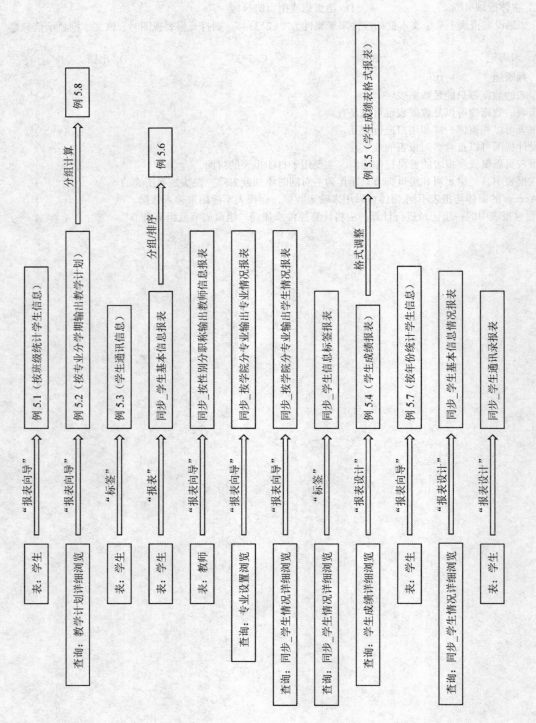

图 5-56　第 5 章报表关系图

第6章 宏

本章导读

在前几章学习 Access 2010 的过程中，我们发现其中大部分操作都是可以通过一个动作就可以完成。但是，实际工作中很多操作并不是一个动作就可以完成的，而是需要多个动作按照一定的顺序组合完成，有的操作甚至是要满足一定的条件才能完成，或者是重复执行多次。这时，普通的操作已不能满足我们的要求，就需要用到一个新的对象——宏。

6.1 宏简介

6.1.1 宏的定义

宏是一个或多个操作组成的集合，其中每个操作均能实现特定的功能。

宏可以是包含一个或多个宏命令的集合，当宏中含有多个宏命令时，其执行顺序是按照宏命令的排列顺序一次全部完成的。

宏的使用方法有很多种，可以直接在数据库的"宏"对象窗口中执行宏，也可以利用窗体、报表中的命令按钮直接调用宏。

"宏"与下一章要学习的"模块"相比，更容易掌握，用户不必要去记忆命令代码、命令格式和语法规则，只要了解有哪些宏命令，这些宏命令能够实现什么操作，完成什么操作任务就可以了。

宏的作用非常强大，可以单独控制其他数据库对象操作，也可以作为窗体或报表中控件的事件代码控制其他数据对象的操作，还可以成为使用的数据库管理系统菜单栏的操作命令，从而控制整个管理系统的操作流程。因为有了宏，用户甚至在一定条件下不用编程就能够完成数据库管理系统开发的过程，实现数据库管理系统软件的设计。在 Access 2010 中，宏的功能更加强大，不但可以包含基本的操作命令，还可以设置条件，还有"子宏""宏组"等包含嵌套结构的功能。Access 2010 的宏编辑器如图 6-1 所示。

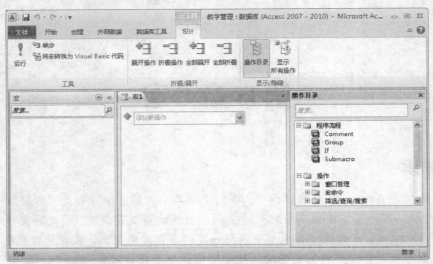

图 6-1　Access 2010 的宏编辑器

6.1.2　宏的功能

在 Access 中宏的作用主要表现在以下几个方面：

1. 连接多个窗体和报表

有些时候，需要同时使用多个窗体或报表来浏览其中相关联的数据。例如，在"教学管理"数据库中已经建立了"学生"和"教学计划"两个窗体，使用宏可以在"学生"窗体中通过与宏链接的命令按钮或者嵌入宏，打开"教学计划"窗体，以了解学生上课的情况。

2. 自动查找和筛选记录

宏可以加快查找所需记录的速度。例如，在窗体中建立一个宏命令按钮，在宏的操作参数中指定筛选条件，就可以快速查找到指定记录。

3. 自动进行数据校验

在窗体中对特殊数据进行处理或校验时，可以发挥宏的作用，使用宏可以方便地设置检验数据的条件，并可以给出相应的提示信息。

4. 设置窗体和报表属性

使用宏可以设置窗体和报表的大部分属性。例如，在有些情况下，使用宏可以将窗体隐藏起来。

5. 自定义工作环境

使用宏可以在打开数据库时自动打开窗体和其他对象，并将几个对象联系在一起，执行一组特定的工作。使用宏还可以自定义窗体中的菜单栏。

6.1.3　宏的结构

宏是由操作、参数、注释（Comment）、组（Group）、If（条件）、子宏等几部分组成的。Access 2010 对宏结构进行了重新设计，使得宏的结构与计算机程序结构在形式上十分相似。这样用户从对宏的学习，过渡到对 VBA 程序的学习是十分方便的。宏的操作内容比程序代码更简洁，易于设计和理解。

1. 注释

注释是对宏的整体或宏的一部分进行说明。注释虽然不是必须的，但是添加注释是个好习惯，它不仅方便他人对宏的理解，还有助于以后对宏的维护。在一个宏中可以有多条注释。

2. 组

随着 Access 的普及和发展，人们正在使用 Access 完成越来越复杂的数据库管理，因此宏的结构也越来越复杂。为了有效地管理宏，Access 2010 引入 Group 组。使用组可以把宏的若干操作，根据它们操作目的的相关性进行分块，一个块就是一个组。这样宏的结构显得十分清晰，阅读起来更方便。需要特别指出的是这个组与以前版本的宏组，无论概念还是目的都是完全不同的。

3. 条件

条件是指定在执行宏操作之前必须满足的某些标准或限制。可以使用计算结果等于 True/False 或"是／否"的任何表达式。表达式中包括算术、逻辑、常数、函数、控件、字段名以及属性的值。如果表达式计算结果为 False、"否"或 0（零），将不会执行此操作。如果表达式计算结果为其他任何值，将运行该操作。条件是一个可选项（既可以有也可以没有）。

6.1.4　宏操作

Access 共有宏操作 66 条，共分为"窗口管理""宏命令""筛选/查询/搜索""数据导入/导出""数据库对象""数据输入操作""系统命令""用户界面命令"等 8 大类，部分常用宏操作的名称、所属类别及功能如表 6-1 所示。

表 6-1　常用宏操作

宏操作	所属类别	功　能
CloseWindow	窗口管理	关闭指定的表、查询、窗体、报表、宏等窗口或活动窗口，还可以决定关闭时是否保存更改
MaximizeWindow		放大活动窗口，使其充满 Access 主窗口
MinimizeWindow		将活动窗口缩小为 Access 主窗口底部的小标题栏
MoveAndSizeWindow		移动活动窗口或调整其大小
RestoreWindow		将已最大化或最小化的窗口恢复为原来大小
CancelEvent	宏命令	取消引起该宏运行的事件
RunCode		调用 Visual Basic Function 过程
RunMacro		执行一个宏
RunMenuCommand		运行一个 Access 菜单命令
StopAllMacros		终止当前所有宏的运行
StopMacro		终止当前正在运行的宏
ApplyFilter	筛选/查询/搜索	对表、窗体或报表应用筛选、查询或 SQL 的 Where 子句，以便限制或排序表的记录以及窗体或报表的基础表，或基础查询中的记录

宏操作	所属类别	功　能
FindRecord	筛选/查询/搜索	在活动的数据表、查询数据表、窗体数据表或窗体中查找符合条件的记录
Requery		通过重新查询控件的数据源，来更新活动对象控件中的数据
OpenQuery		打开选择查询或交叉表查询，或者执行动作查询
ShowAllRecord		删除活动表、查询结果集或窗体中已应用过的筛选
ExportWithFormating	数据导入/导出	将指定的数据库对象中的数据以某种格式导出
GoToControl	数据库对象	将焦点移动到打开的窗体、窗体数据表、表数据表或查询数据表中的字段或控件上
GoToPage		在活动窗体中，将焦点移到指定页的第一个控件上
GoToRecord		在打开的表、窗体或查询结果集中指定当前记录
OpenForm		在窗体视图、窗体设计视图、打印预览或数据表视图中打开窗体
OpenReport		在设计视图或打印预览视图中打开报表或立即打印该报表
OpenTable		在数据表视图、设计视图或打印预览中打开表
PrintObject		打印当前对象
SelectObject		选定数据库对象
SaveRecord	数据输入操作	保存当前记录
Beep	系统命令	通过计算机的扬声器发出嘟嘟声
QuitAccess		退出 Access
MessageBox	用户界面命令	显示包含警告信息或其他信息的消息框

6.1.5　宏的运行

宏有多种运行方式：可以直接运行某个宏，完成某个功能；还可以利用窗体调用宏。

1. 直接运行宏

下列操作之一可以直接运行宏：

（1）从"宏"设计器中运行宏，单击工具栏上的"运行"按钮。

（2）在导航窗格中执行宏，双击宏名。

（3）使用"RunMacro"操作调用宏。

2. 利用窗体调用宏

通常情况下直接运行宏是在设计和调试宏的过程中进行的，只是为了测试宏的正确性。

在确保宏设计无误后，可以将宏附加到窗体、报表的控件中，在这些对象的事件属性中输入宏名称，宏将在该事件触发时运行。

6.2　创建宏

创建宏的过程主要是指定宏名、添加操作、设置参数及提供注释说明信息等。建立完宏之后，可以选择多种方式来运行、调试宏。

6.2.1　创建简单宏

下面通过三个宏操作："打开数据库对象""关闭数据库对象""将数据库对象导出为 Excel 文件"演示创建简单宏的一般过程。

1. 打开数据库对象

【例 6.1】在"教学管理"数据库中，新建一个宏，宏名称为"打开与学生信息相关的对象"。要求执行该宏时依次打开表"学生"、表"学生其它情况"、查询"学生情况详细浏览"，并预览报表"学生信息浏览"。

操作步骤如下：

（1）在数据库"教学管理"中单击"创建"选项卡中的"宏"按钮，打开宏设计器界面。

（2）单击设计界面上的"添加新操作"下拉列表框，选中"OpenTable"命令，如图 6-2 所示。如果不慎选错命令，可单击操作命令右侧的叉号删除该命令。

图 6-2　在宏设计器中选择第一个操作命令

（3）在 OpenTable 操作中的"表名称"中选择"学生"，完成第一个操作设置，如图 6-3 所示。

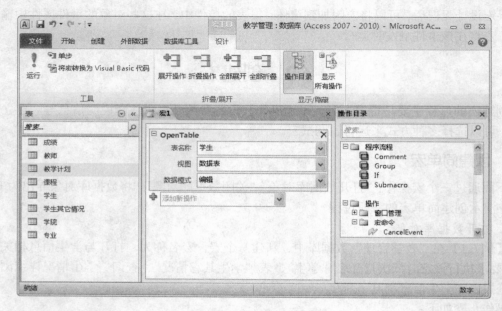

图 6-3　设置第一个操作的参数

（4）类似地完成以下几步操作：通过 OpenTable 打开"学生其他情况"表，通过 OpenQuery 打开"学生情况详细浏览"查询，通过 OpenReport 打开"学生信息浏览"报表。要注意的是，在通过 OpenReport 操作打开"学生信息浏览"报表时，要在参数"视图"下拉列表框中选择"打印预览"，才能完成题目要求。最终完成的效果如图 6-4 所示。

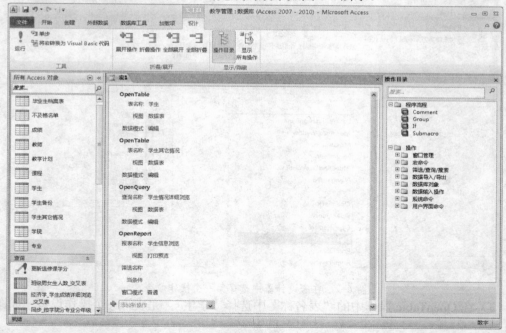

图 6-4　添加完所有操作后的界面

（5）单击保存按钮，保存宏，命名为"打开与学生信息相关的对象"。

（6）单击工具栏上的按钮 ，运行宏，并观察运行效果。可以看出运行该宏后按题目要求打开了四个与学生信息相关的数据库对象。

2. 关闭数据库对象

既然使用宏可以快速打开多个数据库对象，当然也可以反向操作，即设计一个宏，让它将刚才打开的数据库对象一一关闭。这里使用的是"窗口管理"类别中的"CloseWindow"操作。

【例 6.2】在"教学管理"数据库中，新建一个宏，宏名称为"关闭与学生信息相关的对象"。要求执行该宏时依次关闭：表"学生"、表"学生其它情况"、查询"学生情况详细浏览"、报表"学生信息浏览"。

操作步骤如下：

（1）通过类似于例 6.1 的操作打开宏设计器。

（2）这里介绍另外一种方法添加操作，即：不是通过单击设计界面上的"添加新操作"下拉列表框，选中操作命令，而是在设计器右侧的"操作目录"中找到"操作"下的"窗口管理"中的"CloseWindow"命令，并用鼠标拖拽到"添加新操作"下拉列表框中，实现操作命令的添加。然后在参数"对象类型"中选择"表"，"对象名称"中选择"学生"，如图 6-5 所示。

（3）再重复几次类似的操作，分别关闭表"学生其它情况"、查询"学生情况详细浏览"、报表"学生信息浏览"。

（4）按照题目要求保存宏，运行宏。

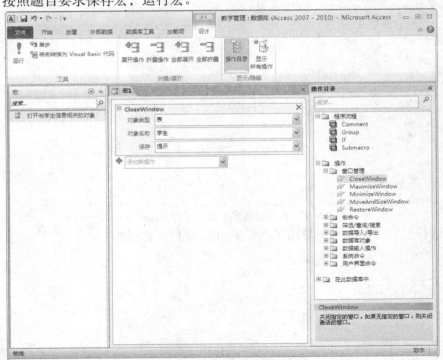

图 6-5　通过拖拽实现操作命令的添加

3. 将数据库对象导出为 Excel 文件

Access 的宏提供了使用"ExportWithFormatting"操作把数据表、查询和报表等导出为各种格式文件的功能。尽管 Access 本身具有将数据表导出为 Excel 格式的功能，但使用宏可以自动化地完成该功能，并可以同时导出多个文件。除此之外，使用宏还可以实现 Outlook 信息的导入导出、Word 文档的邮件合并工作，将指定的数据库对象包含在邮件中，这些功能给现代办公提供了极大的方便。在各类办公工作中，Excel 文件格式是常被用做传递数据所采用的格式，下面通过例题介绍使用宏把数据表导出为 Excel 文件的基本操作。

【例 6.3】新建一个宏，将"教学管理"数据库中的"学生"表导出为 Excel 格式，导出的文件名为"D:\学生.xls"，宏名称为"将学生表导出为 Excel 格式"。

操作步骤如下：

（1）打开宏设计器。

（2）单击设计界面上的"添加新操作"下拉列表框，选中"ExportWithFormatting"命令，做如图 6-6 所示的设置，并保存。

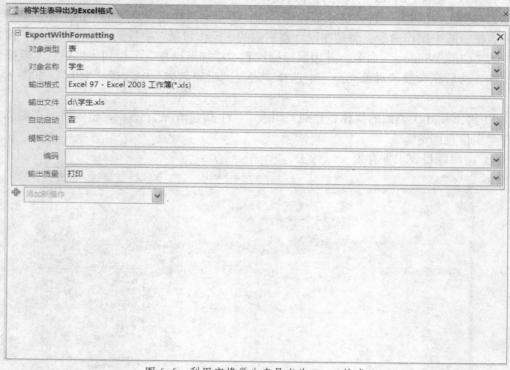

图 6-6　利用宏将学生表导出为 Excel 格式

（3）运行宏后，在 D 盘下导出了"学生.xls"文件，如图 6-7 所示。

222

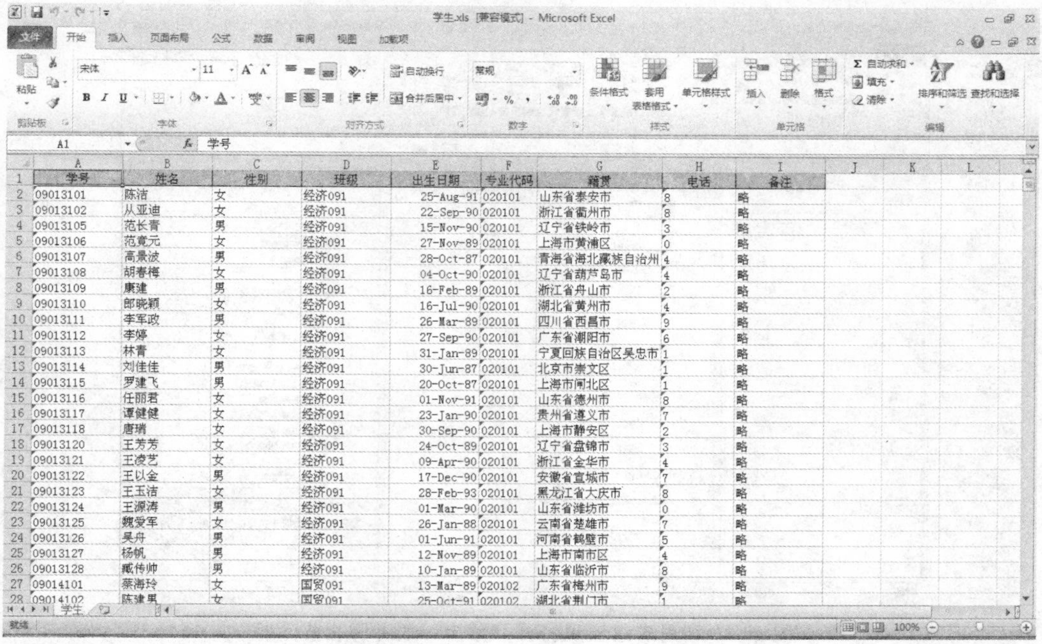

图 6-7　利用宏导出的"学生.xls"文件

6.2.2　创建宏组

创建宏时,可将相关操作分为一组,并为该组指定一个有意义的名称,从而提高可读性。宏组(Group)不会影响操作的执行方式,也不能单独调用或运行。分组的目的是标识一组操作,帮助用户一目了然地了解宏的功能。此外,在编辑大型宏时,也可将每个宏组块向下折叠为单行,从而减少必须进行的滚动操作。

【例 6.4】在"教学管理"数据库中,新建一个宏,宏名称为"宏组练习"。要求执行该宏时依次打开表"学生"和表"学生其他情况",每打开一个表,就弹出一个提示框,内容为:"你现在打开的是某某表"。为了提高可读性,要求利用宏组完成,宏组名称分别为"打开学生表"和"打开学生其他情况表",并添加相应的注释。

操作步骤如下:

(1)在数据库"教学管理"中单击"创建"选项卡中的"宏"按钮,打开宏设计器界面。

(2)单击设计界面上的"添加新操作"下拉列表框,选中"Group"命令,然后在后面的名称框中输入"打开学生表"。在这个宏组中"添加新操作"下拉列表框中选择"OpenTable"操作,在参数"表名称"中选择"学生"。在下一个"添加新操作"下拉列表框中选择"MessageBox"操作,在参数"消息"中输入"你现在打开的是学生表!",在参数"标题"中输入"打开表"。双击右侧"操作目录"窗口中"程序流程"下的"Comment",在弹出的文本框中输入"以上完成的是打开学生表操作",以上操作如图 6-8 所示。

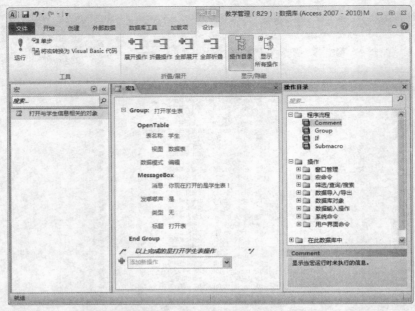

图 6-8 利用宏组实现打开"学生"表并弹出提示框

（3）重复刚才的操作，完成利用宏组打开"学生其他情况"表的操作。

（4）保存宏，单击宏组中的每一个操作命令前的折叠符号，实现折叠，效果如图 6-9 所示。将每一个宏组彻底折叠后效果如图 6-10 所示。

图 6-9 将宏组中操作命令折叠后的效果

图 6-10 将宏组折叠后的效果

可以看出，宏组的优点是能够将操作命令分组，从而提高复杂宏的可读性。另外，还有与宏组功能类似的子宏（SubMacro），也能实现分组的功能。但是，子宏和宏组还是有本质的区别：宏组无法被其他对象调用，子宏却可以被 RunMacro 命令或 OnError 命令调用；更重要的是，将一些重复的操作命令定义成子宏，以便多次调用以减少宏的总体操作命令数，类似于编程语言中的函数或过程。从中可以看出 Access 2010 的宏越来越接近于简单的程序设计语言了。

6.2.3　创建条件宏

在数据处理过程中，如果希望只是当满足指定条件时才执行宏的一个或多个操作，可以使用"If"块进行程序流程控制。还可以使用"Else If"和"Else"块来扩展"If"块，类似于VBA 等其他序列编程语言。

创建条件宏的操作步骤如下：

（1）从"添加新操作"下拉列表框中选择"If"，或利用第二种办法：将其从"操作目录"窗格拖动到"添加新操作"下拉列表框中。

（2）在"If"块顶部的"条件表达式"中，输入一个决定如何执行该块的条件表达式。该表达式必须是布尔表达式（也就是说结果必须是 True 或 False）。

在输入表达式时，可能会引用窗体、报表或其他相关控件值，可以使用如表 6-2 所示的格式。

表 6-2　条件宏引用窗体、报表时对应的表达式格式

引用内容	表达式格式
引用窗体	Forms！[窗体名]
引用窗体属性	Forms！[窗体名].属性
引用窗体中的控件	Forms！[窗体名]！[控件名] 或 [Forms]！[窗体名]！[控件名]
引用窗体中的控件属性	Forms！[窗体名]！[控件名].属性
引用报表	Reports！[报表名]
引用报表属性	Reports！[报表名].属性
引用报表中的控件	Reports！[报表名]！[控件名] 或 [Reports]！[报表名]！[控件名]
引用报表中的控件属性	Reports！[报表名]！[控件名].属性

（3）向块"If"添加操作，方法是从显示在该块中的"添加新操作"下拉列表框中选择操作，或将操作从"操作目录"窗格拖动到"If"块中。在"If"块中，条件表达式为 True 是要执行的操作。可以连续添加多次操作，以便完成要实现的功能。

设置"条件"的含义是：如果前面的条件表达式结果为 True，则执行此块中的操作；若结果为 False，则忽略此块中的操作。

【例 6.5】在"教学管理"数据库中，创建一个名为"登录窗体"的窗体，窗体类型为"模式对话框"。在窗体中包含一个密码格式的文本框，对用户输入的密码进行验证，包含两个按钮，"验证"按钮调用"验证密码"宏进行密码验证，"退出"按钮直接退出窗体（窗体创建时"退出"按钮已默认有退出功能）。同时创建一个名为"验证密码"的条件宏，当用户输入密码为"123456"时关闭"登录窗体"，然后打开"学生"表；否则弹出消息框，内容为"你输

入的密码不正确!"。

操作步骤如下:

（1）创建如图 6-11 所示的名为"登录窗体"的窗体。将密码文本框命名为"pass"。

图 6-11　"登录窗体"界面设置

（2）创建条件宏"验证密码"。打开宏设计器，在"添加新操作"下拉列表框中选择"If"，并在其后面的条件框中输入表达式：[Forms]![登录窗体]![pass]="123456"。这个条件表达式的意思是如果"登录窗体"中的"pass"文本框是所要求的"123456"则返回正确值。也可以单击条件框右侧的表达式生成器生成该表达式。

（3）在"If"块中的"添加新操作"下拉列表框中选择命令"CloseWindow"，用以关闭"登录窗体"；在下一个"添加新操作"下拉列表框中选择命令"OpenTable"，用以打开"学生"表。以上操作如图 6-12 所示。

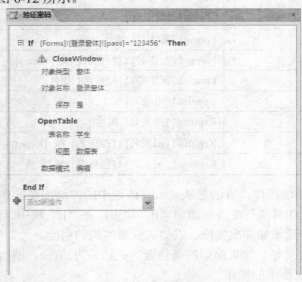

图 6-12　如果条件成立所执行的命令

（4）在下一个"添加新操作"下拉列表框右侧单击"添加 Else"，在弹出的 Else 下的"添加新操作"下拉列表框中选择命令"MessageBox"，用以弹出错误信息。保存后完成整个"验证密码"宏的设计。完成效果如图 6-13 所示。

图 6-13 条件宏完成效果

（5）在窗体设计器中打开窗体"登录窗体"，单击"验证"按钮，在"属性表"中找到"单击"属性，单击其右侧下拉列表框，选中"验证密码"，保存窗体。现在就完成了在窗体中调用宏的操作。

（6）运行"登录窗体"后，如果在密码框中输入正确密码，就可以打开"学生"表，否则就弹出错误提示框。如图 6-14 和图 6-15 所示。

图 6-14 当输入正确密码时的界面

图 6-15 当输入错误密码时弹出的错误提示

同步实验之 6-1　简单宏、宏组与条件宏的创建

一、实验目的

1. 熟悉添加操作命令的两种方法。
2. 掌握利用宏设计器创建一个简单的宏的方法。
3. 掌握宏组的设计方法及注释的使用。
4. 掌握条件宏的设计方法。

二、实验内容

1. 在"教学管理"数据库中建立两个宏，要求是：名字分别为"打开教师信息"和"关闭教师信息"，分别实现打开"教师"表、"教师详细信息"查询和关闭它们的功能，在创建宏的过程中，请使用两种方式实现操作命令的添加。

2. 在"教学管理"数据库中建立一个宏，要求是：名字为"宏组实验"，利用两个宏组分别实现：

（1）第一个宏组名称为"打开表"，功能为打开"教师"表，并弹出消息框，效果如图 6-16 所示。

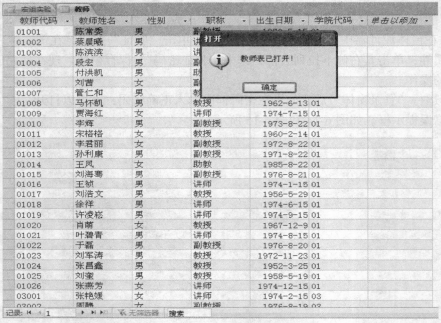

图 6-16　宏组"打开表"实现效果

（2）第二个宏组名称为"导出表"，功能为将"教师"表导出为 Excel 文件，路径为"D:\教师.xls"，并弹出消息框，如图 6-17 所示。

图 6-17　宏组"导出表"弹出的消息框

3. 在"教学管理"数据库中建立一个窗体，名称是"选择性别"，并在窗体中添加一个选项组，名称为"FrameGender"，标题为"性别"，其中包含两个选项按钮，内容分别为"男"和"女"；窗体中还包含一个按钮，标题内容为"选择"，窗体外观设置如图 6-18 所示。同时创建一个宏，名称为"选择性别宏"，要求是：根据用户在窗体中选择的性别，利用消息框输出用户选择的结果。将该宏与窗体中的"选择"按钮建立联系，使用按钮调用"选择性别宏"。运行效果如图 6-19 所示。

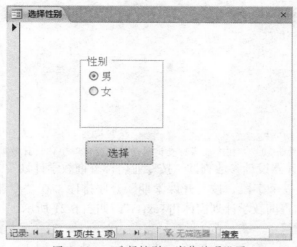

图 6-18 "选择性别"窗体外观设置

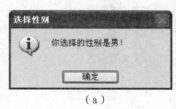 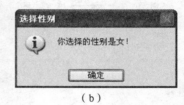

（a） （b）

图 6-19 运行效果

6.3 宏的综合使用与宏的调试

6.3.1 宏与窗体、查询、报表的综合使用

在实际使用中，宏经常与窗体、查询、报表等对象配合使用，完成一些综合性较强的功能。

【例 6.6】在"教学管理"数据库中，创建一个名为"按专业名称查询教学计划窗体"的窗体，要求在窗体的文本框中输入专业名称，点击按钮后即可查询到该专业大学四年的教学计划，即显示该专业的"专业名称""课程名称"和"开课学期"，按"开课学期"升序排序。

【例题分析】本题是利用窗体中文本框所输入的内容作为参数查询的参数，通过窗体中的按钮运行宏，利用宏调用参数查询。

操作步骤如下：

（1）利用窗体设计器设计名为"按专业名称查询教学计划窗体"的窗体，其中文本框命名为"Text1"，设计效果如图 6-20 所示。

图 6-20 "按专业名称查询教学计划窗体"窗体设计效果

（2）利用查询设计器设计参数查询"按专业名称查询教学计划"，显示"专业名称""课程名称""开课学期"三个字段，按"开课学期"升序排序，在"专业名称"的条件行输入"[Forms]![按专业名称查询教学计划窗体]![Text1]"，如图 6-21 所示。

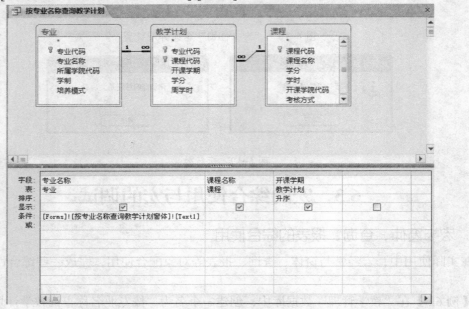

图 6-21 "按专业名称查询教学计划"参数查询设计效果

（3）设计宏"按专业查询教学计划宏"，主要功能为调用刚才设计的"按专业名称查询教学计划"查询，如图 6-22 所示。

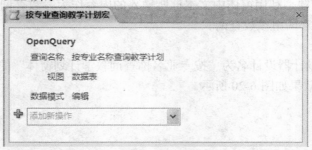

图 6-22 "按专业查询教学计划宏"设计效果

（4）在窗体设计器中打开"按专业名称查询教学计划窗体"，将按钮"开始查询"的"单击"属性选择为刚才设计的"按专业查询教学计划宏"，实现了窗体对宏的调用，如图 6-23 所示。

图 6-23 设置 "开始查询" 按钮的 "单击" 属性

（5）运行窗体后，在文本框中输入专业名称，点击 "开始查询" 按钮即可查询出该专业大学四年的教学计划，运行效果如图 6-24 所示。

（a）

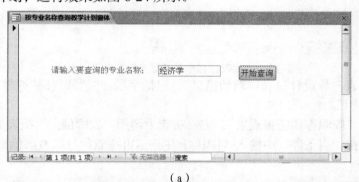

（b）

图 6-24 最终运行效果

【说明】如想实现模糊查询，例如在窗体的文本框中输入 "经济"，即可查询出专业名称中含有 "经济" 两个字的所有专业，可以在参数查询的 "专业名称" 的条件行中输入 " Like "*" & [Forms]![按专业名称查询教学计划窗体]![Text1] & "*" "。

【例 6.7】在 "教学管理" 数据库中，创建一个名为 "按职称打印教师信息" 的窗体，要求在窗体的文本框中输入教师的职称，根据输入的信息预览打印"教师信息"报表。

　　【例题分析】本题是利用窗体中文本框所输入的内容作为报表的运行条件，然后使用宏来调用报表，实现相应功能。

　　操作步骤如下：

　　（1）利用窗体设计器设计名为"按职称打印教师信息"的窗体，其中文本框命名为"Text0"，设计效果如图 6-25 所示。

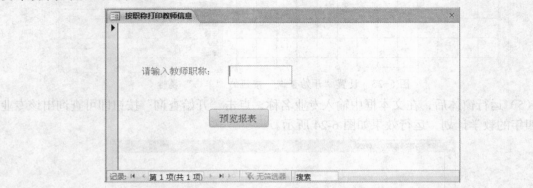

图 6-25　"按职称打印教师信息"窗体设计效果

　　（2）利用报表向导设计报表"教师信息"，包括字段："教师代码""教师姓名""性别""职称""出生日期"。

　　（3）设计宏"按职称预览报表宏"，主要功能为调用"教师信息"报表，在"视图"中选择"打印预览"，在"当条件"中输入"[职称]=[Forms]![按职称打印教师信息]![Text0]"，如图 6-26 所示。

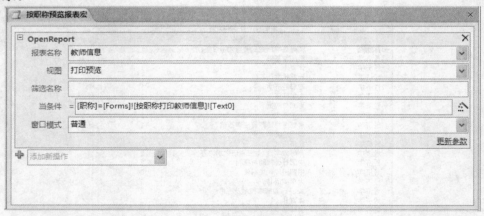

图 6-26　"按职称预览报表宏"设计效果

　　（4）在窗体设计器中打开"按职称打印教师信息"窗体，将按钮"预览报表"的"单击"属性选择为刚才设计的"按职称预览报表宏"，实现了窗体对宏的调用。

　　（5）运行窗体后，在文本框中输入教师职称，点击"预览报表"按钮即可预览该职称的所有教师信息，需要打印时，直接点击"打印"按钮即可，运行效果如图 6-27 所示。

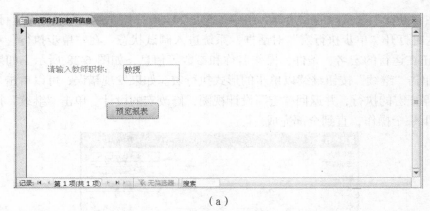

（a）

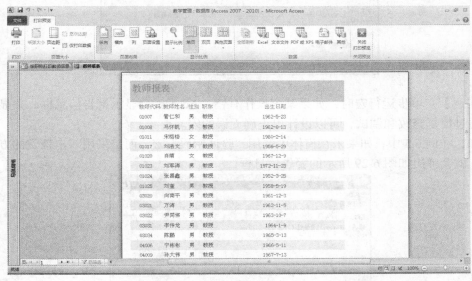

（b）

图 6-27 最终运行效果

6.3.2 宏的调试

宏的调试是创建宏后必须进行的一项工作，尤其是对于由多个操作组成的复杂宏，更是需要进行反复调试，观察宏的流程和每一个操作的结果，以排除导致错误或产生非预期结果的操作。

可以通过 Access 提供的"单步"执行的功能对宏进行调试。"单步"执行一次只运行宏的一个操作，这时可以观察宏的运行流程和运行结果，从而找到宏中的错误，并排除错误。对于独立宏可以直接在宏设计器中进行宏的调式，对于嵌入宏则要在嵌入的窗体或报表对象中进行调试。

【例 6.8】调试例 6.4 中创建的"宏组练习"宏。

操作步骤如下：

（1）打开"教学管理"数据库，在导航窗口，选择"宏"对象，打开"宏组练习"宏的设计视图。

（2）在"设计"选项卡的"工具"组中，单击 ⋹单步 按钮，然后单击 ▮（运行）按钮。

（3）这时打开"单步执行宏"对话框，系统进入调试状态。在"单步执行"对话框中，显示出当前正在运行的宏名、条件、操作名称和参数等信息，如图 6-28 所示。如果该步执行正确，可以单击"继续"按钮继续以单步的形式执行宏。如果发现错误，可以单击"停止所有宏"按钮，停止宏的执行，并返回"宏"设计视图，修改宏的设计。单击"继续"按钮，继续运行该宏的下一个操作，直到全部完成。

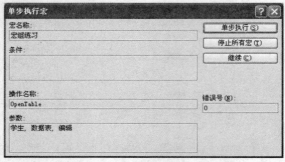

图 6-28　"单步执行宏"对话框

【注意】在单步运行宏时，如果某个操作有错，Access 会显示警告信息框，并显示错误原因。通过反复修改和调试，可以设计出正确无误的宏。

例如，在例 6.5 中，如果未在窗体中调用"验证密码"宏，而是采用双击该宏的方式直接打开宏，就会弹出如图 6-29 所示的警告信息框。

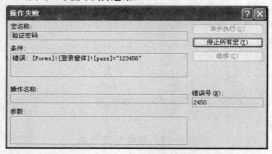

图 6-29　宏运行出错时的警告信息框

同步实验之 6-2　宏的综合使用

一、实验目的

掌握宏与窗体、查询、报表的综合使用方法。

二、实验内容

在"教学管理"数据库中建立一个窗体，名称是"按学院显示专业窗体"，窗体中有一个文本框和两个按钮，按钮内容分别为"查询"和"预览报表"，窗体外观设置效果如图 6-30 所示。要求是：当在窗体的文本框中输入某个学院名称时，单击"查询"按钮就会查询并显示出该学院的所有专业；单击"预览报表"按钮就会预览相应的报表。运行效果如图 6-31 所示。

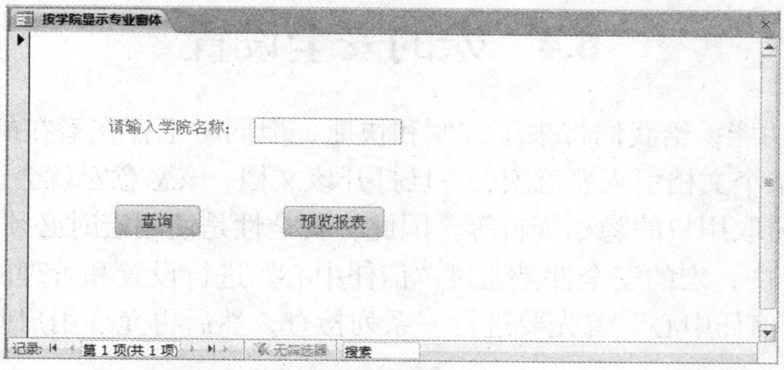

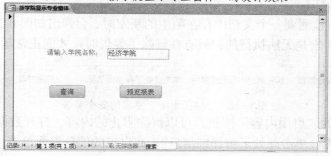

图 6-30　"按学院显示专业窗体"的设计效果

（a）

（b）

（c）

图 6-31　最终运行效果

6.4 宏的安全设置

宏以它的强大功能，给我们带来了方便和快捷，但同时也存在潜在的安全风险。有图谋的开发者可以通过某个文档引入恶意宏，一旦打开该文档，该恶意宏就会运行，并且可能在计算机上传播病毒并窃取用户的隐私资料等。因此，安全性是使用宏时必须注意的一个问题。

在 Access 2010 中，宏的安全性是通过"信任中心"进行设置和管理的。在用户打开一个包含宏的文档时，"信任中心"首先要进行一系列检查，然后再允许用户使用宏。

6.4.1 解除阻止内容

当"信任中心"检测到一个文档中存在陌生的新宏时，会弹出如图 6-32 所示的警告信息。当出现警告信息时，宏是无法执行的，只有在解除了警告时，才能正常运行宏。

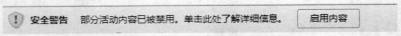

图 6-32 "信任中心"弹出的安全警告

单击消息栏上的"启用内容"按钮，可以解除阻止的内容，打开数据库。或者单击"部分活动内容已被禁用。单击此处了解详细信息"，在出现的信息界面单击"启用内容"按钮，弹出命令菜单，选择"启用所有内容"命令，可解除阻止的内容，如图 6-33 所示。

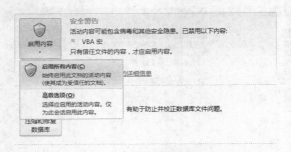

图 6-33 启用所有内容

用这种方法可以启用数据库中的宏，但是当关闭该数据库并重新打开时，Access 将继续阻止该数据库中的宏，要对数据库内容进行完全解除，还需用户在"信任中心"进行设置。

6.4.2 信任中心设置

可以看到在刚才的界面中就存在"信任中心设置"的超链接。单击该链接即可打开"信任中心"对话框。或单击屏幕左上角的"文件"菜单，找到"选项"，单击后，弹出"Access 选项"对话框，如图 6-34 所示。选择"信任中心"并在右边单击"信任中心设置"按钮，即可打开"信任中心"对话框，如图 6-35 所示。

图 6-34 "Access 选项"对话框

图 6-35 "信任中心"对话框

如图 6-25 所示，选中"信任中心"左侧的"宏设置"，选择"启用所有宏"，即可启用数据库中的所有宏。重新打开数据库，可以看到数据库没有弹出警告信息栏。

本章小结

本章介绍了 Access 一个重要的对象——宏，宏可以自动化地完成一些复杂的工作。使用宏非常方便，不需要记住各种语法，也不需要编程，只需利用几个简单宏操作就可以对数据库完成一系列的操作，中间过程完全是自动的。本章介绍了宏的定义、宏操作与宏的运行方式，以及简单宏、宏组、条件宏的创建方法，还介绍了宏与窗体、查询、报表的综合使用，最后介绍了宏的调试和宏的安全设置。

习 题 六

一、思考题

1. 理解宏的概念和功能，思考在何种情况下可以使用宏。

2. 思考宏、宏操作、宏组之间的联系和区别。

3. 对一个建立好的宏进行仔细分析。

二、单选题

1. 在宏命令中，用于打开窗体的命令是（　　）。

　A. OpenForm　　　　　　B. OpenQuery　　　　C. OpenReport　　　　D. OpenTable

2. 有多个操作的宏，执行时是按照（　　）依次执行的。

　A. 顺序　　　　　　　　B. 优先级　　　　　　C. 随机　　　　　　　D. 命令的首字母

3. 运行宏时，不能修改的是（　　）。

　A. 窗体　　　　　　　　B. 宏本身　　　　　　C. 表　　　　　　　　D. 数据库

4. 弹出消息框的宏命令是（　　）。

　A. MessageBox　　　　　B. Msg　　　　　　　 C. Message　　　　　 D. Box

5. 宏组是由（　　）组成的。

　A. 若干宏　　　　　　　B. 若干宏操作　　　　C. 程序代码　　　　　D. 模块

三、判断题

1. 在宏的表达式中要引用窗体上的控件，应该采用 Forms![窗体名]![控件名]的方式。　　　　（　　）

2. 要执行宏，只有双击打开一种方法。　　　　　　　　　　　　　　　　　　　　　　　（　　）

3. 宏的安全设置中，要解除对宏的限制，只有将宏删除。　　　　　　　　　　　　　　　（　　）

第 7 章 VBA 程序设计

本章导读

前面各章的内容主要是通过交互式操作实现数据库管理，使用起来比较方便。但在实际应用中，很多时候要求通过自动操作来实现对数据的管理。尽管利用宏可以实现一部分自动数据管理或者完成事件响应的处理，但宏只能按照系统设定好的操作命令执行，缺乏灵活性。采用 VBA 模块编程的方法不仅能完成某些操作或宏无法完成的操作，而且能开发出功能强大、结构更加复杂的数据库应用系统。

本章主要介绍 VBA 编程基础、VBA 程序设计语句、数组、过程、程序的调试。

7.1 模块与 VBA 概述

7.1.1 模块简介

模块是 Access 对象之一，起着存放用户为实现某种操作而编写的 VBA 代码的作用，模块中的代码以过程的形式加以组织。模块是将 VBA 声明和过程作为一个单元进行保存的集合。

在 Access 2010 中，模块有标准模块和类模块两类。

1. 标准模块

标准模块一般用于存放公共过程（函数过程和子过程），不与其他 Access 对象相关联。在 Access 系统中，通过模块对象创建的代码过程就是标准模块。

在标准模块中，通常为整个应用系统设置全局变量或通用过程，供其他窗体或报表等数据库对象在类模块中使用或调用。反过来，在标准模块的子过程中，也可以调用窗体或运行宏等数据库对象。

标准模块中的公共变量和公共过程具有全局性，其作用范围为整个应用系统。

2. 类模块

类模块是一种包含对象的模块，用户每创建一个新对象，就会新建一个类模块。窗体模块和报表模块都是类模块，它们各自与某一窗体或报表相联。窗体和报表模块通常都含有事件过程，该过程用于响应窗体或报表中的事件。可以使用事件过程来控制窗体或报表的行为，以及它们对用户操作的响应。在为窗体或报表创建第一个事件过程时，Access 将自动创建与之关联的窗体或报表模块。

7.1.2 VBA 简介

VBA（Visual Basic for Application）是 Microsoft Office 系列软件的内置编程语言，它使得在 Microsoft Office 系列软件中开发应用程序更加容易，并且可以完成特殊的、复杂的操作。

在 Access 中，当某些操作不能用 Access 其他对象完成，或实现起来困难时，就可以利用 VBA 语言编写代码，完成这些复杂任务。

VBA 与 Visual Studio 系列中的 VB（Visual Basic）编程语言很相似，包括各种主要的语法结构、函数命令等，二者都来源于同一种编程语言 BASIC。VBA 与 VB 所包含的对象集是相同的，也就是说，对于 VB 所支持对象的多数属性和方法，VBA 也同样支持。但两者并非完全一致，在许多语法和功能上有所不同，VBA 从 VB 中获得了主要的语法结构，另外又提供了很多 VB 中没有的函数和对象,这些函数和对象都是针对 Office 应用的,以增强 Word、Excel、Access 等软件的自动化能力。

VBA 与 VB 的最大不同之处是，VBA 不能在一个环境中独立运行，也不能使用它创建独立的应用程序，也就是说，VBA 需要宿主应用程序支持它的功能特性。宿主应用程序，诸如 Word、Excel 或 Access，能够为 VBA 编程提供集成开发环境。

在 Access 中，用 VBA 语言编写的代码，将保存在一个模块里，并通过类似在窗体中激发宏的操作那样来启动这个模块，从而实现相应的功能。

模块与宏的使用方法基本相同。在 Access 中，宏也可以存储为模块，宏的每个基本操作在 VBA 中都有相应的等效语句，使用这些语句就可以实现所有单独的宏命令，所以 VBA 的功能是非常强大的。要用 Access 来开发一个实用的数据库应用系统，就应该掌握 VBA。

7.1.3 VBA 编程环境

Access 系统为 VBA 提供了一个编程开发环境 VBE（Visual Basic Editor）。VBE 是以 VB 编程环境的布局为基础的，在 VBE 下，可编写程序、创建模块。

1. 打开 VBE 窗口

单击"创建"选项卡，选择"模块"或"类模块"可打开 VBE 窗口，新建"标准模块"或"类模块"，但一般情况下，我们是将 VBA 与窗体相结合，通过 VBA 代码扩展窗体功能。我们将在例 7.1 中通过实例演示 VBE 的使用方法以及 VBA 程序设计的完整过程。

2. VBE 窗口组成

（1）标准工具栏。

标准工具栏如图 7-1 所示。

图 7-1　VBE 的标准工具栏

主要按钮的功能：

①"视图 Microsoft Office Access"按钮：切换到 Access 窗口，按 Alt+F11 可在 VBE 窗口和数据库窗口间切换。

②"插入模块"按钮：用于插入新模块对象。只要单击此按钮，系统将自动新建另一模块对象，并置新模块对象为当前操作目标。

③"运行子过程/用户窗体"按钮：运行模块中的程序。如果光标在过程中，则运行当前过程；如果用户窗体处于激活状态，则运行用户窗体；否则将运行宏。

④"中断"按钮：中断正在运行的程序。

⑤"重新设置"按钮：结束正在运行的程序。

⑥"设计模式"按钮：在设计模式与非设计模式之间切换。

⑦ "工程资源管理器" 按钮：打开工程资源管理器窗口。

⑧ "属性窗口" 按钮：打开属性窗口。

⑨ "对象浏览器" 按钮：打开对象浏览器窗口。

VBE 使用多种窗口来显示不同对象或是完成不同任务，如代码窗口、属性窗口、工程资源管理器、对象浏览器、立即窗口和监视窗口等。通过 VBE 窗口的 "视图" 菜单可以打开各种窗口。

（2）工程资源管理器窗口。

工程资源管理器窗口又称工程窗口。一个数据库应用系统就是一个工程，系统中的所有类模块对象及标准模块对象都在该窗口中显示出来。工程资源管理器窗口的列表框列出了在应用程序中用到的模块，双击其中的某个模块，相应的代码窗口就会显示出来，如图 7-2 所示。

图 7-2　VBE 的工程资源管理器

图 7-3　VBE 的属性窗口

工程资源管理器窗口中包含三个工具栏按钮，功能如下：

① "查看代码" 按钮：显示代码窗口，用来编辑所选工程目标代码。

② "查看对象" 按钮：打开相应对象窗口，可以是文档或是用户窗体的对象窗口。

③ "切换文件夹" 按钮：显示或隐藏对象分类文件夹。

（3）属性窗口。

属性窗口列出了选定对象的属性，可以在设计时查看、改变这些属性。当选取了多个控件时，属性窗口会列出所有控件的共同属性。

属性窗口的窗口部件主要有对象下拉列表框和属性列表框，如图 7-3 所示。

对象下拉列表框用于列出当前所选的对象，但只能列出当前窗体中的对象。如果选取了多个对象，则会以第一个对象为准，列出各对象均具有的共同属性。

属性列表框可以按分类或字母对象属性进行排序。

① "按字母序" 选项卡：按字母顺序列出了所选对象的所有属性以及其当前设置，这些属性和设置可以在设计时改变。若要改变属性的设置，可以选定属性名，然后在其右侧文本框中输入新值或直接在其中选取新的设置。

② "按分类序" 选项卡：根据性质、类型列出所选对象的所有属性。

（4）代码窗口。

代码窗口用来显示、编写以及修改 VBA 代码。实际操作中，可以打开多个代码窗口，查看不同窗体或模块中的代码，代码窗口之间可以进行复制和粘贴，如图 7-4 所示。

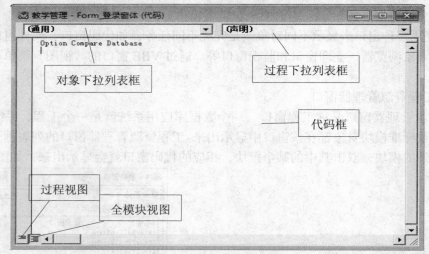

图 7-4　VBE 的代码窗口

"代码窗口"主要由对象下拉列表框、过程下拉列表框、代码框等组成。

① 对象下拉列表框：显示对象的名称。单击下拉列表框中的下拉箭头，可查看或选择其中的对象，对象名称为建立 Access 对象或控件对象时的命名。

② 过程下拉列表框：在对象下拉列表框选择了一个对象后，该对象相关的事件会在过程下拉列表框显示出来，可以根据应用的需要设置相应的事件过程。

③ 代码框：输入程序代码。

④ 过程视图：只显示所选的一个过程。

⑤ 全模块视图：显示模块中的全部过程。

7.1.4　VBA 程序设计完整过程

【例 7.1】在"教学管理"数据库中创建一个名为"VBA 编程演示"的窗体，在窗体中添加两个按钮，按钮的文字分别为"更改标题栏"和"更改背景色"，要求：单击"更改标题栏"按钮后，窗体的标题栏显示"Hello World"；单击"更改背景色"按钮后，窗体的背景色变为红色。

操作步骤如下：

（1）按照例题要求创建窗体：添加两个按钮，按钮的文字分别为"更改标题栏"和"更改背景色"。

（2）右击"更改标题栏按钮"，在弹出的快捷菜单中选择"事件生成器"，弹出如图 7-5 所示的"选择生成器"对话框。

242

图 7-5　"选择生成器"对话框

（3）选择"代码生成器"，即可弹出 VBE 编辑窗口，在其中输入代码。两个按钮输完后的效果如图 7-6 所示。（代码中的 vbRed 是 VBA 的固有常量，表示红色，详见 7.3.2 常量。）

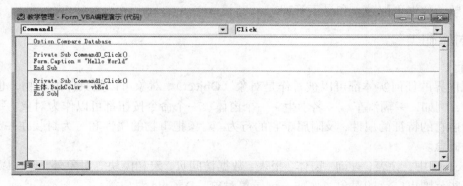

图 7-6　例题 7.1VBA 代码

（4）单击保存按钮保存代码，并单击"视图 Microsoft Office Access"按钮返回窗体设计视图，运行窗体，单击两个按钮后窗体效果如图 7-7 所示。

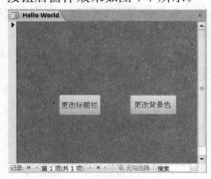

图 7-7　最终结果

可以看出，一般情况下 VBA 程序设计的三个基本步骤是：

（1）设计窗体界面；

（2）输入 VBA 代码；

（3）调试并运行程序。

7.2 面向对象程序设计思想

Access 内嵌的 VBA 不仅功能强大，而且采用目前主流的面向对象程序设计机制和可视化编程环境，其核心由对象及响应各种事件的代码组成。

7.2.1 面向对象程序设计概述

面向对象程序设计 OOP（Object Oriented Programming），不仅是一种程序设计方法，更多意义上是指一种程序开发方式。它将对象作为程序的基本单元，将数据和对数据的操作封装其中，以提高软件的重用性、灵活性和扩展性。

面向对象是观察世界和编写计算机程序的自然方式。面向对象编程使人们的编程与实际的世界更加接近，所有的对象被赋予属性和方法，从而编程就更加富有人性化，编程的结构更加清晰完整，数据更加独立和易于管理。

7.2.2 对象和类

1. 对象

客观世界的任何实体都可以被看作是对象（Object）。对象可以是具体的事物，也可以是某些概念，例如，一辆汽车、一名学生、一个窗体、一个命令按钮都可以作为对象。每个对象都具有描述它的特征的属性，及附属于它的行为。对象把事物的属性和行为封装在一起，是一个动态的概念。

在 Access 中，除表、查询、窗体、报表、数据访问页、宏和模块等对象外，还可以在 VBA 中使用一些范围更广泛的对象，例如，记录集对象、DoCmd 对象等。

2. 类

所谓类（Class），就是一组对象的属性和行为特征的抽象描述。或者说，类是具有共同属性、共同操作性质的对象的集合。类就像是一个模板，是对象的抽象。对象都是由类创建的，是类的一个实例。类定义了对象的属性、事件和方法，从而决定了对象的属性和它的行为。例如：汽车是一个类，它有颜色、车轮、车门、发动机等特征，而具体到某辆汽车就是一个对象了，如车牌照为 123456 的黑色红旗轿车。

7.2.3 对象的组成要素

对象由属性、事件和方法三个要素组成。

1. 对象的属性

对象的属性用于描述对象的特征。例如，一个文本框的名称、颜色、字体、是否可见等属性，决定了该对象展现给用户的外观及功能。

对象的属性设置可以通过属性窗口设置，即在设计阶段设置属性，也可以在程序中通过代码来实现，即在运行期间设置属性，其格式为：

对象名.属性=属性值

例如，将标签 label1 的 Caption 属性赋值为字符串"欢迎您"，其在程序代码中的书写形式为：

Label1.Caption="欢迎您"

【说明】对象的属性名是固定的，用户无法改变，但对象的属性值可以根据需要进行设置。有些属性只可以在设计时通过属性窗口来设置，而在程序运行时是不能改变的。也有些属性既可以在设计阶段也可以在运行阶段设置。

2. 对象的事件

VBA 是采用事件驱动编程机制的语言。开发的程序以事件驱动方式运行，整个应用程序是由彼此独立的事件过程构成的。每个对象都能响应多个不同的事件，这些事件可以是用户对鼠标和键盘的操作，也可以由系统内部通过时钟计时产生，甚至由程序运行或窗口操作触发产生，因此，它们产生的次序是无法事先预测的。

（1）事件。

事件是指发生在某一对象上的事情。例如，在命令按钮这一对象上可能发生鼠标单击（Click）、鼠标移动（MouseMove）、鼠标按下（MouseDown）等鼠标事件，也可能发生键盘按下（KeyDown）等键盘事件。

（2）事件过程。

当在对象上发生了事件后，应用程序就要处理这个事件，而处理的步骤就是事件过程。VBA 的主要工作就是为对象编写事件过程中的程序代码。一个事件过程的代码结构一般如下：

Sub　对象名_事件名称(　　)

　　事件过程代码

End Sub

一个对象的事件过程将对象的实际名字（在 Name 属性中规定的）、下划线 "_" 和事件名组合起来。例如，如果希望单击名为 cmd1 的命令按钮会执行一些操作，则要使用 cmd1_Click 事件过程。

【说明】在开始为对象编写事件过程之前先设置对象的 Name 属性，这样可以避免在编译时产生一定的错误隐患。如果在对象添加事件过程之后又更改对象的名字，那么也必须更改事件过程的名字，以符合对象的新名字。

3. 对象的方法

对象的方法是指对象的行为方式，即对象能执行的操作。对象方法的调用格式为：

对象.方法（[参数列表]）

其中，要调用的方法不具有参数时，参数列表可以省略。

例如，将光标置于文本框 Text1 中：

Text1.Setfocus

7.3　VBA 编程基础

VBA 应用程序包括两个主要部分，即用户界面和程序代码。其中，用户界面由窗体和控件组成，而程序代码则由基本的程序元素组成，包括数据类型、常量、变量、函数、运算符和表达式等。

7.3.1　数据类型

数据类型是数据的表示和存储形式。VBA 的数据类型分为基本数据类型和自定义数据类型两种，其中基本数据类型共 11 种，如表 7-1 所示，这些数据类型大体可以归纳为 6 类：数值型数据、字符型数据、布尔型数据、日期型数据、对象型数据和变体型数据。

表 7-1 VBA 的基本数据类型

数据类型	关键字	类型符	数据范围	所占字节数
整型	Integer	%	$-2^{15} \sim 2^{15}-1$	2
长整型	Long	&	$-2^{31} \sim 2^{31}-1$	4
单精度浮点型	Single	!	$-3.4 \times 10^{38} \sim 3.4 \times 10^{38}$，精度达 7 位	4
双精度浮点型	Double	#	$-1.7 \times 10^{308} \sim 1.7 \times 10^{308}$，精度达 15 位	8
货币型	Currency	@	$-2^{96}-1 \sim 2^{96}-1$，精度达 28 位	8
字符串型	String	$	0～65 535 个字符	取决于字符长度
字节型	Byte	无	$0 \sim 2^8-1$	1
布尔型	Boolean	无	True，False	2
日期型	Date	无	100 年 1 月 1 日～9999 年 12 月 31 日	8
对象型	Object	无	任何对象引用	4
变体型	Variant	无		根据需要分配

7.3.2 常量

在程序中，要用到各种类型的数据，有些类型的数据在程序运行期间其值是不发生变化的，即以常量形式出现。例如，123、"VBA 程序设计"、#2009-9-1#、$34.56 等都是常量；而有些数据在程序运行期间其值是可发生变化的，即以变量的形式出现。

VBA 中的常量分为四种：直接常量、符号常量、固有常量和系统定义常量。

1. 直接常量

直接常量实际上就是常数，根据使用的数据类型可以分为字符串常量、数值常量、布尔常量和日期常量等。

（1）字符串常量。

在 VBA 中字符串常量就是使用双引号""括起来的一串字符。字符串常量可以由任意字符组成，但长度不能超过 65 536 个字符（定长字符串）或 20 亿个字符（变长字符串）。例如："VBA 程序设计"，"￥30.00"都是字符串常量。

【注意】上例中的双引号是字符串常量的定界符，不是字符串的一部分。

（2）数值常量。

数值常量共有 4 种表示形式，即整数、长整数、浮点数和字节常量。

① 整数常量：又可以表示为十进制数、十六进制数和八进制数。

十进制数：由一位或多位十进制数字 0～9 组成，可以带有正负号，其取值范围较小，仅为-32 768～32 767。

十六进制数：由一位或多位十六进制数字 0～9 以及 A～F 或 a～f 组成，前面加上&H，其取值范围为&H0～&HFF FF。

八进制数：由一位或多位八进制数字 0～7 组成，前面加上&O 或&o，其取值范围为&O 0～&O 177 777。

② 长整数常量：其数字的组成与整数相同，分为十进制长整数、十六进制长整数和八进制长整数，表示方法和取值范围略有不同。

十进制长整数：取值范围比整数大得多，为-2 147 483 648～+2 147 483 647。

十六进制长整数：以&H 或&h 开头，其取值范围为&H0～&HFF FF FF FF。

八进制长整数：以&O 或&o 开头，其取值范围为&O0～&O 37 777 777 777。

③ 浮点数常量：

浮点数常量分为单精度浮点数（Single）和双精度（Double）浮点数，前者占 4 个字节，后者占 8 个字节。例如：1.23E+10，-1.23D+10，0.5E-20。

④ 字节常量：

字节常量是 0～255 的无符号数，所以不能表示负数。例如：94，102，0。

（3）逻辑常量。

逻辑常量只有两个值 True 和 False。将逻辑数据转换成整型时 True 为-1，False 为 0，其他数据转换成逻辑数据时非 0 为 True，0 为 False。

（4）日期常量。

日期（Date）型数据按 8 字节的浮点数来存储，表示日期范围为公元 100 年 1 月 1 日～9999 年 12 月 31 日，而时间范围为 0:00:00～23:59:59。

一种在字面上可被认作日期和时间的字符，只要用符号" # "括起来，都可以作为日期型数值常量。

例如：#09/02/2010#，#January 4,1989#，#2009-5-4 14:30:00 PM#都是合法的日期型常量。

2. 符号常量

在程序设计过程中，常会遇到一些反复出现的常量。比如进行数学计算时可能多次出现数值 3.141 592 6，多次书写该数值不仅麻烦，而且极易出错，为了便于记忆并增强代码的可读性，减少不必要的重复工作，用一些具有一定意义的符号来代替这些不变的数值或字符串，那么这些有意义的符号就称为符号常量。

常量的定义形式如下：

Const 符号常量名 [As 类型] = 表达式

其中：

符号常量名：为了便于和后面即将学到的变量名相区别，常量名一般用大写字母表示。

As 类型：用于说明该常量的数据类型。若省略该项，数据类型由表达式结果决定。用户也可在常量后加类型符来代替该短语。

表达式：可以是由数值常量、字符串常量以及运算符所组成的表达式。

例如，将上面的常数 3.141 592 6 用一个预先定义的常量 PI 来代替，那么在后面的程序中就可以多次使用 PI 这个符号常量了。

```
Const PI As single = 3.141 592 6     '声明符号常量 PI，代表 3.141 592 6，单精度类型
Const RADIUS% = 4                    '声明符号常量 RADIUS，代表整数 4
Len = 2*PI*RADIUS                    '计算圆周长
```

3. 固有常量

固有常量是 Access 或 VBA 的一部分，是在 Access 或 VBA 的类库中定义的。Access 或 VBA 包含了许多预定义的固有常量。固有常量使用两个字母的前缀，表示该常量所在的对象库。来自 Access 库的常量以"ac"开头，来自 ADO 库的常量以"ad"开头，来自 Visual Basic 库的常量则以"vb"开头，如：acForm、adAddNew、vbCurrency。

所有的固有常量都包含在类型库中，只有在模块中引用了常量，被引用的常量才能装到

内存中。要查看这些常量可以使用 Access 中的对象浏览器，如图 7-8 所示。

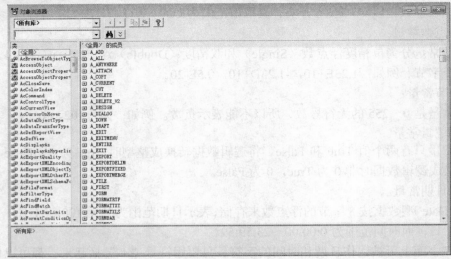

图 7-8　Access 中的对象浏览器

4. 系统定义常量

系统定义的常量有三个：True、False、Null。系统定义常量可以在计算机上的所有应用程序中使用。

7.3.3　变量

变量是指在程序运行过程中其值可以发生变化的量。变量通过一个名字（称为变量名）来标识。系统为程序中的每一个变量分配一个存储单元，变量名实质上就是计算机内存单元的命名。因此，借助变量名就可以访问内存中的数据了。

1. 变量的命名规则

不同的变量是通过变量名标识的。在命名变量时，有很大的灵活性。例如，可以将用来保存产品价格的变量名命名为 X，也可以将其命名为 Price 或其他名称。但在较大型的程序中，最好用带有一定描述性的名称来命名变量，如将表示价格的变量命名为 Price，将表示年龄的变量命名为 Age 等，这样会使得程序易于阅读与维护。

在 VBA 中，变量的命名还需要遵循以下几条规则：

（1）变量名必须以字母或汉字开头，其后可以连接任意字母、汉字、数字和下划线的组合。

例如，abc、姓名、年 n_3 等变量名都是合法的，而 3abc、#xy、uu+1 等变量名是非法的。

（2）不能使用 VBA 的关键字作为变量的名字。关键字是 VBA 内部使用的词，是该语言的组成部分。例如，dim、for 等都是非法变量名。

（3）变量名的长度不能超过 255 个字符。在 VBA 中，1 个汉字相当于 1 个字符。

（4）变量名在变量的有效范围内必须是唯一的。

（5）变量名不区分大小写。例如，变量 ABC、Abc 和 aBc 表示同一变量。

2. 变量的声明

在使用变量前，一般要先声明变量名及其类型，以决定系统为变量分配的存储单元。在 VBA 中可以通过以下几种方式来声明变量及其类型：

（1）显式声明。

在使用变量前，先用 Dim 语句对变量进行声明，称为显式声明。声明的一般格式如下：

Dim 变量名 [As 数据类型]

例如：

Dim Age As Integer　　' 定义 Age 为整型变量

Dim Name As String　　' 定义 Name 为字符串型变量

Dim Var　　　　　　　' 定义 Var 为缺省的 Variant 类型变量

可以使用数据类型的类型符来代替 As 子句。例如，前面 2 个声明语句也可写成：

Dim Age！

Dim Name$

另外，也可以在同一个 Dim 语句中声明若干不同的变量，各变量之间用逗号隔开，但必须指定每个变量的数据类型，否则作为 Variant 类型处理。例如：

Dim a As Integer,b,c As String　　　　　' 定义 a 为整型、b 为变体型、c 为字符串型变量

默认情况下，字符串变量是不定长的，随着对字符串变量赋予新的数据，它的长度可增可减。也可以将字符串声明为定长的，声明方法如下：

Dim 变量名 As String*长度

例如，声明一个长度为 50 个字符的字符串变量，可用如下语句：

Dim Name As String*50

如果赋给该定长字符串变量的字符少于 50 个，则用空格将 Name 变量的不足部分填满；如果赋给字符串的长度大于 50，则会自动截去超出部分的字符。

（2）隐式声明。

在 VBA 中，也可以不事先使用 Dim 语句声明而直接使用变量，这种方式称为隐式声明。所有隐式声明的变量都是变体型数据类型。例如：

```
Sub Form_Click( )
    Testday=now
    Testweek=WeekDay(Testday)
End Sub
```

在这段代码中，使用变量 Testday 和 Testweek 之前并没有事先声明，这时，会用这个名字自动创建一个变量，使用这个变量时，可以认为它就是隐式声明的。

不过，使用这种隐式声明的方法时，如果不小心把某个已存在的变量名拼错了，那么 VBA 遇到时，将认为用户又隐式声明了一个新变量，例如：

```
Sub Form_Click( )
    Testday=now
    Testweek=WeekDay(Textday)
End Sub
```

这段代码的第三行与上段代码的第三行仅一个字母之差，用户不小心把 Testday 错拼成 Textday，将会导致运行结果错误，而且这种错误不太容易查找。

因此，为避免类似拼写错误导致的结果错误，最好先声明后使用变量。同时为了确保在使用变量前已经进行了声明，只需在类模块、窗体模块或标准模块的声明段中加入下面一条语句：

Option Explicit

该语句称为强制显式声明语句，添加了该语句后，将自动检查程序中是否有未定义的变

量，发现后将显示如图 7-9 所示的错误信息。

图 7-9   变量未定义的提示

7.3.4   运算符和表达式

程序中对数据的操作，其实就是指对数据的各种运算。被运算的对象称为操作数，如常量、变量、函数等。运算符是用来对操作数进行各种运算的操作符，如加号（＋）、减号（－）等。VBA 具有丰富的运算符，可分为算术运算符、字符串运算符、关系运算符、逻辑运算符 4 种。用运算符将常量、变量或函数连接起来的有意义的式子称为表达式。表达式按其所含运算符和运算对象的不同，可分为算术表达式、字符串表达式、关系表达式和逻辑表达式等。

1. 算术运算符

算术运算符用来进行算术运算。VBA 提供的算术运算符如表 7-2 所示，其中负号运算符（－）只需一个操作数，称为单目运算符，其余运算符都需要两个操作数，称为双目运算符。运算符的优先级表示当表达式中含多个运算符时，应先执行哪个运算符。优先级别越高，代表优先级的数字越小。

【说明】

（1）运算符 "+"、"-"、"*"、"/" 的作用与数学中的 "＋"、"－"、"×"、"÷" 相对应。

（2）"\" 与 "/" 的区别是："\" 用于整数除法，结果返回商的整数部分。在进行整除时，如果参加运算的数据含有小数部分，则先按四舍五入的原则将它们转换成整数后，再进行整除运算。例如：17\3=5，17\3.5=4，而 17/3=5.666 666 666 666 67。

（3）运算符左右两边的操作数应是数值型数据，如果是数字字符或逻辑型数据，系统会自动将它们先转换成数值型数据后，再进行算术运算。转换原则如下：

① 数字字符直接转换为相对应的数值；

② 逻辑值 True 转换为-1，逻辑值 False 转换为 0。

（4）在进行算术运算时不要超出数据取值范围。对于除法运算，应保证除数不为 0。

表 7-2   算术运算符

运算符	含义	优先级	举例	结果
^	乘方	1	x^3	8
-	负号	2	-x	-2
*	乘	3	x*x	4
/	除	3	8/x	4
\	整除	4	11\x	5
Mod	求余	5	11 Mod x	1
+	加	6	3+x	5
-	减	6	3-x	1

* 假设表中举例时用到的变量 x 为整型，值为 2。

2. 字符串运算符

字符串运算符有两个："&"和"+"，它们的作用是将两个字符串拼接起来。例如：

"VBA" & "程序设计基础"	'结果为"VBA 程序设计基础"
"编程" + "爱好者"	'结果为"编程爱好者"

由于符号"&"还可以用做定义长整型的类型符，因此在字符串变量后面使用运算符"&"时应注意，变量与运算符"&"之间应加一个空格，否则当变量与符号"&"连在一起时，系统会先把它作为类型定义符，造成错误。

"&"运算符两旁的操作数可以为任意类型，系统会自动将非字符型的数据转换成字符串后再进行连接，例如：

123 & "456"	'结果为"123456"
"Hello!" & True	'结果为"Hello!True"
"abc" & #2009-09-01#	'结果为 abc2009-09-01

"+"运算符两侧的操作数均为数值型数据时，进行算术"加"运算；均为字符型数据时，则进行字符串的"连接"运算；操作数中一个为非数字字符型，另一个为数值型，则出现类型不匹配的错误。例如下面的语句：

1234 + 1234	'进行算术"加"运算，结果显示 2468
"1234" + "1234"	'进行字符串"连接"运算，结果显示"12341234"
"1234" + "abcd"	'进行字符串"连接"运算，结果显示"1234abcd"
1234 + "abcd"	'结果提示类型匹配错误

3. 关系运算符

关系运算符用来对两个操作数进行大小比较，因此是双目运算符。关系运算的结果是一个逻辑值，即 True（真）或 False（假）。如果关系成立，则值为 True，否则为 False。在 VBA 中，有 6 种关系运算符，如表 7-3 所示。VBA 把任何非零值都认为是"真"（True），零值为"假"（False），但一般用-1 表示"真"，用 0 表示"假"。

表 7-3　关系运算符

运算符	含义	举例	结果
=	等于	"a" = "A"	False
>	大于	"abc" > "Abc"	True
>=	大于等于	8>=7	True
<	小于	8<7	False
<=	小于等于	2<=2	True
<>	不等于	"a"<>"A"	True

关系运算符的优先级是相同的。用来比较的操作数可以是数值型，也可以是字符串型。数值以大小进行比较是显然的。字符串的比较是按照字符的 ASCII 码值的大小来比较的。即首先比较两字符串第一个字符，ASCII 码值大的字符串大；如果第一个字符相同，则从左向右依次比较第 2 个字符，以此类推。

4. 逻辑运算符

逻辑运算符的作用是对操作数进行逻辑运算。操作数可以是逻辑值（True 或 False）或关系表达式。逻辑运算可以表示比较复杂的逻辑关系，其运算结果也是一个逻辑值，即要么是 True，要么是 False。表 7-4 列出了 VBA 中的 4 种逻辑运算符。其中只有 Not（取反）是单目运算符，其他都是双目运算符。

表 7-4　逻辑运算符

运算符	含义	说　　明	优先级	举例	结果
Not	取反	操作数为假，则结果为真；操作数为真，则结果为假	1	Not("a"="A")	True
And	与	两个操作数均为真，结果为真；否则为假	2	(2>1)And(7<3)	False
Or	或	两个操作数有一个为真，结果为真；否则为假	3	(2>1) Or (7<3)	True
Xor	异或	两个操作数相反，结果为真；否则为假	4	(2>1) Xor (7<3)	True

5. 表达式

（1）表达式的组成。

表达式是由变量、常量、函数和运算符以及括号按一定规则组成的有意义的组合。表达式经过运算后会产生一个结果，该结果的类型是由数据和运算符共同决定的。

（2）表达式的书写规则。

① 乘号*既不能省略，也不能用•代替。例如，a*b 是正确的表达式，ab 和 a•b 则均不正确。

② 表达式中出现的括号应全部是圆括号，且要逐层配对使用。

③ 表达式中的所有符号应写在同一行上，必要时加圆括号来改变运算的优先级别。

（3）优先级。

一个表达式可能含有多种运算符，计算机按一定的顺序对表达式进行计算，这个顺序被称为运算符优先级。计算表达式，应当先计算优先级高的运算符，依次类推。各种运算符的优先级别如表 7-5 所示。

表 7-5　各种运算符的优先级

优先级	运算符类型
1	算术运算符
2	字符串运算符
3	关系运算符
4	逻辑运算符

除了各种运算符的优先级之外，每种运算符内部的各个运算符之间还存在优先级的差别，已在前面的部分讲过。若运算符有相同的优先级，应按它们出现的顺序从左到右进行处理，比如当乘法和除法同时出现在表达式中时，则按照从左到右出现的顺序处理每个运算符。

括号可改变优先级的顺序，强制优先处理表达式的某部分。括号内的操作总是比括号外的操作先被执行。但是在括号内，仍保持正常的运算符优先级。有时候，在表达式中适当地添加括号，能使表达式的层次更分明，以增加程序的可读性。

7.3.5　常用内部函数

VBA 中的函数概念和一般数学中的函数概念相似。在程序设计过程中，为了增强程序的功能，我们经常需要调用各类函数。在 VBA 中，包括内部函数（或称标准函数，由系统提供）和用户自定义函数（事先由用户编写，将在后面介绍）两类。其中内部函数又可以分为以下几类：数学运算函数、字符串函数、日期和时间函数、数据类型转换函数、输入输出函数等。下面我们就分别介绍一些常用的函数，要获得更详细的函数参考信息，可查看联机帮助文档或参阅其他手册。

1. 数学运算函数

数学运算函数用来完成一些基本的数学运算，其中一些函数的名称与数学中相应函数的名称相同。表 7-6 列出了常用的数学函数。

表 7-6　常用数学函数

函数	说明	举例	结果
Abs(n)	返回参数的绝对值	Abs(-5.5)	5.5
Atn(n)	返回参数的反正切值	Atn(0)	0
Sin(n)	返回参数的正弦值	Sin(0)	0
Cos(n)	返回参数的余弦值	Cos(0)	1
Exp(n)	返回 e 的某次方	Exp(2)	7.389
Fix(n)	返回参数的整数部分	Fix(8.2)	8
Int(n)	返回参数的整数部分	Int(-8.4)	-9
Log(n)	返回参数的自然对数值	Log(10)	2.3
Rnd(n)	返回一个随机数值	Rnd	0~1 之间的某数
Sgn(n)	返回参数的正负号	Sgn(-5)	-1
Sqr(n)	返回参数的平方根	Sqr(25)	5
Tan(n)	返回参数的正切值	Tan(0)	0

【说明】

（1）三角函数中，参数以弧度形式表示，而不是角度。例如，数学中的函数 Sin(30°) 应写为 Sin(30*3.14/180)。

（2）Int 函数和 Fix 函数的功能都是返回参数的整数值，两者的区别在于，如果参数 n 为负数，则 Int 返回小于或等于该参数的第一个负整数，而 Fix 则会返回大于或等于参数的第一个负整数。例如，Int(-8.4)=-9，而 Fix(-8.4)=-8。

（3）Sgn 函数根据参数 n 的不同取值，返回不同结果。若 n>0，则 Sgn(n)=1；若 n=0，则 Sgn(n)=0；若 n<0，则 Sgn(n)=-1。

（4）Sqr 函数用来求参数 n 的平方根，因此要求 n 必须为正数，否则就会产生语法错误。

（5）Rnd 函数用来返回[0,1)之间的双精度随机数，可以不要参数。

2. 字符串函数

字符串函数用来完成对字符串的操作与处理，如获得字符串的长度、截取字符串、除去字符串中的空格等。表 7-7 列出了 VBA 中常用的字符串函数，其中除了 Len 函数和 Instr 函数返回值为数值之外，其余函数的返回值均为字符串。

表 7-7 常用字符函数

函数	说明	举例	结果
Left(c,n)	返回字符串 c 左边的 n 个字符	Left("abcde",3)	"abc"
Len(c)	返回字符串 c 的长度	Len("abcde")	5
Trim(c)	去掉字符串 c 左边和右边的空格	Trim(" abc")	"abc"
Mid(c,n1,n2)	返回字符串 c 中第 n1 位开始的 n2 个字符	Mid("abcde",2,3)	"bcd"
Right(c,n)	返回字符串 c 右边的 n 个字符	Right("abcde",3)	"cde"
Space(n)	产生 n 个空格的字符串	Space(3)	" "
String(n,c)	返回由 c 中首字符组成的包含 n 个字符的字符串	String(4,"abc")	"aaaa"
Replace(c,c1,c2)	返回字符串 c 中用 c2 代替 c1 后的字符串	Replace("abcd","cd","123")	"ab123"
InStr(c1,c2)	返回字符串 c2 在字符串 c1 中第一次出现的位置，没有找到则返回 0	InStr("bcbaca","a")	4

【说明】

（1）Trim(c)函数返回删除前导和尾随空格符后的字符串。Ltrim(c)函数返回删除字符串 c 前导空格符后的字符串。Rtrim(c)返回删除字符串 c 尾部空格符后的字符串。

（2）Left(c,n)函数返回字符串 c 前 n 个字符所组成的字符串。Right(c,n)返回字符串后 n 个字符所组成的字符串。Mid(c,m,n)返回字符串 c 从第 m 个字符起的 n 个字符所组成的字符串。

（3）InStr(c1,c2)函数用来返回一个字符串在另一个字符串中第一次出现的位置，如果没有找到则返回 0。

3. 日期和时间函数

日期函数用于操作日期与时间，例如获取当前的系统时间，求出某一天是星期几等。表 7-8 中列出了常见的日期函数。

表 7-8 常用日期函数

函数	说明	举例	结果
Time	返回系统时间	Time	8:32:58
Now	返回系统日期和时间	Now	2010-4-24 8:55:10
Date	返回系统日期	Date	2010-4-24
Day(c|d)	返回参数中的日期(1～31)	Day("2009-9-1") Day(#2009-9-1#)	1 1
Month(c|d)	返回参数中的月份(1～12)	Month("2009-9-1") Month(#2009-9-1#)	9 9

函数	说明	举例	结果
Year(c|d)	返回参数中的年份 (1753-2078)	Year("2009-9-1") Year(#2009-9-1#)	2009 2009
WeekDay(c|d)	返回参数中的星期	WeekDay("2009-9-1") WeekDay(#2009-9-1#)	3 3

【说明】

（1）Time、Date、Now 函数可以用来获取系统日期或时间，也可以用来设置系统的日期。例如，要设置系统时间为 2014 年 1 月 1 日，可以在立即窗口中输入以下命令：

    Date = #2014-1-1#

设置完成后，在立即窗口中使用命令；

    ?Date

进行测试。

（2）Day、Month、Year、WeekDay 函数中的参数可以是字符型也可以是日期型，在表 7-8 中分别用字母 c 和 d 表示。其中 WeekDay 函数返回一个表示星期的数字，默认情况下返回值 1 表示星期日，返回值 2 表示星期一，以此类推，返回值 7 表示星期六。

4. 数据类型转换函数

在 VBA 编程中，经常要进行数据类型的转换，可以利用表 7-9 中所示的函数来完成。

表 7-9　常用转换函数

函数	说明	举例	结果
Asc(c)	将字符转换成 ASCII 码值	Asc("A")	65
Chr(n)	将 ASCII 码值转换成字符	Chr(65)	"A"
Hex(n)	将十进制数转换成十六进制数	Hex(100)	64
Oct(n)	将十进制数转换成八进制数	Oct(100)	144
Lcase(c)	将字符串 c 转换成小写	Lcase("ABC")	"abc"
Ucase(c)	将字符串 c 转换成大写	Ucase("aBc")	"ABC"
Str(n)	将数值转换为字符串	Str(12.34)	" 12.34"
Val(c)	将数字字符串转换为数值	Val("123ab")	123

【说明】

（1）Asc 函数和 Chr 函数是一对反函数，可以将参数在字符和 ASCII 码之间转换。

（2）Str 函数，当参数 n 是正数时，转换后的字符型数据前会有一个空格。

（3）Val 函数，在它不能识别为数字的第一个字符上停止转换，如果参数 c 中的第一个字符不是数字字符，那么返回值为 0。

例如：

Val("122a122")　　　　　　　　　'结果为 122
Val("a122")　　　　　　　　　　'结果为 0

那些被认为是数值的一部分的符号和字符，例如美元符号（$）或逗号（，），都不能被识别。但是函数可以识别进位制符号&O（八进制）、&H（十六进制）和指数符号（E）。空格、制表符和换行符都从参数中被去掉。

例如：

Val("   1234 567abc China 4321")   '结果为 1234567

Val("-1234.56E3")   '结果为-1234560

（4）Lacse 函数仅将大写字母转换成小写字母，所有的小写字母和非字母字符保持不变。Ucase 函数的情况与之类似。

例如：

Lcase("Hello 中国 60 年")   '结果为 hello 中国 60 年

Ucase("Hello 中国 60 年")   '结果为 HELLO 中国 60 年

5. 输入输出函数

在 VBA 中，除使用上述函数处理数据外，还可以使用用户交互函数显示信息及接收用户输入。用于显示输出信息的函数是 MsgBox，接收用户输入数据的函数是 InputBox。

（1）MsgBox 函数。

格式：MsgBox(提示[,按钮样式][,标题])

功能：在消息对话框内显示用户定义的提示信息。

【说明】

① "提示" 是必需的字符串表达式，其内容作为提示信息显示在对话框中。

② "按钮样式" 是可选整型表达式，用于指定显示按钮的数目和类型，及出现在消息框上的图标，如果省略，则默认值为 0。

③ "标题" 指定消息框标题栏中要显示的字符串，如果省略，则为应用程序名。

例如：

MsgBox("欢迎您的光临!")

当程序执行该语句时，在屏幕上会弹出一个如图 7-10 所示的消息框。

图 7-10 MsgBox 函数消息框

（2）InputBox 函数。

格式：InputBox(提示[,标题][,默认值][,x 坐标位置][,y 坐标位置])

功能：弹出对话框，等待用户输入数据。如果用户单击 "确定" 按钮或按 Enter 键，则文本框中的字符串是函数的返回值；如果用户单击 "取消" 按钮，则函数的返回值是空串。

【说明】

① "提示" 是必需的字符串表达式，其内容作为提示信息显示在对话框中。如果需要分多行显示，可以将回车符（Chr(13)）或换行符（Ch(10)）连接到提示字符串中。

② "标题" 是可选字符串表达式，其内容显示在对话框的标题处，省略时显示应用程序名。

③ "默认值" 是可选字符串表达式，弹出对话框后，如果用户未输入而直接单击 "确定"

按钮或按 Enter 键，则函数返回指定的默认值。省略默认值时，返回空串。

④ "x 坐标位置，y 坐标位置" 是成对出现的，是可选的数值表达式。"x 坐标位置" 指定了对话框左边距屏幕左边的水平距离；"y 坐标位置" 指定了对话框上边距屏幕上边的距离。

例如：

Private Sub Command0_Click()

　　Dim a%

　　Dim strZh As String

　　strZh = InputBox("请输入你的账号：", "InputBox 示例", "Adminstrator")

End Sub

单击按钮时，首先弹出如图 7-11 所示对话框，然后在对话框中输入数据，单击"确定"按钮即可。

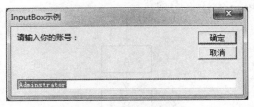

图 7-11　InputBox 函数输入框

7.4　VBA 程序设计语句

在 VBA 中除了顺序结构外，还有分支结构和循环结构。这三种基本结构均具有单入口、单出口的特点。VBA 支持结构化的程序设计方法，可以用这三种基本结构及其组合来描述程序，从而使程序结构清晰，可读性好，也易于查错和修改。

7.4.1　语句的书写规则

1. 大小写问题

程序中不区分字母的大小写，Ab 与 AB 等效；各关键字、变量名、常量名、过程名之间一定要有空格分隔；分号、引号、括号等符号都是英文状态下的半角符号。

2. 系统对用户程序代码进行自动转换

（1）对于 VBA 中的关键字，首字母被转换成大写，其余转换成小写；

（2）若关键字由多个英文单词组成，则将每个单词的首字母转换成大写；

（3）对于用户定义的变量、过程名，以第一次定义的为准，以后输入的自动转换成首次定义的形式。

3. 语句书写自由

（1）VBA 允许一行写多条语句，如果要在同一行上书写多行语句，语句间用冒号(:)分隔，一行允许多达 255 个字符。

（2）单行语句可以分多行书写，在本行后加续行符：_（空格和下划线）。

（3）为了阅读方便，一般一行书写一条语句，一条语句尽量保证处于同一行；使用缩进格式，来反映代码的逻辑结构和嵌套关系。

4. 程序的注释方式

（1）整行注释一般以 Rem 开头，也可以用撇号 '；

（2）Rem 与注释内容之间要加一个空格。如果要在其他语句行后使用 Rem 关键字，则必须使用"："与语句隔开；

（3）用撇号 ' 引导的注释，既可以是整行的，也可以直接放在语句的后面，非常方便；

（4）可以利用"编辑"工具栏的"设置注释块"、"解除注释块"来设置多行注释。

7.4.2　顺序结构

顺序结构如图 7-12 所示，整个书写程序按顺序依次执行，先执行 A 再执行 B，即自上而下依次运行。在一般的程序设计语言中，顺序的语句主要是赋值语句、输入/输出语句等。在 VBA 中也有赋值语句；而输入/输出语句可以通过文本框控件、标签控件、InputBox 函数、MsgBox 函数和过程以及 Print 方法来实现。

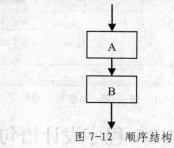

图 7-12　顺序结构

1. 赋值语句

顺序结构中，赋值语句是最简单和最常用的语句，几乎任何一种程序设计语言都包含有赋值语句。赋值语句由变量名、赋值运算符（=）和某种类型的表达式组成。赋值语句的格式有以下两种形式。

形式 1：

变量 = 表达式

形式 2：

[对象名.]属性 = 表达式

赋值语句有两个基本功能：对表达式进行计算和保存表达式的值。赋值语句被执行时，它先对赋值运算符右边的表达式进行计算，然后将结果存储在运算符左边的变量中。

赋值号与表示等于的关系运算符都用"="表示，系统会根据所处的位置自动地判断是何种意义的符号，也就是说在条件表达式中出现的是等号，否则是赋值号。

赋值号左边只能是变量，不能是常量、常数符号和表达式。

变量的类型和表达式计算结果的值必须相匹配。例如：字符串常量或字符串表达式的值不能存储在一个整型变量或一个双精度实数型变量中。如果数据类型相关但不完全相同，则 VBA 会将数据类型进行转换。例如，希望在一个浮点变量中存储一个整型值，VBA 会将表达式计算的结果转换为该变量类型。如果将一个表达式的计算结果存储在一个变体变量中，则 VBA 会保存表达式的类型，即将变体变量的类型设置为表达式计算结果的类型。变体变量既保存表达式计算结果的值，又保存表达式计算结果的类型。以下的赋值语句是合法的赋值语句：

X ＝ X+1　　　　　　　　　　　　　'取 X 变量的值加 1 后再赋值给 X

X = 10　：　Y = X + 5：Z=2 * X + Y　　　　　'同一行书写多条赋值语句

CH21.FontSize＝12　　　　　　　　　　　'设置对象 CH21 的字号大小

StartTime＝Now　　　　　　　　　　　　'Now 为时间函数

N = Len("abcd1234")

以下赋值语句是不合法的赋值语句：

8＝X＋1　　　　　　　'赋值运算符左边不能是常量

S = π *R*R　　　　　　'因为 π 不是 VBA 的基本字符，即右边的表达式不合法

Y = 10+"abcdefg"　　　'数字和字符串不能进行加法运算

X=Y=Z=1　　　　　　　'不能在一个赋值语句中同时给多个变量赋值

2. 输出语句

一般情况下，利用 MsgBox 语句将运算结果输出。MsgBox 的使用形式如下：

MsgBox　提示信息[.按钮值][,对话框标题]

其参数的含义与 MsgBox 函数相同（可参考 7.3.5 常用内部函数中的输入输出函数），如果消息框不需要返回值时可以用 MsgBox 语句。

7.4.3　选择结构

计算机要处理的问题是复杂多变的，有时语句的执行顺序依赖于输入的数据或中间的运算结果。在这种情况下，必须根据某个变量或表达式的值做出判断，以决定执行哪些语句和跳过哪些语句。在 VBA 中，可以通过选择结构（也可叫做分支结构）来实现这种功能。VBA 的选择结构有 IF 语句和 Select Case 语句两种形式。

1. IF 语句有多种形式：单分支、双分支和多分支

If-Then 语句（单分支结构）

该语句的语句形式有两种。

形式一：

If<条件表达式> Then <语句组>

形式二：

If<条件表达式> Then

　　<语句组>

End If

该语句的作用是：若值为真（True），执行 Then 后的语句组，否则跳过后面的语句组，而执行 End If 下面的语句，其流程如图 7-13 所示。

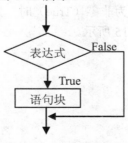

图 7-13　单分支结构

其中，语句中的条件表达式应为 Boolean 型，若条件的值为数值，则当值为 0 时为 Flase，

任何非 0 的值均看成 True。

语句组：可以是一条或多条语句。若用简单形式一表示，则只能有一条语句或语句间用冒号分隔，而且必须写在一行上。

【例 7.2】利用 VBA 编程，比较两个数，将大数放在 x 中，小数放在 y 中。

本例分析：计算机中的内存空间具有"取之不尽，一冲就走"的特点，因此，计算机中两数的交换可以借助第三个数来间接实现。就好比将一瓶酒和一瓶水互换，必须借助一个空瓶子。先将酒倒入空瓶，再将水倒入到已空的酒瓶中，最后将酒倒入到已空的水瓶中，这样才能实现酒和水的交换，思维过程如图 7-14 所示。

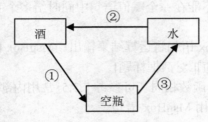

图 7-14　两数交换过程

本例程序代码如下：
```
If x<y Then t=x:x=y:y=t
```
或
```
If X<Y Then
    t=x
    x=y
    y=t
End If
```

2. If …Then…Else 语句 （双分支语句）

语句形式如下：
```
If <条件表达式> Then <语句 1> [Else 语句组]
```
或
```
If <条件表达式> Then
    <语句组 1>
[Else
    <语句组 2>]
End If
```

该语句的作用是：当表达式的值为非零（True）时，执行 Then 后面的语句组，否则执行 Else 后面的语句组，其流程图如图 7-15 所示。

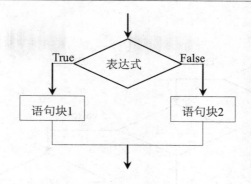

【例 7.3】利用 VBA 编程实现求一个数的绝对值。

本例分析：正数的绝对值为它本身，负数的绝对值为它的相反数。

操作步骤如下：

（1）用单分支结构实现：

一条单分支语句：

```
y=x
If n < 0 Then y=-x
```

或两条单分支语句：

```
If x>=0 then y=x
If x<0 then y=-X
```

（2）用双分支语句实现：

```
If x>=0 then
    y=x
Else
    y=-x
End If
```

3．If …Then…ElseIf 语句(多分支语句)

双分支能根据条件的 True 或 False 决定处理两个分支之一，当实际处理的问题有多种条件时，就要用到多分支。

语句形式如下：

```
If <表达式 1> Then
    <语句组 1>
ElseIf <表达式 2> Then
    <语句组 2>
        …
[Else
        <语句组  n+1>]
End If
```

该语句的作用是根据表达式的值确定执行哪个语句组，VBA 在执行时测试条件的顺序为表达式 1、表达式 2，…，一旦遇到表达式为 True，则执行该条件下的语句组，然后执行 End If 后面的语句。其流程如图 7-16 所示。

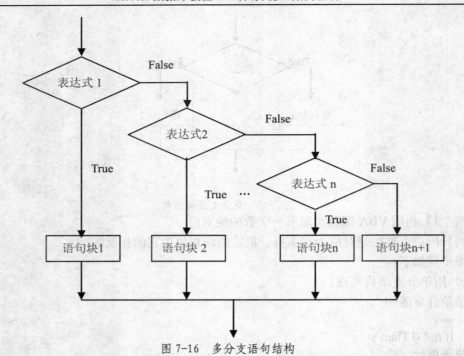

图 7-16　多分支语句结构

【注意】当分支中有多个表达式同时满足时，则只能执行第一个与其匹配的语句组，因此，要注意多分支表达式的表达次序，防止某些值的过滤。

4. If 语句的嵌套

If 语句的嵌套是指 If 或 Else 后面的语句块中又包含 IF 语句。

语句的格式：

If <表达式 1> Then
   <语句组 1>
   If <表达式 2> Then
     <语句组 2>
   End If
Else
   <语句组 3>
End If

或

If <表达式 1> Then
   <语句组 1>
Else
   If <表达式 2> Then
     <语句组 2>
   End If
   <语句组 3>
End If

嵌套结构应注意以下两点：

（1）为了便于阅读，语句应写为锯齿型；

（2）End If 与离它位置最近的没有匹配的 IF 是一对的。

5. Select Case 语句

Select Case 语句（又称为情况语句）是多分支结构的另一种表示形式。其语句形式为：

```
Select Case <变量或表达式>
    Case <表达式列表 1>
        <语句块 1>
    Case <表达式列表 2>
        <语句块 2>
    …
    [Case Else
        <语句块 n+1>]
End Select
```

【说明】

<变量或表达式>可以是数值型或字符串表达式，通常为变量或常量。

<表达式列表>与<变量或表达式>同类型，且必须为下面四种形式之一：

（1）数值串表达式、一组枚举表达式(用逗号分隔)，如：2, 4, 6, 8；

（2）表达式 1 To 表达式 2，如：60 to 100；

（3）关系运算符表达式，如：Is < 60；

（4）字符表达式。

同步实验之 7-1　分支结构的练习

一、实验目的

1. 掌握利用 VBA 进行分支结构程序设计的方法。

2. 掌握窗体和 VBA 相结合的设计方法。

二、实验内容

1. 在例 6.5 中，我们用宏实现了对密码输入的验证，现在要求将该例题用 VBA 程序设计的方法实现。

2. 在"教学管理"数据库中创建一个名为"输入学生成绩输出等级"的窗体，界面如图 7-17 所示。要求：在文本框内输入学生的百分制成绩，单击"确定"按钮后输出该生的 ABCDE 等级（90 及 90 分以上为 A，80 及 80 分以上为 B，70 及 70 分以上为 C，60 及 60 分以上为 D，60 分以下为 E）。运行效果如图 7-18 所示。

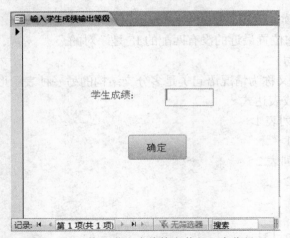

图 7-17 "输入学生成绩输出等级"窗体界面

图 7-18 "输入学生成绩输出等级"运行效果

7.4.4 循环结构

在实际应用中，经常遇到一些操作并不复杂，但需要反复处理的问题。对于这类问题，如果用顺序结构将是很繁琐的，有时甚至是难以实现的。为此，VBA 提供了循环结构。循环结构由两部分组成：循环体——重复执行的语句序列；循环控制部分——控制循环执行。

VBA 有三种循环结构：For 循环，通常用于循环次数确定的循环；While 循环和 Do 循环，通常用于循环次数未知的循环。

1. For 循环

For 循环也称计数循环，它的一般格式是：

For 循环变量 = 初值 To 终值 [Step 步长]

  [循环体]

  [Exit For]

  [循环体]

Next [循环变量]

功能：执行本命令时，系统首先将初值赋值给循环变量，然后判断循环变量是否已超过终值（若步长为负则判断循环变量是否已小于终值），若是则退出循环，否则再次执行循环体，再为循环变量增加步长，如图 7-19 所示。

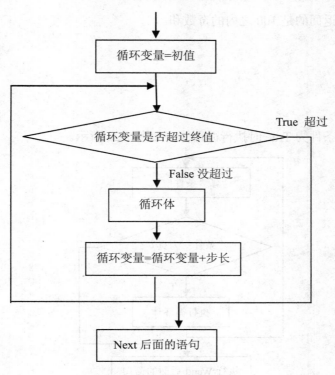

图 7-19　For 循环功能

【说明】

（1）循环变量：它又称为"循环控制变量""控制变量""循环计数器"，是一个数值变量，用于控制循环次数。每循环一次就要修改循环变量的值，即在原来的基础上增加一个步长。

（2）初值：循环变量的初始值。

（3）终值：循环变量的终了值，当步长为正时，终值大于初值；当步长为负时，终值小于初值。

（4）步长：循环变量的增量，是一个数值表达式，但不能为 0，缺省值为 1。

（5）循环的次数由初值、终值和步长三个因素确定，计算公式为：

循环次数＝int((终值-初值)/步长+1)

例如，通过下面的 VBA 代码说明 For…Next 循环的执行过程：

```
Dim i As Integer, s As Integer
s = 0
For i = 1 To 100 Step 2
    s = s + i
Next i
Print s
```

在这里 i 是循环变量，初值为 1，步长为 2，s＝s＋i 是循环体。执行过程如下：

（1）将 1 赋值给 i；

（2）将 i 的值与终值进行比较，若 i>100 则转到（5），否则执行循环体；

（3）i 增加一个步长，即 i＝i+2；

（4）返回（2）继续执行；

（5）执行 Next 后面的语句。

程序执行完毕，返回的是 100 之内的奇数和。

2. While 循环

一般形式：

While <条件>

    [循环体]

Wend

功能：当给定的条件为 True 时执行循环体，如图 7-20 所示。

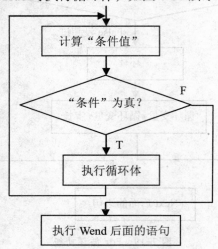

图 7-20　While…Wend 循环功能

【说明】

（1）While 循环语句先对条件进行测试，然后才决定是否执行循环体。如果条件从开始就不成立则一次也不执行循环体，只有在条件为 True 时才执行循环体。

（2）在正常使用的 While 循环中，循环的执行应该能使条件改变，否则会出现死循环。

（3）While 循环与 For 循环的区别在于：While 循环可以指定循环终止的条件，而 For 循环只能进行指定次数的重复。

3. Do…Loop 循环控制结构

Do…Loop 循环有两种形式。

形式一：（先判断条件，后执行循环。）

Do { While|Until } <条件>

    [循环体]

Loop

形式二：（先执行循环体，后测试。）

Do

    [循环体]

Loop{While | Until}条件

功能：当指定的"条件"为 True 时或直到"条件"变为 True 前重复执行循环体。如图 7-21 所示。

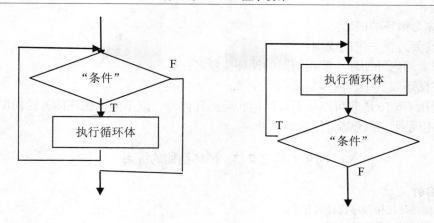

图 7-21　Do...Loop 循环两种形式的功能

【说明】

（1）{While|Until}表示关键词 While 和 Until 只能选择也必须选择其中一个。从上面条件循环语句的完整句法可以看出，条件语句的循环条件可以放在循环语句的顶部（前测试），也可以放在循环语句的底部（后测试）；而且循环条件也有两种表示形式，即 While 条件和 Until 条件。

（2）对于 While 循环语句，当条件循环语句的循环条件放在顶部时，先判断循环的条件是否成立。若循环条件式为真，则执行循环体，否则结束循环。而当条件循环语句的循环条件放在底部时，先执行循环体一次，然后再判断循环的条件式是否成立。如循环条件成立则再次执行循环体，否则结束循环。对于 Until 循环语句则正好与此相反。

（3）对于前测试循环，循环语句的循环条件放在循环体的顶部，则有可能一次也不执行循环体；而对于后测试循环，由于循环语句的循环条件放在循环体的底部，循环体至少执行一次。

（4）在循环体内，可以结合 If-Then 语句用 Exit Do 提前结束循环。

【例 7.4】利用 VBA 编程实现：设一张足够大的厚度为 0.5 毫米的纸，折多少次可以达到或超过珠穆朗玛峰的高度（8848.13 米）。

本例 VBA 代码如下：

```
Private Sub Form_Click()
    x = 0.5
    n = 0
    Do While x < 8848130
    x = x * 2
    n = n + 1
    Loop
    MsgBox n, x
End Sub
```

4. 多重循环

通常将循环体内不含有循环的循环称为单层循环，而将循环体内含有循环的循环称为多重循环，又称为循环的嵌套。

循环嵌套要遵循一定的规则：

（1）嵌套的内外循环不能用相同的循环变量名；

（2）在循环嵌套中，内外循环不可交叉；

（3）利用 Go To 语句可以从循环体内转向循环体外，但不能从循环体外转向循环体内。

违反上述规则，系统都将作为错误处理。

同步实验之 7-2 循环结构的练习

一、实验目的

1. 熟练掌握循环结构程序设计的方法。

2. 掌握嵌套的循环结构的使用。

二、实验内容

1. 在"教学管理"数据库中建立一个窗体，名称为"求阶乘"，窗体设计界面如图 7-22 所示。要求是在输入文本框内输入 1～100 之间的整数，单击"确定"按钮后，输出该整数的阶乘。运行效果如图 7-23 所示。

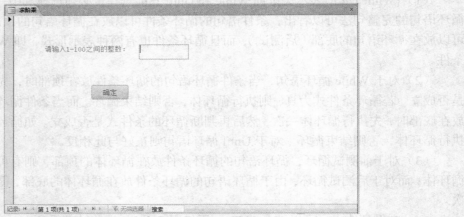

图 7-22 "求阶乘"窗体设计界面

图 7-23 "求阶乘"窗体运行效果

2. 在"教学管理"数据库中建立一个窗体，名称为"求水仙花数"，窗体中只有一个"输出"按钮。要求单击"输出"按钮后，显示所有的水仙花数。所谓水仙花数，是指一个 3 位数，其各位数字的立方和等于该数字本身。例如，$153=1^3+5^3+3^3$。运行效果如图 7-24 所示。

图 7-24　"求水仙花数"窗体运行效果

7.5　数　组

在现实生活中，存在着各种各样的数据。有些数据之间没有太多的内在联系，用简单变量就可以进行存取和处理。但是，在实际工作中，常常会遇到大批有着内在联系的数据需要处理，例如，学生成绩的统计、人口普查的数据处理、科学实验观测值等等。如果仍然用简单变量来存取和处理，不仅很不方便，有时几乎没有办法处理，甚至是不可能处理的。针对这个问题，我们需要引入数组来解决。

7.5.1　数组的概念

将一组排列有序、个数有限的变量作为一个整体，用一个统一的名字来表示，这些同类型的有序变量的集合称为一个数组，这个统一的名字就是数组名。数组名的命名规则与简单变量的命名规则相同。数组中所包含的每一个单元就是一个数组元素（或称数组分量）。每个数组元素根据其在整个数组中顺序的位置都有一个唯一的编号（下标）。数组元素由数组名、一对括号和下标来表示。数组的大小决定了数组元素的个数。假设定义了一个包含 5 个人成绩的 student 数组，则 student 数组由 5 个元素构成，这 5 个元素可以表示为：

student(0)，student(1)，student(2)，student(3)，student(4)

数组中所包含的数据与数组元素一一对应，因此通过数组元素就可以访问数组中的所有数据。数组含有以下特性：

（1）数组由若干个数组元素组成。数组元素的表示方法为：数组名后跟圆括号和下标，如 student(2)就表示数组 student 的元素。

（2）数组元素在内存中有次序存放，下标代表它在数组中的位置。如数组元素 student(2)表示数组 student 中的第 3 个元素（数组元素下标默认从 0 开始）。

（3）数组元素的数据类型相同，在内存中存储是有规律的，占连续的一段存储单元。例如一个整型数组 a 有 3 个元素 a(0)、a(1)、a(2)，那么 a(0)、a(1)、a(2)的数据类型均为整型。

总而言之，数组是由若干个类型相同的数组元素组成。

在表示数组元素时，应注意以下几点：

（1）用圆括号把下标括起来，不能使用中括号或大括号代替，圆括号也不能省略。比如

student(2)表示 student 中的第 3 个元素，它不能写成 student[2]或 student2，也不能写成 student{2}。

（2）下标可以是常量、变量或表达式，其值为整型，如常量、变量或表达式的值为小数，将自动"四舍五入"。

（3）下标的最小值称为下界，下标的最大值称为上界。在不加任何说明的情况下，数组元素的下标下界默认为 0。

数组按照数组元素下标的个数分为一维数组、二维数组和多维数组。三维及以上的数组称为多维数组，最多可以达到 60 维。一般来说，一维数组用于描述线性问题，二维数组用于描述平面问题，三维数组用于描述空间问题。

如存储某班 20 个同学的计算机课程成绩，可以定义一维数组 s，如果数组元素下标下界为 1，那么下标 i 说明是第 i 个同学，数组 s(i)表述第 i 个同学的计算机课程成绩。

7.5.2　数组的声明

数组应当先声明后使用，以使 VBA 在遇到某个标识符时，能将其当作数组来处理。在计算机中，数组占据一块区域，数组名是这个区域的名称，区域的每个单元都有自己的地址，该地址用下标表示。声明数组的目的就是通知计算机为其留出所需要的空间。"先声明后使用，下标不能越界"是数组使用的基本原则。

在 VBA 中，可以用多个语句进行声明。下面以 Dim 语句为例来说明数组声明的格式，当用其他语句声明数组时，其格式是一样的。

用 Dim 语句声明时就确定了大小的数组称为静态数组，静态数组在程序编译时分配存储空间，一旦分配，数组的大小就不能再改变了。

1. 一维静态数组的声明

格式：

Dim 数组名([下界 to] 上界)[As <数据类型>]

作用：声明数组具有"上界–下界+1"个数组元素，这些元素按照下标由小到大的顺序连续存储在内存中。

其中：

（1）数组名命名要符合变量命名规则。

（2）"下界 To 上界"称为维说明，确定数组元素的下标的取值范围，下界可省略，默认值为 0。但使用 Option Base n 语句可改变系统的缺省下界值。如在 Option Base 1 之后声明数组，则此数组的缺省下界为"1"。（此语句只能放在窗体或模块的通用声明段中，不能出现在过程中，并且必须放在数组声明之前，而且 Option Base n 中，n 的值只能为 1，或者是 0，否则会出现编译错误。）

（3）成对出现的"下界 n"和"上界 n"中，"下界 n"必须小于"上界 n"。

（4）数组的元素在上下界内是连续的。

（5）[AS<数据类型>] 指明数组元素的类型，默认为变体数据类型。

如下面的数组声明语句：

　　　Dim a (1 to 6) As Integer

声明数组 a 具有 a(1) 到 a(6)连续的 6 个数组元素，数组元素的数据类型为整型。

　　　Dim b (6) As String *6

声明数组 b 具有 b(0)到 b(6)连续的 7 个数组元素，数组元素的数据类型为定长字符型，且能存储到 6 个字符。

2. 二维静态数组的声明

格式：

Dim 数组名([下界 1 To] 上界 1, [下界 2 To] 上界 2) [As <数据类型>]

作用：声明（上界 1-下界 1+1）× （上界 2-下界 2+1）个连续的存储单元。

例如：

Dim Test (0 To 3, 0 To 4) As Integer 或 Dim Test (3, 4) as Integer

声明了整型的二维数组 Test，第一维的下标范围为 0～3，第二维的下标范围为 0～4，数组元素的个数为 4×5 个，每个元素占 2 个字节的存储空间。

3. 动态数组的声明

有时在程序运行前无法确定一个数组的大小，则在一开始声明该数组时，其上下界声明处可为空，在程序运行中获得了一定的参数后，才能确定此数组的大小，再重新声明该数组，则此数组为动态数组。

创建动态数组通常分为两步，其过程如下：

（1）先声明一个数组（无下标值）。

声明动态数组的一般格式为：

Dim 数组名( )[As 数据类型]

（2）在某过程中用 ReDim 再次声明已声明过的动态数组。

ReDim 使用的一般格式为：

ReDim [Preserve] 数组名([数组的上下界声明])[As 数据类型]

【说明】

（1）ReDim：用来重新声明动态数组，按定义的上下界重新分配存储单元，可以对一个数组进行多次重声明。

【注意】ReDim 语句可以改变数组的大小，不允许改变数组的数据类型。

（2）Preserve：为可选项，用于保留动态数组原来的内容。如果动态数组内已存有数据，用 ReDim 改变数组的大小后，则数组元素中的数据会丢失。但如果在 ReDim 语句中使用了 Preserve 选项，则保留数组原来的内容。若是数组变小了，则只丢失被删除部分数组元素中的数据。Preserve 只能改变最后一维的大小，前面几维大小不能改变。

7.5.3　数组的使用

1. 数组的引用

声明数组是通过数组名定义数组的整体，声明数组后就可以使用其中的每个数组元素了。数组的引用通常是指对数组元素的引用，其方法是在数组后面的括号中指定下标，例如：x(8)，y(2,3)，z (3)。

（1）一维数组的引用。

引用形式为：

数组名(下标)

其中,下标可以是常量、整型变量或表达式。

例如：设有两个一维整型数组 a(5)和 b(5)，则下面的语句都是正确的。

```
a(1)=a(2)+b(1)+5              '下标使用常量
a(i)=b(i)                     '下标使用变量
a(i+2)=b(i+1)                 '下标使用表达式
```

其中 a(1)、a(2)代表数组 a 中下标为 1 和 2 的数组元素，b(1)代表数组 b 中下标为 1 的数组元素。下标为变量或表达式时，根据变量 i 的取值或表达式的计算结果确定数组元素的位置。

（2）二维数组的引用。

引用形式为：

数组名(下标 1,下标 2)

例如：设有二维整型数组 a(3,3)（默认下标的下界为 0），则下面的语句都是正确的。

```
a (1,2)=10
a (3,2)=a(2,3)*2
```

其中，a(1,2)代表二维数组 a 中第 2 行第 3 列的数组元素，a(2,3)代表第 3 行第 4 列的数组元素，a(3,2)代表第 4 行第 3 列的数组元素。

【说明】

（1）对数组的引用通常就是对数组元素的引用。在引用数组元素时，要与声明数组时的名称、维数、类型相一致。

（2）在数组元素引用时特别要注意下标下界不能越界，即引用数组元素的下标值应在声明数组时所指定的范围内，必须介于定义数组时指定的下标下界和上界之间，否则将导致"下标越界"的错误。

可以使用 LBound 和 UBound 函数获得数组下标的下界和上界，格式为：

LBound (数组名[, 维数])

UBound (数组名[, 维数])

【说明】

（1）LBound( )函数测试并返回指定数组中指定维的下界；UBound( )函数测试并返回指定维的上界。

（2）数组必须是已声明的数组。

（3）可选参数"维数"用来指定要返回的是第几维的下标的下界或上界，缺省时为 1，例如对于：

Dim a(1 to 100, 0 to 3, -3 to 4)

LBound(a, 3)结果为-3，UBound(a, 1)结果为 100。

2. 数组的赋值

（1）静态数组。

对于静态数组，不能将数组名作为被赋值对象，而只能将数组元素作为赋值对象，利用数组元素是有序存储和静态数组元素个数在定义时已经确定的特点，采用循环结构，逐一为数组元素赋值。通常，采用循环次数固定的 For…Next 结构。一维数组可以通过单循环实现，二维数组可以通过双层循环实现。

给一维数组 a 的每一个元素都赋值为 0 的程序段：

```
Dim a (1 To 10) As Integer
For i=1 To 10
    a (i)=0
Next i
```

给二维数组 w 中的每一个元素赋值为 0 的程序段须使用双层循环来实现，程序段为：

```
Dim w (1 to 3, 1 to 2) As Integer
For i=1 To 3
    For j=1 To 2
        W (i, j) = 0
    Next j
Next i
```

（2）动态数组。

动态数组赋值时，既可以将数组元素作为被赋值的对象，也可以将数组名作为被赋值的对象。

尽管动态数组在声明（Dim 语句）时，数组大小没有确定，但是当执行 Redim 语句后，动态数组元素个数和下标的上下限也就确定了，数组元素下标的下界可由 LBound（数组名）函数得到，下标上界可由 UBound（数组名）函数得到，元素的个数可由表达式"UBound（数组名）-LBound（数组名）+1"得到，因此，所有对静态数组元素赋值的方法同样适合于动态数组元素。

具体应用时，系统也允许将动态数组名作为被赋值对象。下面以函数 Array()为例讲解如何给动态数组赋值。

使用 Array( )函数为数组元素赋值的格式为：

数组名＝Array(<数组元素值表>)

其中：<数组名>可以是已经声明过的变体类型的动态数组，也可以是未声明过的数组。数组元素的个数由<数组元素值表>中数据个数决定，数组元素下标的下界可由 LBound（数组名）函数得到，下标上界可由 UBound（数组名）函数得到。

7.6　过程与参数传递

VBA 提供了与其他语言类似的子程序调用机制，即子过程和函数过程。在本节把由 Sub…End Sub 定义的子过程称为 Sub 过程或子过程；由 Function…End Function 定义的函数叫做 Function 过程或函数过程。

7.6.1　Sub 过程

Sub 过程又称为子过程，调用 Sub 过程，无返回值。Sub 过程可以分为通用过程和事件过程。通用过程可以实现各种应用程序的执行；而事件过程是基于某个事件的执行，如按钮的 Click 事件的执行。

1. 定义

通用 Sub 过程的结构格式如下：

```
[Public|Private][Static] Sub <过程名> ([参数列表])
    语句块
    [Exit Sub]
    [语句块]
End Sub
```

用上面的格式定义一个 Sub 过程，例如：

```
Private Sub Subtest ()
    Print  "This is a procedure！"
End Sub
```

2. 调用

Sub 过程的调用有两种方式：

（1）Call 语句调用 Sub 过程。

格式：Call 过程名[(实参列表)]

【说明】

Call 语句调用过程时，实参必须在括号内，若过程本身没有参数，括号可以省略；"实参列表"是传递给 Sub 过程的变量或常数，如果要获得子过程的返回值，实参只能是变量，不能是常量、表达式，也不能是控件名。

实参的个数、类型和顺序，应该与被调用过程的形式参数相匹配，有多个参数时，用逗号分隔。

（2）过程名作为一个语句来调用。

格式：过程名 (实参列表)

【说明】

子过程调用时，括号可加可省，实参之间用逗号隔开。

7.6.2　Function 过程

函数过程与子过程最主要的区别在于：函数过程有返回值，而子过程没有返回值。

Function 过程即函数过程，又叫用户自定义函数，调用该过程则返回一个值，通常出现在表达式中。在编程时，可以像调用内部函数一样来使用函数过程，不同之处在于函数过程所实现的功能是用户自己编写的。

1. 定义

Function 过程定义的格式如下：

[Private|Public][Static]Function <函数过程名> ([参数列表]) [As 类型]

```
    [局部变量或常量定义]
    [语句块 1]
    [函数名=表达式]
    [Exit Function]
    [语句块 2]
    [函数名=表达式]
End Function
```

2. 调用

Function 过程的调用格式如下：

格式：函数名(实参列表)

【说明】

（1）在调用时实参和形参的数据类型、顺序、个数必须匹配。函数调用只能出现在表达式中，其功能是求得函数的返回值。

（2）VBA 中也允许像调用 Sub 过程一样来调用 Function，但这样就没有返回值。

7.6.3　参数传递

在调用一个过程时，必须把实际参数传递给过程，完成形式参数与实际参数的结合，然后用实际参数执行调用的过程。

1. 形参和实参

在 VBA 中，参数分为形式参数和实际参数。

形式参数（即形参）：指出现在 Sub 和 Function 过程形参表中的变量名、数组名，过程被调用前，没有分配内存，其作用是说明自变量的类型和形态以及在过程中的角色，形参表中的各个变量之间用逗号分隔。

实际参数（即实参）：是在调用 Sub 和 Function 过程时，传送给相应过程的变量名、数组名、常数或表达式。在过程调用传递参数时，形参与实参是按位置结合的，形参表和实参表中对应的变量名可以不必相同，但位置必须对应起来。

形参与实参的关系：形参如同公式中的符号，实参就是符号具体的值；调用过程：即实现形参与实参的结合，也就是把值代入公式进行计算。

在 VBA 的不同模块（过程）之间数据（参数）的传递有两种方式实现：按地址（位置）传送和按值（名）传送。

按地址传送实参的位置、次序、类型与形参的位置、次序、类型一一对应，与参数名没有关系。如在调用内部函数时，用户根本不知道形参名，只要关注形参的个数、类型、位置，例如取子串的 Mid 函数形式：

Mid（字符串$,起始位%,取几位%）

若调用语句：s=Mid("Happy New Year",11,2)，则 s 中的结果为 "Ye"。

形参可以是：变量，带有一对括号的数组名。

实参可以是：同类型的常数、变量、数组元素、表达式、数组名（带有一对括号）。

2. 传值和传址

在 VBA 中，可以通过两种方式传递参数，即传地址（ByRef）和传值（ByVal）。

（1）传地址。

传地址：形参得到的是实参的地址，当形参值改变的同时也改变实参的值，又称引用。关键字 ByRef 可以省略。这种传递方式不是将实际参数的值传递给形参，而是将存放实际参数值的内存中存储单元的地址传递给形参，因此形参和实参具有相同的存储单元地址，也就是说，形参和实参共用同一存储单元。在调用 Sub 过程或 Function 过程时，如果形参的值发生了改变，那么对应的实参的值也将随着改变,并且实参会将改变后的值带回调用该过程的程序，即这种传递是双向的。

（2）传值。

传值：通过值传送实际参数，即传送实参的值而不是实参的地址。此时，系统把需要传送的变量复制到一个临时单元中，然后把该临时单元的地址传送给被调用的通用过程。由于通用过程没有访问变量（实参）的原始地址，因而不会改变原来变量的值，所有的变化都是在变量的副本上进行。在 VBA 中，传值方式通过关键字 ByVal 来实现。

【说明】

在定义通用过程时，若形参前面有关键字 ByVal，则表示该参数以传值方式传送，否则用传地址方式传送。如果实参是变量，但又想采用按值传递方式，此时只需在定义该过程的形式参数表中的该变量的前面加上关键字 ByVal，或将调用过程语句的实际参数表中的该变量用圆括号括起来即可。其他既没有在形式参数表中加关键字 ByVal，也没有在实际参数表中括起来的变量仍采用按地址传递方式。在调用一个 Sub 过程或 Function 过程时，可以根据需要对不同的参数采用不同的传递方式。

（3）传地址与传值的区别。

传地址时，实参和形参共用一个内存单元，对形参的操作等同于对实参操作。

传值时，实参和形参使用不同的内存单元，对形参的操作不会对实参产生影响。

在调用过程时，既可采用传值也可采用传地址。但对字符串型采用传值的方法会多占用大量的内存，采用传地址的方法，占用内存少，效率高。

7.7　VBA 程序调试

在程序设计过程中，无论程序员多么仔细，都可能会出现错误，如除零错误、数据溢出等。而且，随着程序规模（代码长度）的逐渐增加，出错的概率也会大大增加。

在应用程序中查找并修改错误的过程称为程序调试。程序调试是为了发现错误而执行程序，以发现并修正错误为根本目的。程序调试除了需要程序员对程序有清醒的认识，还需要借助各种工具。VBA 提供了调试工具，对方便快捷地查找错误特别有效。对于意外事故的防范可以在程序中设计错误处理程序。

7.7.1　错误类型

1. 语法错误

语法错误是最常见的错误，通常是由输入错误引起的，例如，标点丢失或不适当地使用某些关键字等。如果某个语句包含语法错误，则 VBA 编辑器会把该语句显示为红色。VBA 采用错误消息指明错误类型，用户只需阅读错误消息，就能够进行适当的更改。

2. 编译错误

当 VBA 在编译代码过程中遇到问题时，就会产生编译错误。常见的编译错误是当使用对象的方法时，该对象并不支持该方法。这时 VBA 会弹出提示出错信息框，出错的那一行用高亮度显示，同时停止编译。必须单击"确定"按钮，关闭出错提示对话框，才能对出错行进行修改。

3. 运行错误

运行错误是在程序运行的过程中发生的错误。例如，数据传递时类型不匹配、遇到非法数据（如除数为零）或系统条件禁止代码运行（如磁盘空间不足等）时，就会发生运行错误。

4. 逻辑错误

逻辑错误是指应用程序未按设计执行或得不到如期的结果。这种错误是由于程序代码中不恰当的逻辑设计而引起的。这种程序设计在运行时并未进行非法操作，只是运行结果不符合要求。这是最难处理的错误，VBA 不能发现这种错误，只有靠用户对程序进行详细的分析才能发现。

7.7.2　调试工具栏

VBE 提供了"调试"菜单和"调试"工具栏，供用户调试程序。其中调试工具栏上包含了对应于调试菜单中的某些命令按钮，这些命令都是在调试代码时最常用的命令。选择"视图"→"工具栏"→"调试"命令，即可打开"调试"工具栏，如图 7-25 所示。

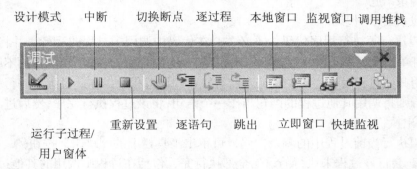

图 7-25　"调试"工具栏

调试工具栏上一些按钮的功能如下所述：

（1）设计模式按钮：打开或关闭设计模式。

（2）运行子过程/用户窗体按钮：如果光标在过程中，则运行当前过程；如果用户窗体处于激活状态，则运行用户窗体，否则将运行宏。

（3）中断按钮：终止程序的执行，并切换到中断模式。

（4）重新设置按钮：清除执行堆栈和模块级变量并重新设置工程。

（5）切换断点按钮：在当前行设置或清除断点。

（6）逐语句按钮：一次执行一条语句。

（7）逐过程按钮：在代码窗口中一次执行一个过程。

（8）跳出按钮：执行当前执行点处过程的其余行。

（9）本地窗口按钮：显示"本地窗口"。

（10）立即窗口按钮：显示"立即窗口"。

（11）监视窗口按钮：显示"监视窗口"。

（12）快速监视按钮：显示所选表达式当前值的"快速监视"对话框。

（13）调用堆栈按钮：显示"调用堆栈"对话框，列出当前活动的过程调用。

7.7.3　调试方法

为避免程序运行错误的发生，在编码阶段要对程序的可靠性和正确性进行测试与调试。VBA 编程环境提供了许多调试方法，可以在程序编码调试阶段，快速准确地找到问题所在，使编程人员及时修改与完善程序。

1. 代码的执行方式

VBE 提供了多种程序运行方式，通过不同的运行方式运行程序，可以对代码进行各种调试工作。

（1）逐语句执行代码。

逐语句执行代码是调试程序时十分有效的工具。通过单步执行每一行程序代码，包括被调用过程中的程序代码，可以及时、准确地跟踪变量的值，从而发现错误。如果要逐语句执行代码，可单击工具栏上的"逐语句"按钮，在执行该命令后，VBE 运行当前语句，并自动转到下条语句，同时将程序挂起。

对于在同一行中有多条语句用冒号"："隔开的情况，使用"逐语句"命令时，将逐个执行该行中的每条语句。

（2）逐过程执行代码。

如果希望执行每一行程序代码，不必关心在代码中调用子过程的运行，并将其作为一个单位执行，可单击工具栏上的"逐过程"按钮。逐过程执行与逐语句执行的不同之处在于，执行代码调用其他过程时，逐语句是从当前行转移到该过程中，在此过程中一行一行地执行，而逐过程执行则将调用其他过程的语句当作一个语句，将该过程执行完毕，然后进入下一语句。

（3）跳出执行代码。

如果希望执行当前过程中的剩余代码，可单击工具栏上的"跳出"按钮。在执行跳出命令时，VBE 会将该过程未执行的语句全部执行完，包括在过程中调用的其他过程。执行完过程后，程序返回到调用该过程的过程，"跳出"命令执行完毕。

（4）运行到光标处。

选择"调用"菜单的"运行到光标处"命令，VBE 就会运行到当前光标处。当用户可确定某一范围的语句正确，而对后面的正确性不能保证时，可用该命令运行程序到某条语句，再在该语句逐步调试。这种调试方式通过光标来确定程序运行的位置，十分方便。

（5）设置下一语句。

在 VBE 中，用户可自由设置下一步要执行的语句。当程序已经挂起时，可在程序中选择要执行的下一条语句，单击鼠标右键，在弹出的快捷菜单中选择"设置下一条语句"命令。

2. 暂停代码运行

VBE 提供的大部分调试工具都要在程序处于挂起状态才能有效，这时就需要暂停 VBA 程序的运行。在这种情况下，程序仍处于执行状态，只是在执行暂停的语句之前，变量和对象的属性仍然保持，当前运行的代码在模块窗口中被显示出来。

如果要将语句设为挂起状态，可采用以下几种方法：

（1）断点挂起。

如果 VBA 程序在运行时遇到了断点，系统就会在运行到该断点处时将程序挂起。可以在任何可执行语句和赋值语句处设置断点，但不能在声明语句和注释行处设置断点。不能在程序运行时设置断点，只有在编写程序代码或程序处于挂起状态才可设置断点。

可以在代码窗口中将光标移到要设置断点的行，按"F9"键，或单击工具栏上的"切换断点"按钮设置断点；也可以在代码窗口中，单击要设置断点行的左侧边缘部分，即可设置断点。

如果要取消断点，可将插入点移到设置了断点的程序代码后，然后单击工具栏上的"切换断点"按钮，或在断点代码行的左侧边缘单击。

（2）Stop 语句挂起。

在过程中添加 Stop 语句，或在程序执行时按"Ctrl+Break"组合键，也可将程序挂起。Stop 语句是添加在程序中的，当程序执行到该语句时将被挂起。它的作用与断点类似。但当用户关闭数据库后，所有断点都会自动消失，而 Stop 语句还在代码中。如果不再需要断点，则可选择"调试"菜单中的"清除所有断点"命令，将所有断点清除，但 Stop 语句须逐行清除，比较麻烦。

3. 查看变量值

在调试程序时，希望随时查看程序中的变量和常量的值，这时候只要将鼠标指向代码窗口中要查看的变量或常量，就会直接在屏幕上显示当前值。但这种方法只能查看一个变量或常量，如果要查看几个变量或一个表达式的值，或需要查看对象以及对象的属性，就需要 VBE 提供的几种查看变量值的窗口了。

（1）本地窗口。

可以使用本地窗口，在运行时监视变量和表达式的值。当处于中断模式时，本地窗口会显示当前过程中使用的所有变量及其值，还会显示当前加载窗体和控件的属性。当从一个过程切换到另一个过程时，本地窗口的内容会随之改变。每当在运行和中断模式之间进行切换时，就会更新该窗口。

在"本地窗口"中查看数据，可单击工具栏上的"本地窗口"按钮▣，即可打开"本地窗口"。本地窗口有三个列表，分别显示"表达式"、表达式的"值"和表达式的"类型"。有些变量，如用户自定义类型、数组和对象等，可包含级别信息。这些变量的名称左边有一个加号按钮，可通过它控制级别信息的显示。

列表中的第一个变量是一个特殊的模块变量。对于类模块，它的系统定义变量为 Me，Me 是对当前模块定义的当前类实例的应用。因为它是对象的引用，所以能够展开显示当前类实例的全部属性和数据成员。对于标准模块，它是当前模块的名称，并且也能展开显示当前模块中的所有模块级变量。在"本地窗口"中，可通过选择现存值，并输入新值来更改变量的值。

（2）立即窗口。

使用"立即窗口"可检查 VBA 代码的结果。可以键入或粘贴一行代码，然后按下回车键来执行该代码。可使用"立即窗口"检查控件、字段或属性的值，显示表达式的值，或者为变量、字段或属性赋予一个新值。"立即窗口"是一种中间结果暂存器窗口，在这里可以立即求出语句、方法和 Sub 过程的结果。

当处于中断模式时，可以输入一个问号，然后在问号后面输入变量名或要计算的表达式，按下回车键，其结果就会直接显示在该命令下。当处于设计模式时，可以将 Debug 对象的 Print 方法加到 VBA 代码中，以便在运行代码的过程中，在立即窗口中显示表达式的值。

（3）监视窗口。

在程序执行过程中，可利用"监视窗口"查看表达式或变量的值。可选择"调试"菜单中的"添加监视"命令来设置监视命令表达式。通过"监视窗口"，可展开或折叠级别信息、调整列标题大小以及就地编辑值等。

（4）调用堆栈。

在调试代码的过程中，当暂停 VBA 代码执行时，可使用"调用堆栈"窗口查看那些已经开始执行但还未完成的过程列表。如果持续在"调试"工具栏上单击"调用堆栈"按钮▩，Access 会在列表的最上方显示最近被调用的过程，接着是早些被调用的过程，依次类推。

本章小结

VBA 是 Microsoft Office 系列软件的内置编程语言，其语法与 VB 编程语言互相兼容。本章简要介绍了 VBA 中的常量、变量、运算符和表达式及常用的内置函数、程序流程的控制语句、面向对象的程序设计方法、数组、过程等 VBA 程序设计的基础知识，并通过实例介绍了 VBA 程序设计的使用环境和 VBA 与窗体的结合使用。

习 题 七

一、思考题

1. 什么是对象、事件和方法？对象、事件和方法三者之间的关系如何？请举例说明。
2. 在 VBA 中程序设计的基本步骤有哪些？
3. 如何进行程序的调试？都有哪些调试方法？
4. VBA 和 VB 有什么联系和区别？
5. VBA 程序基本结构有几种？
6. Sub 过程和 Function 过程有什么不同？调用的方法有什么区别？
7. 如何在窗体上运行 VBA 代码？

二、单选题

1. 当单击命令按钮时，发生的事件是（　　）。
   A. Click 事件　　　　　　　　　　　B. KeyPress 事件
   C. Enter 事件　　　　　　　　　　　D. GetFocus 事件
2. 下列不能实现条件选择功能的语句是（　　）。
   A. If…Then…Else　　　　　　　　　B. If…Then…
   C. Select Case　　　　　　　　　　D. For…Next
3. 在下列函数中，能返回系统当前时间的函数为（　　）。
   A. Time()　　　　　　　　　　　　　B. Date()
   C. Weekday()　　　　　　　　　　　D. Day()
4. 将数字转换为字符串的操作通常是经过（　　）函数来实现的。
   A. Str()　　　　　　　　　　　　　　B. Asc()
   C. Chr()　　　　　　　　　　　　　　D. Val()
5. VBA 表达式"abcd"+"de"的值为（　　）。
   A. "abcde"　　　　　　　　　　　　　B. "abcdde"
   C. "abcd de"　　　　　　　　　　　　D. "abcd"
6. 在 VBA 程序中，多条语句写在同一行，必须使用符号（　　）。
   A. ；（分号）　　　　　　　　　　　　B. ，（逗号）
   C. 、（顿号）　　　　　　　　　　　　D. ：（冒号）
7. Asc("abcd")的函数值为（　　）。
   A. 65　　　　　　　B. 97　　　　　　C. 68　　　　　　D. 100
8. 若 a=0，b=1，则 VBA 表达式 a>b 的值为（　　）。
   A. T　　　　　　　　　　　　　　　　B. F
   C. True　　　　　　　　　　　　　　D. False
9. 定义了二维数组 a(2 to 5,5)，则该数组的元素个数为（　　）。
   A. 25　　　　　　　B. 36　　　　　　C. 20　　　　　　D. 24
10. VBA 数据类型符号"&"表示的数据类型是（　　）。
    A. 整数　　　　　　　　　　　　　　B. 长整数
    C. 单精度数　　　　　　　　　　　　D. 双精度数

三、判断题

1. VBA 的三种结构是顺序结构、循环结构和简单结构。　　　　　　　　（　　）

2. 模块包括全局模块和标准模块。　　　　　　　　　　　　　　　　（　　）

3. If 语句是循环结构的典型语句。　　　　　　　　　　　　　　　　（　　）

4. Dim a,b as integer 语句声明了 a 和 b 两个整型变量。　　　　　　（　　）

5. 在 VBA 中，Function 过程可以返回值。　　　　　　　　　　　　（　　）